"十四五"职业教育国家规划教材

普通高等教育"十一五"国家级规划教材
首届全国机械行业职业教育精品教材
机 械 工 业 出 版 社 精 品 教 材

机 械 设 计 基 础

第 4 版

主　编　柴鹏飞　　万丽雯

副主编　张　毅

参　编　张立萍　　赵　彦　　赵大民

主　审　陈爱玲

U0241073

机 械 工 业 出 版 社

本书为"十四五"职业教育国家规划教材，首届全国机械行业职业教育精品教材修订版，同时也是普通高等教育"十一五"国家级规划教材修订版，是高职高专机电类专业技术基础课教材。全书共 12 章，主要介绍各类传动机构的组成、工作原理、运动特性、设计方法、应用场合及其类型选择，还介绍了通用零件在一般条件下的工作原理、结构特点、使用要求、设计原理与选用等内容。

基于目前高职教育的生源状况和学生的认知能力水平，根据学生的就业需要，从培养学生具有初步工程实践技能的角度出发，本书在内容选取上突出工程实用性，尽可能结合工程实际和日常生活中的实例进行分析。本次修订增加了大量介绍机构与零件的动画和视频，增强了工程实景效果，学生通过扫描二维码即可进行观看，有助于培养学生的工程实践能力。为提高阅读效果，本书采用双色印刷。为方便老师教学和学生练习，本次修订在原有类型练习题的基础上又增加了新类型的练习题，组成一个独立的习题集随教材封装发行。

本书可作为高等职业技术院校机械、机电及近机类各专业的教材，也可作为高等专科学校、成人高等教育学校的教学用书及有关工程技术人员的参考用书。

同时，为便于指导学生进行课程设计，本书配套有《机械设计课程设计指导书》。为便于教学，本书还配有教学课件、电子教案等教学资源，凡使用本书作为教材的教师可登录机械工业出版社教育服务网（http://www.cmpedu.com），注册后免费下载，咨询电话：010-88379375。

图书在版编目（CIP）数据

机械设计基础/柴鹏飞，万丽雯主编. —4 版. —北京：机械工业出版社，2021.4（2024.8 重印）

普通高等教育"十一五"国家级规划教材：修订版　首届全国机械行业职业教育精品教材：修订版　机械工业出版社精品教材

ISBN 978-7-111-68016-1

Ⅰ.①机…　Ⅱ.①柴…②万…　Ⅲ.①机械设计-高等职业教育-教材
Ⅳ.①TH122

中国版本图书馆 CIP 数据核字（2021）第 068371 号

机械工业出版社（北京市百万庄大街 22 号　邮政编码 100037）
策划编辑：王英杰　责任编辑：王英杰
责任校对：张　薇　责任印制：邰　敏
三河市宏达印刷有限公司印刷
2024 年 8 月第 4 版第 17 次印刷
184mm×260mm · 20.5 印张 · 488 千字
标准书号：ISBN 978-7-111-68016-1
定价：57.00 元

电话服务　　　　　　　　网络服务
客服电话：010-88361066　　机　工　官　网：www.cmpbook.com
　　　　　010-88379833　　机　工　官　博：weibo.com/cmp1952
　　　　　010-68326294　　金　书　网：www.golden-book.com
封底无防伪标均为盗版　　机工教育服务网：www.cmpedu.com

关于"十四五"职业教育
国家规划教材的出版说明

为贯彻落实《中共中央关于认真学习宣传贯彻党的二十大精神的决定》《习近平新时代中国特色社会主义思想进课程教材指南》《职业院校教材管理办法》等文件精神，机械工业出版社与教材编写团队一道，认真执行思政内容进教材、进课堂、进头脑要求，尊重教育规律，遵循学科特点，对教材内容进行了更新，着力落实以下要求：

1.提升教材铸魂育人功能，培育、践行社会主义核心价值观，教育引导学生树立共产主义远大理想和中国特色社会主义共同理想，坚定"四个自信"，厚植爱国主义情怀，把爱国情、强国志、报国行自觉融入建设社会主义现代化强国、实现中华民族伟大复兴的奋斗之中。同时，弘扬中华优秀传统文化，深入开展宪法法治教育。

2.注重科学思维方法训练和科学伦理教育，培养学生探索未知、追求真理、勇攀科学高峰的责任感和使命感；强化学生工程伦理教育，培养学生精益求精的大国工匠精神，激发学生科技报国的家国情怀和使命担当。加快构建中国特色哲学社会科学学科体系、学术体系、话语体系。帮助学生了解相关专业和行业领域的国家战略、法律法规和相关政策，引导学生深入社会实践、关注现实问题，培育学生经世济民、诚信服务、德法兼修的职业素养。

3.教育引导学生深刻理解并自觉实践各行业的职业精神、职业规范，增强职业责任感，培养遵纪守法、爱岗敬业、无私奉献、诚实守信、公道办事、开拓创新的职业品格和行为习惯。

在此基础上，及时更新教材知识内容，体现产业发展的新技术、新工艺、新规范、新标准。加强教材数字化建设，丰富配套资源，形成可听、可视、可练、可互动的融媒体教材。

教材建设需要各方的共同努力，也欢迎相关教材使用院校的师生及时反馈意见和建议，我们将认真组织力量进行研究，在后续重印及再版时吸纳改进，不断推动高质量教材出版。

机械工业出版社

前 言

本书第 3 版修订时的最大亮点是编者制作和拍摄了大量机构和零件实物的动画和视频，将其以二维码的形式置于书中相关内容处，学生通过扫描二维码可观看动画或视频，以加深对知识点的理解，同时也有助于培养学生的实际动手能力。因本书充分体现工学结合、理论联系实际，故受到使用院校师生的广泛好评，先后重印多次。

随着近年来我国高等职业教育的发展，企业用人标准的提高，学校生源状况的变化，高等职业教育正面临新的情况。《国家职业教育改革实施方案》中提出"在职业院校、应用型本科高校启动'学历证书＋若干职业技能等级证书'制度试点（1+X 证书制度试点）工作"。为更好地适应现阶段高等职业教育教学的需要，本书在编写过程中认真贯彻党的二十大精神，以学生的全面发展为培养目标，融"知识学习，技能提升，素质培养"于一体，严格落实立德树人根本任务，结合工程实践对人才的知识需求，兼顾职业技能鉴定的需要，同时参考相关工种国家职业标准对机械设计基础知识的要求，在第 3 版的基础上对本书进行了修订。

本书经过几次修订，内容已基本自成体系。本次修订有以下几点说明：

1. 党的二十大报告指出，"深入实施人才强国战略""坚持尊重劳动、尊重知识、尊重人才、尊重创造"，本次修订在详细讲授基础理论知识的同时融入探索性实践内容，以增强学生的自信心和创造力，即用学科理论知识促进学生活跃思维、敢于创新，尽可能地将新思路在实践中进行创造性的转化，推动科学技术实现创新性发展。

2. 鉴于现在的高职教育强调学生工学结合和"1+X 证书制度"，各专业的学时都做了适当的调整。本书主要服务对象是机械类专业或近机械类各专业的学生，作为机械类专业基础核心课程为 60 学时左右，加一周的课程设计。非机械类专业一般不安排本课程的课程设计，也基本在 60 学时左右。本书基于 60 学时左右组织内容，各校可根据实际需要安排教学内容。

3. 因受学时的限制，本次修订将教材内容分为必学内容、选学内容和扩展内容。必学内容正常排版，选学内容在节号上注有 * 号。为保证教材内容的完整性，也为满足学生参加专升本考试的需要，精简下来的内容作为扩展内容以二维码的方式附在书上，学生可扫描二维码学习。

4. 为适应学生的认知规律，考虑到知识的递进关系，将第 11 章和第 12 章整合后合并为一章，也就是先讲轴承，再讲轴的结构设计，更符合实际情况。

5. 本次修订，对部分专业名词加注了英语单词，以配合学生专业英语的学习和日后工作的需要。

参加本次修订的人员有：上海工商职业技术学院柴鹏飞（第1章、第5章）、新疆大学张立萍（第2章、第7章）、上海工商职业技术学院万丽雯（第3章、第11章）、山西机电职业技术学院张毅（第4章、第6章）、山西北方机械有限责任公司赵彦（第8章、第12章）、辽宁轨道交通职业学院赵大民（第9章、第10章），本书由柴鹏飞编制修订提纲并统稿，柴鹏飞、万丽雯担任主编，张毅担任副主编。

本书由河北化工医药职业技术学院陈爱玲教授担任主审。主审认真细致地审阅了本书，从本书的结构、知识点等多方面提出了很多宝贵的意见和建议，编者对此谨致诚挚的谢意。

为方便读者做课程设计，本书配套有《机械设计课程设计指导书》（第3版），柴鹏飞、王晨光主编，书号是 ISBN 978-7-111-65872-6。

在本书的编写过程中，编者参阅了国内外有关教材和大量的文献资料，并得到了洛阳轴承研究所技术人员、山西平遥减速器有限责任公司李文坚副总经理、宁波恺柏科教仪器设备有限公司技术人员的有益指导和山西省长治市杨雷老师等社会有关人士的大力帮助，本书动画资源由资深品牌及动效设计师李日鹏设计，全书英语专业名词由上海工商职业技术学院李全福老师提供，在此一并表示诚挚的感谢。

同时，编者殷切希望读者对书中存在的错误和不妥的地方提出修改建议，使之不断完善。编者邮箱 sxczcpf517@163.com 及 403475605@qq.com.

编　者

目 录

前　言

第1章　绪论（Introduction）……………… 1
　教学要求 ……………………………………… 1
　价值情感目标 ………………………………… 1
　1.1　我国机械发展简史 …………………… 1
　1.2　积极推进新型工业化 ………………… 4
　1.3　机械设计概述 ………………………… 7
　1.4　本课程的研究对象 ………………… 10
　1.5　本课程的性质和内容 ……………… 13
　1.6　本课程的特点与学习方法 ………… 14
　知识小结 …………………………………… 16

第2章　平面机构运动简图及自由度
　　　　（Motion Diagram and Freedom
　　　　of Planar Mechanism）………… 17
　教学要求 …………………………………… 17
　技能要求 …………………………………… 17
　价值情感目标 ……………………………… 17
　2.1　运动副及其分类 …………………… 18
　2.2　构件及运动副的表示方法 ………… 19
　2.3　平面机构运动简图 ………………… 21
　2.4　平面机构的自由度 ………………… 22
　2.5　平面机构自由度的计算 …………… 23
　2.6　平面机构具有确定运动的条件 …… 27
　实例分析 …………………………………… 27
　知识小结 …………………………………… 31

第3章　平面连杆机构（Planar
　　　　Linkage Mechanism）………… 33
　教学要求 …………………………………… 33
　价值情感目标 ……………………………… 33
　3.1　铰链四杆机构 ……………………… 35
　3.2　滑块四杆机构 ……………………… 40
　3.3　平面四杆机构的基本特性 ………… 44
　3.4　多杆机构简介 ……………………… 48

3.5*　其他机构简介 ……………………… 50
　实例分析 …………………………………… 53
　知识小结 …………………………………… 55

第4章　凸轮机构
　　　　（Cam Mechanism）…………… 56
　教学要求 …………………………………… 56
　价值情感目标 ……………………………… 56
　4.1　凸轮机构的应用及类型 …………… 57
　4.2　凸轮机构工作过程及从动件运动
　　　　规律 ………………………………… 60
　4.3　图解法设计盘形凸轮轮廓 ………… 63
　4.4*　凸轮机构设计中的几个问题 …… 65
　4.5*　凸轮的结构与材料 ……………… 69
　实例分析 …………………………………… 70
　知识小结 …………………………………… 71

第5章　其他常用机构（Other Common
　　　　Mechanism）…………………… 72
　教学要求 …………………………………… 72
　价值情感目标 ……………………………… 73
　5.1　棘轮机构的工作原理、类型和应用 …… 73
　5.2　槽轮机构的工作原理、类型和应用 …… 75
　5.3　不完全齿轮机构的工作原理、类型和
　　　　应用 ………………………………… 76
　5.4　螺旋机构（screw mechanism）…… 77
　实例分析 …………………………………… 83
　知识小结 …………………………………… 84

第6章　齿轮机构及传动（Gear Mechanism
　　　　and Transmission）…………… 85
　教学要求 …………………………………… 85
　技能要求 …………………………………… 85
　价值情感目标 ……………………………… 85
　6.1　概述 ………………………………… 86
　6.2　渐开线齿廓的啮合特性 …………… 87

6.3 渐开线标准直齿圆柱齿轮的基本
参数 ················· 89
6.4 渐开线标准直齿圆柱齿轮的啮合
传动 ················· 93
6.5 渐开线齿轮加工原理和根切现象 ··· 95
6.6* 圆柱齿轮精度简介 ········· 98
6.7 齿轮传动的失效形式、设计准则与
材料选择 ············· 99
6.8 标准直齿圆柱齿轮传动的疲劳强度
计算 ················· 103
6.9 斜齿圆柱齿轮传动 ········· 111
6.10 圆柱齿轮的结构设计和齿轮传动的
维护 ················· 118
实例分析 ················· 120
知识小结 ················· 121

第7章 其他齿轮机构及传动（Other Gear
Mechanism and Transmission）··· 124
教学要求 ················· 124
价值情感目标 ············· 124
7.1 锥齿轮传动 ············· 125
7.2 蜗杆传动 ··············· 129
7.3* 锥齿轮、蜗杆和蜗轮的结构 ··· 138
实例分析 ················· 140
知识小结 ················· 141

第8章 轮系（Gear Train）········· 142
教学要求 ················· 142
价值情感目标 ············· 142
8.1 定轴轮系（ordinary gear train）··· 143
8.2* 行星轮系（planetary gear train）····· 147
8.3* 混合轮系（mixed gear train）···· 150
8.4 减速器 ················· 151
实例分析 ················· 154
知识小结 ················· 156

第9章 带传动与链传动（Belt Drive
and Chain Drive）········· 157
教学要求 ················· 157
技能要求 ················· 157
价值情感目标 ············· 157
9.1 带传动的工作原理、类型及特点 ··· 158
9.2 普通V带及V带轮 ········· 159
9.3 带传动工作能力分析 ······· 163
9.4 带传动的设计计算 ········· 165
9.5 带传动的张紧、安装与维护 ··· 170
9.6 链传动 ················· 173

9.7* 链传动的布置、张紧与润滑 ········· 176
实例分析 ················· 179
知识小结 ················· 180

第10章 联接（Connection）········· 182
教学要求 ················· 182
技能要求 ················· 182
价值情感目标 ············· 182
10.1 概述 ················· 183
10.2 螺纹联接 ············· 185
10.3 销联接 ··············· 192
实例分析 ················· 194
知识小结 ················· 196

第11章 轴系部件的选择与设计
（Selection and Design of
Shafting Parts）········· 197
教学要求 ················· 197
技能要求 ················· 197
价值情感目标 ············· 197
11.1 轴（axle）的分类及应用 ····· 199
11.2 轴的材料及其选择 ······· 201
11.3 滚动轴承 ············· 202
11.4 轴毂联接（hub connection）··· 211
11.5 轴系部件的结构设计 ····· 218
11.6 轴系支承的组合设计 ····· 221
11.7 轴的强度与刚度计算 ····· 226
11.8 滑动轴承 ············· 233
11.9 轴系部件的润滑（lubrication）与
密封（seal）··········· 237
实例分析 ················· 245
知识小结 ················· 246

第12章 联轴器、离合器及制动器
（Coupling、Clutch and
Brake）··············· 250
教学要求 ················· 250
价值情感目标 ············· 250
12.1 联轴器 ··············· 251
12.2 联轴器的选择 ··········· 255
12.3 离合器 ··············· 255
12.4* 制动器 ··············· 256
实例分析 ················· 257
知识小结 ················· 258

参考文献 ····················· 260

机械设计基础（第4版）习题集

第 1 章

绪论（Introduction）

1.1 我国机械发展简史

我国是世界上机械发展最早的国家之一。我国的机械工程技术不但历史悠久，而且成就十分辉煌，不仅对我国的物质文化和社会经济的发展起到了重要的促进作用，而且对世界技术文明的进步做出了重大贡献。

从发展和形成的过程，我国机械发展史可分为六个时期：

1）形成和积累时期，从远古到西周时期。

2）迅速发展和成熟时期，从春秋时期到东汉末年。

3）全面发展和鼎盛时期，从三国时期到元代中期。

4）缓慢发展时期，从元代后期到清代中期。

5）转变时期，从清代中后期到新中国成立前的发展时期。

6）复兴时期，新中国成立后的发展时期。

拓展内容

我国机械发展简史

我国是一个有着悠久历史的文明古国，我们的民族是个伟大的富有智慧的民族，在五千年的历史长河中，我国在机械方面有许多的发明与创造，是世界上机械发展最早的国家之一。

关于我国机械发展史，读者可自行上网查询相关内容，或进入"中国古代科技网"，了解我国古代机械概况。

我国古代不仅有举世闻名的四大发明，在机械发明和制造方面也有着光辉的成就，并且在动力的利用和机械结构的设计上各具特色。早在商代我国劳动人民就利用杠杆原理制成了取水工具——桔槔（图1-1），至今在一些地区仍被使用，人们还利用这一原理向上吊起重物；汉朝张衡在天文仪器——候风地动仪（图1-2）中也利用了杠杆的原理；西汉时期的指南车（图1-3）和记里鼓车（图1-4）则采用了连杆机构和轮系机构；元朝黄道婆发明织布机（图1-5）等纺织机械，推动了当时纺织技术和纺织业的发展；苏颂和韩公廉于宋元祐元年（公元1086年）开始设计，到元祐七年才完成的水运仪象台（图1-6），台高约12m，宽约7m；1980年冬，我国考古工作者在陕西临潼区东的秦始皇陵发掘出土了两乘大型彩绘铜车马，二号铜车马如图1-7所示。

图1-1 桔槔

图1-2 候风地动仪

新中国成立后，由于经济建设发展迅速，电力、冶金、重型机械和国防工业都需要大型锻件，但当时国内只有几台中小型水压机，根本无法锻造大型锻件，所需的大型锻件只得依赖进口。为从根本上解决这个问题，第一机械工业部提出自己设计制造大型水压机，1961年12月，江南造船厂成功地建成国内第一台12000吨水压机，如图1-8所示，为中国重型机械工业填补了一项空白。

据有关资料介绍，这台能产生万吨压力的水压机总高23.65米，总长33.6米，最宽处8.58米，全机由44700多个零件组成，机体全重2213吨，其中最大的部件下横梁重260吨，

图 1-3　指南车

图 1-4　记里鼓车

图 1-5　织布机

图 1-6　水运仪象台

图 1-7　铜车马

图 1-8　万吨水压机

工作液体的压力有 350 个大气压，能够锻造 250 吨重的钢锭。

万吨水压机建成后，为国家电力、冶金、化学、机械和国防工业等部门锻造了大批特大型锻件，为社会主义建设做出了重大的贡献。

1.2 积极推进新型工业化

1. 时代的定位与新起点

古代中国在机械技术发展史上有着众多的成就，直至近代，以蒸汽机出现为标志的第一次工业革命使得西方在制造业上将中国甩到了身后。中国制造业开启了艰难的前进之路，在经历了清末的洋务运动、民国时期实业家们的工业救国等一系列努力和挫折后，到新中国成立时仍然没有能够建立起最基本的工业体系，甚至连许多最简单的工业品也无法自主生产。在如此薄弱的基础之上，通过对全国力量的科学调配与有力整合，新中国工业在七十余年的时间里获得了极大的发展。截至 2019 年，中国已经拥有 41 个工业大类、207 个中类、666 个小类，成为全世界唯一拥有联合国产业分类中全部工业门类的国家。在装备制造领域，从高精尖的运载火箭、载人飞船、空间实验室、载人深潜器，到与国民经济发展和人民生活水平提高密切相关的高铁列车、大型客机、先进船舶、巨型海洋石油钻井平台，以及门类齐全的先进工程机械、数字机床、工业机器人等，都取得了重大突破，且具备了自主研发和生产能力。中国装备制造业的产值规模占全球比重已超过三分之一，其中机械工业的产值占全球比重已将近二分之一，所以无论从产业链的完整性还是从产业规模来看，中国已成为名副其实的制造业大国。

2. 客观的差距与大趋势

我国虽然已经成为世界公认的制造业大国，但不得不看到，在装备制造业许多先进的核心技术领域，我们与世界先进水平尚存在较大差距。如在先进数控机床、工业机器人控制传感器、先进发动机技术、微电子芯片生产等领域，我国虽然可以实现部分自主开发生产，但从生产工艺到整体水平都还有漫长的追赶道路，这些也是当前我国制造业要重点提高和突破的领域。2015 年，国家选定轨道交通装备、高端船舶和海洋工程装备、工业机器人、新能源汽车、现代农业机械、高端医疗器械和药品六大领域作为增强制造业核心竞争力的重大工程包，来引领中国制造业的升级发展。

20 世纪 90 年代以来，计算机、互联网等新技术的快速发展，金融市场的空前繁荣，给人们带来无限的想象空间。全球掀起一股"去工业化"的风潮，认为在 21 世纪，信息网络、虚拟经济才是社会经济发展的主流，而传统制造业，特别是机械工业已经成为过去时。许多国家大幅降低了制造业在其国民经济中的比重，拆解产业链条、压缩工业规模，向着"去工业化"的目标不断"前进"。在这样的观念影响下，以机械工业为代表的传统制造业从业人员难免对自己的专业价值与前景持怀疑态度，工作信心动摇、学习动力与职业自豪感下降。即使在这样的国际大环境下，中国制造业依然坚定前行，不断完善自己的工业体系，提升制造业水平，缩小了与发达国家的差距，建成了世界上门类最为齐全的产业链。

21 世纪第一个十年即将结束时，一场席卷全球的金融风暴改变了人们的观点，止住了"去工业化"的步伐。曾经一度将经济金融化、产业空心化的主要工业国家将战略规划由"去工业化"转变为"再工业化"和"新工业化"，纷纷把目光重新投向制造业，并提出多个版本的制造业升级长期规划，最具代表性的有德国的"工业 4.0"战略，美国的"工业互联网"战略，欧盟的"欧洲 2020 战略"和日本的"工业智能化"战略。这种形势反映出两个关键问题：一是制造业在国家经济社会发展中的支柱作用和发动机作用再次得到了认可；另一方面则是世界各国已经看到了新工业革命的到来。人类社会自 19 世纪以来，已经历了以蒸汽机为代表的第一次工业革命，以电力机械为代表的第二次工业革命和以信息技术、自动化技术为代表的第三次工业革命，如今即将全面到来的新技术变革可以认为是第四次工业革命。因此，各主要工业国家将先进制造业定性为经济社会可持续发展的牵引和支撑。在新的工业革命进程中，先进制造业标准制定权的竞争异常激烈，这一轮"国际大赛"将影响几十年后的世界制造业格局，因此中国制造业必须以时不我待的紧迫感去迎接这一挑战。

中国虽然已是制造大国，但发展水平却还在先进制造国家前三个梯队以外，也就是说中国还不是制造强国。新工业革命的到来，既是巨大的挑战，也是中国制造业全面重新整合、技术换代、产业升级、结构调整、推进创新、快速追赶世界先进水平的机遇。近十几年来，中国制造业已经在众多领域取得了一系列突破性的进展，为新发展积累了经验、探索了道路。基于已经出台的《装备制造业调整和振兴规划》、《工业转型升级规划（2011—2015年)》、《智能制造装备产业"十二五"发展规划》，2015 年我国再次从国家战略规划的高度发布了《中国制造 2025》，将制造业提升到了"立国之本、兴国之器、强国之基"的高度，"中国制造 2025"已成为了出现频率极高的热词。"中国制造 2025"可以理解为我国面对第四次工业革命立足自身、放眼世界所做的中期战略规划。在其指导下传统制造业形态将发生一系列重大变革，核心突破领域首先是互联网与制造业的深度融合，其目标为广泛利用信息物理系统（CPS，Cyber-Physical Systems）、物联网、大数据计算分析、人工智能等新技术来构建智能工厂，实现智能制造。

可以看到，"中国制造 2025"的目标是在未来十年，努力追赶制造业世界先进水平，争取进入制造强国第二梯队，在新工业革命浪潮中提升自身的整体实力，参与新制造业标准的制定与实践。这一过程是立足我国制造业现有水平，基于世界制造业未来发展趋势的综合判断而确立、调整和实施我国制造业发展战略的过程。

⬤ 拓展内容

中国制造 2025

《中国制造 2025》是我国实施制造强国战略第一个十年的行动纲领。它并不是一个一般性的行业发展规划，而是着眼于整个国际国内的经济社会发展、产业变革大趋势所制定的一个长期战略性规划，不仅要推动传统制造业的转型升级和健康稳定发展，还要在应对新技术革命的发展当中，实现高端化的跨越发展。

《中国制造 2025》是国家层面为中国制造业未来 10 年制定设计的顶层规划和路线图，通过努力实现中国制造向中国创造、中国速度向中国质量、中国产品向中国品牌三大转变，推动中国到 2025 年基本实现工业化，迈入制造强国行列。

中国制造 2025

因内容很庞大不便展开讲，"中国制造 2025"主要的纲领性内容请扫描二维码学习。

3. 专业的地位与新价值

回顾历次工业革命的重大技术发展，从工业 1.0 的蒸汽机时代、工业 2.0 的电机时代到工业 3.0 的信息自动化时代，再到如今以全面智能制造为目标的工业 4.0 时代，每一次划时代的变革都是以机械效能的巨大提升为代表的，机械制造业始终是工业革命的主体。从机械制造业来管窥我国制造业的整体水平，目前尚处在 2.0 为主，部分实现 3.0，小范围尝试和探索 4.0 的状态。德国、日本等制造业强国已经全面跨越 3.0，目标是将其制造业整体提升至智能制造的水平，从而继续保持领先地位；美国依托其强大的互联网技术优势提出"工业互联网"概念，意在利用互联网技术改造和推进制造业升级。看似各国的目标都是进行产业升级，但内涵却有所不同，具体到我国就是要由先进的示范性行业和企业来带动制造业整体的提升。这一过程中将有大量的企业或被淘汰，或升级改造进而浴火重生，或全面创新实现跨越发展。实现产业升级的一个重要任务是充分实现 CPS 在制造业广度和深度上的应用，然而目前我国 CPS 在制造业中的应用范围还很窄，需要借力这一轮工业革命的驱动进行大范围的普及，这为机械专业从业人员提供了众多的发展机会。CPS 对于制造业而言，是实现各种物理设备（主要是机械设备）与信息系统（主要指以数字信息技术为基础构建的网络系统）之间的深度融合。但所谓深度融合，既不同于工业 3.0 时期的单机数字化自动化，也不是简单地通过互联网实现远程控制。制造业 CPS 除通过计算机技术实现物理设备的数字化控制之外，还要通过各种网络系统实现设备与设备的连接、设备与人的连接、局域网与广域网的连接。通过将传统互联网与新兴物联网重新编织，网络节点与终端的数量级数的增加，可实现人与人、机与机、人与机的"万物互联"。作为制造业 CPS 中最重要的节点与终端的机械设备，在系统中直接接收大数据云计算的信息，由传统机械的单向指令接收并进行生产发展为可指令接收、加工生产、信息传递、网络信息处理、信息反馈、自我调整的闭合控制体系，即逐步实现由自动化向智能化的转变。系统将整合精密机械、高性能计算机、增强现实（AR）、人工智能、射频识别、先进网络和大数据计算分析等一系列先进的机械和计算机与网络技术。制造业 CPS 的典型体现就是种类繁多的工业机器人及由它们构成的智能生产线、智能车间和智能工厂。

党的十八大以来，以习近平同志为核心的党中央高度重视人工智能发展，强调要把新一代人工智能作为推动科技跨越发展、产业优化升级、生产的整体跃升的驱动力量，努力实现高质量发展。我国人工智能发展被提升到国家战略高度，开启了我国人工智能变革与创新的新时代。

4. 面对的问题与新挑战

看清了前进的方向，一代代制造业工作者不断积累，奋力前行。随着我国制造业整体实力与世界先进水平的差距不断缩小，新的问题和挑战也更加凸显。我们与制造业强国之间的关系由原来的互补与伴随发展，变为了直接的竞争关系。各制造业先进国家（包括曾经的制造强国），在 21 世纪初就已将目光投向了未来制造业的领导者地位，制造业回归渐成热点话题。因此，中国制造业面临的竞争达到了几十年来的最高点，由发生在国际贸易与制造业等领域中的一系列具有明确象征意义的热点事件可见一斑。今后，将会有更多考验我国制造业自主创新能力的巨大挑战出现。

5. 伟大的梦想与新机遇

深入实施智能制造工程，推动互联网、大数据、人工智能等新一代信息技术与制造业深度融合，推进制造业数字化转型，加快 5G、数据中心等新型信息基础设施建设和应用，深化工业互联网创新应用。积极稳妥推动工业绿色低碳发展，深入实施工业领域碳达峰行动，全面推行绿色制造，提高工业资源综合利用效率和清洁生产水平，构建资源节约，环境友好的绿色生产体系。未来，机械行业从业者既要有计算机、信息网络方面的广泛知识，更应精通机械原理、专于机械设计、长于机械制造和使用。由此，机械专业从业者必须以发展的眼光重新审视自己的专业与自身实力，抓住时代发展大趋势，才能在未来几十年的经济社会发展中掌握主动权。

年轻的心充满了梦想，"当我们紧扣时代的脉搏为自己设计未来，我们自己就是未来。每个人的未来就是国家的未来"。中国梦在机械人心中就是智能制造的梦想。"认准方向，只要不停下脚步，我们就能到达心中的远方。"（《五年规划》之《工业强国》）

1.3 机械设计概述

机械设计是设计者根据社会需要和人民群众生活需求所提出的机械设计任务，综合应用各种先进技术成果，灵活运用各种适宜的设计方法，设计出满足使用要求、安全可靠、经济合理、外形美观、综合性能好，并能集中反映先进生产力产品的过程。机械设计也可能是在原有的机械设备基础上做局部改进，以优化结构，实现机械的工作能力提升、效率提高、能耗降低和污染减少等目标，这些都是机械设计范畴应考虑的问题。机械设计是一门综合的工程技术，是一项复杂、细致和科学性很强的工作，其过程涉及许多方面，要设计出合格的产品，必须兼顾众多因素。

下面简述几个与机械设计有关的基本问题。

1.3.1 机械设计的一般程序

机械设计没有固定的或通用的设计程序，不同的行业和不同的产品可能有着完全不同的设计程序与设计方法，设计时应根据所设计产品的具体情况选择合适的设计方法。图1-9所示为机械设计的一般程序，下面对程序中的各个阶段进行简单的介绍。

图 1-9 机械设计的一般程序

1. 设计任务书

根据社会需要或人民群众生活需求提出机械设计的计划，首先需要进行广泛的市场调查，以了解具体的需求情况；其次要对计划做详细的评价、论证，验证所提出的机械设计的必要性和实用性；最后完善机械设计的设计参数及设计要求等内容，形成设计任务书。

2. 产品设计方案

根据设计任务书，专业设计团队可以提出多个能够实现预期功能的产品设计方案，最终由相关专家和有关部门综合考虑各项因素确定一种最佳设计方案。

3. 总体设计

根据产品设计方案，专业设计人员将对产品进行总体的规划性设计。该阶段开展的是全方位的、能满足主要功能的宏观设计，结合对产品设计方案的分析和论证，最终形成技术文件。同样，设计人员可提出多个总体设计方案，最终需选出最佳的方案。

4. 结构设计

结构设计是在总体设计方案基础上进行的实施性、能用于生产的详尽设计，是连接设计和制造的重要环节。结构设计结合了各个生产实体的具体情况，综合考虑了多方面的因素，最终以用于指导生产的工程技术文件表示。

5. 评价、论证、试制、鉴定、投产、使用

评价和论证在设计计划提出阶段就开始进行了，是设计程序中非常重要的环节。一个项目最终社会效益和经济效益的好坏，在很大程度上取决于评价和论证过程是否严谨、科学和实事求是。

试制、鉴定、投产和使用对于不同类型的产品设计具有不同的内涵，并且会采取不同的处理方式。

6. 信息反馈、修改

从提出设计计划到之后的各个设计阶段，都要注重信息的收集和处理，并根据收集到的信息对设计做出及时的、积极的修改，使设计更加完美和实用。

1.3.2　机械设计的基本要求

使用要求——机械产品应具有可靠、稳定的工作性能，达到设计要求。使用要求包括功能性要求和可靠性要求。

经济要求——力求机器本身成本低，使用该机器生产的产品成本也要低。

安全要求——保证人身安全，操作方便、省力。

外观要求——产品造型应美观、协调。

此外，机械设计还应满足噪声、起重、运输、卫生、防腐蚀、防冻等方面的要求。

1.3.3　机械零件的失效形式和设计准则

1. 机械零件的失效形式

失效——零件失去设计时指定的工作效能称为零件失效（failure）。失效和破坏并不是一回事，失效不等于破坏，也就是有些零件理论上失效了，并不代表零件破坏不能用了。如齿轮的齿面点蚀、胶合、磨损等失效形式出现后，零件还可以工作，只不过工作状况不如原来好，甚至会出现传动不平稳或噪声等现象。一般情况下，零件破坏后就不能再工作了，也可以说破坏是绝对的失效，如齿轮的轮齿折断是破坏，也是失效。

常见的零件失效形式如图 1-10 所示。

具体的失效形式有：①整体断裂；②过大的残余变形；③零件的表面破坏（腐蚀、磨损、接触疲劳）。尤以腐蚀、磨损、疲劳破坏为主（有资料显示，在1378项机械零件失效案例中，腐蚀、磨损、疲劳破坏占73.88%，断裂仅占4.79%）。

2. 机械零件的工作能力准则

设计中，衡量机械零件工作能力的指标即为机械零件的工作能力准则，包括以下内容：

（1）强度　零件抵抗破坏的能力。强度可分为体积强度和表面强度两种。表面强度又可分为表面挤压强度与表面接触强度。

（2）刚度　零件抵抗弹性变形的能力。

（3）耐磨性　零件抵抗磨损的能力。

（4）耐热性　零件承受热量的能力。

（5）可靠性　零件能持久可靠地工作的能力。

（6）振动稳定性　机器工作时不能发生超过允许范围的振动。

失效 {
强度失效 {
整体破坏（拉、压、弯、扭、剪）
表面破坏 {
挤压（面接触）
接触（点、线接触）
}
}
刚度失效：弹性变形过大
磨损 {
磨料磨损
胶合磨损
}
失稳 {
压杆失稳（侧弯）
振动失稳（共振）
}
其他 {
不自锁（斜面、螺旋）
打滑（摩擦传动）
松脱（如螺钉）
过热
噪声过大
腐蚀等
}
}

图 1-10　零件的失效形式

3. 机械零件的设计准则

强度判别公式为

$$\sigma \leqslant \frac{\sigma_{\lim}}{[s]}$$　　　　　　　　　　（1-1）

式中　σ——零件危险截面上的最大应力；

$\sigma_{\lim}$——极限正应力；

$[s]$——正应力许用安全系数。

刚度判别公式为　　　　　　　　$y \leqslant [y]$　　　　　　　　　　（1-2）

式中　y——零件的变形量；

$[y]$——许用变形量。

耐磨性、耐热性没有单独的计算公式，设计时只考虑其对强度影响的程度。

可靠性的衡量指标是可靠度，不同的设备有不同的要求。可靠度与安全系数的选取有关系，因此，可根据零件影响设备安全的程度选取对应的安全系数。

振动稳定性，应保证工作频率与零件的固有频率相错开。

不同的零件，在不同的条件下工作，出现各种失效形式的概率不同。一般优先按最常见的失效形式进行设计，然后为避免其他次常见的失效形式，再进行相应的校核，即不同条件下的零件设计需制定不同的设计准则。

4. 机械零件的设计步骤

机械设计方法很多，既有传统的设计方法，也有现代的设计方法，这里不详细论述。简单介绍常用的机械零件设计步骤：

（1）根据使用要求，选择零件的类型和结构。

（2）根据工作要求，计算零件载荷。

（3）根据工作条件，选择零件材料。

（4）确定计算准则，计算出零件的基本尺寸。

（5）结构设计。

（6）校核计算。

（7）写说明书。

在机械设计和制造的过程中，有些零件，如螺栓、滚动轴承等应用范围广，用量大，为便于专业化制造，这些零件都制作成标准件，由专门生产厂生产。对于同一产品，通常进行若干同类型不同尺寸或不同规格的系列产品生产以满足不同用户的使用需求。不同规格的产品使用相同类型的零件，以使零件的互换更为方便，也是机械设计应考虑的事情。因此，在**机械零件设计中，还应注意标准化、系列化、通用化**。

1.4 本课程的研究对象

本课程的研究对象是机械（mechanical engineering）。机械是机器（machine）与机构（mechanism）的总称。

1.4.1 机器

传统意义上讲，机器是执行机械运动的装置。机器的种类繁多，其用途和结构形式也不尽相同，但机器的组成却有一些共同的特征。

1. 机器的特征

传统意义的机器具有以下三个共同特征：

（1）**人为的实物组合体**。

（2）**各运动单元间具有确定的相对运动**。

（3）**能代替人类做有用的机械功或进行能量转换**。

图 1-11 所示为卷扬机，电动机通过减速器带动卷筒缓慢转动，使绕在卷筒上的钢索完成悬吊装置的升降任务。电动机与减速器之间设有制动器，在需要停止运动时起制动作用，使卷扬机停止运动。

图 1-12 所示为小型轿车的组成示意图，可以看出汽车的运动系统由原动部分、传动部分、执行部分、控制部分与辅助部分五部分组成。

图 1-11 卷扬机　　　　　　图 1-12 小型轿车的组成示意图

从广义上讲，随着社会的进步和发展，现代机器的内涵还应包括机器能进行信息处理、影像处理等功能，如临床医学中广泛应用的检查身体用的 CT 机，如图 1-13 所示。

图 1-13　CT 机

2. 机器的类型

根据用途的不同，机器可分为动力机器、工作机器和信息机器。

（1）**动力机器**——实现机械能与其他形式能量之间的转换，如电动机、发电机和内燃机等。

（2）**工作机器**——利用机械能做机械功或运输物品，如机床、汽车、带式运输机等。

（3）**信息机器**——传递或变换信息，如计算机、复印机、照相机等。

由图 1-11、图 1-12 两个实例分析可知，传统机器一般都包括原动部分、传动部分和执行部分三大部分，有的机器还需要配备控制部分和辅助部分等。

机器的组成与功能见表 1-1。

表 1-1　机器的组成与功能

组成	功　　能
原动部分	给机器提供动力，如电动机
传动部分	通常用于实现运动形式的转换，或速度及动力的变换，包括一些机构（连杆机构、凸轮机构等）和传动（带传动、齿轮传动等）装置
执行部分	完成工作任务
辅助部分	指机器的润滑、控制、检测、照明等部分

1.4.2　机构

机构是具有确定的相对运动，能实现一定运动形式转换或动力传递的实物组合体。图 1-14 所示为机车上常用的内燃机，是将燃气燃烧时的热能转化为机械能的机器。它包含由活塞、连杆、曲轴和缸体（机架）组成的曲柄滑块机构，由凸轮、顶杆和缸体（机架）组成的凸轮机构等。从功能上看，机构和机器的根本区别是，机构只能传递运动或动力，不能直接做有用的机械功或进行能量转换。因此，一般说来，机构是机器的重要组成部分，机器是由单个或多个机构，再加辅助设备组成的。工程上将机器和机构统称为"机械"。

进气阀　排气阀　活塞　缸体　连杆　顶杆　曲轴　齿轮　凸轮

图 1-14　内燃机

关键知识点

机器具有三个特征，能做有用的机械功或进行能量转换。机构是机器的重要组成部分，但不能做有用的机械功或进行能量转换。

1.4.3 零件（parts）、构件（structures）与部件（components）

机械制造中不可拆的最小单元称为零件，零件是组成构件的基本单元。组成机构的具有确定运动的实物（组合）体称为构件，构件是机构运动的最小单元。一个构件可以只由一个零件组成，也可由多个零件组成。

图 1-15 所示为由齿轮、键和轴组成的传动构件，其中单一的最小单元为零件，把三个零件按要求装配到一起便组成构件。

为实现一定的运动转换或完成某一工作要求，把若干构件组装到一起形成的组合体称为部件。

零件按用途可分为两类。一类是通用零件（common parts），指在各种机械中广泛使用的零件，如齿轮、轴承、轴、螺栓、螺母等，实物模型如图 1-16 所示。另一类是专用零件（appropriative parts），指仅在一些特定机械中使用的零件，如曲轴、叶片等，图 1-17 所示为发动机曲轴。

a)　　　　b)

图 1-15　齿轮构件

齿轮　　　　轴承

螺栓　　　　螺母

轴

图 1-16　通用零件

图 1-17　专用零件——曲轴

> **关键知识点**
>
> 零件是机械制造的最小单元；构件是机构运动的最小单元；部件是将若干构件组装到一起形成的能实现一定功能的组合体。

1.5 本课程的性质和内容

1.5.1 本课程的性质

机械设计基础是装备制造大类各专业的专业基础课。本课程所涉及的知识与技能不但是从事与制造业相关工作技术人员所必备的，而且是制造业从业者技能提升与拓展的基础。随着社会现代化水平的提高，人们在日常生活中广泛使用着各种机械装置，通过学习本课程内容，首先可掌握一些机械常识，以更好地使用和维护生活中的各种机械装置；其次，学习本课程内容，还可以培养创新思维，激发创新欲望；再者，学习机械设计基础课程，将有助于建立工程思想；有助于培养科学精神；有助于树立严谨规范的工作作风；有助于形成良好的职业道德；有助于增强解决实际工程问题的能力。

机械设计基础由理论和实践两部分组成。机械设计基础理论是人们对机构运动与机械设计最基本、最普遍规律的认识和概括；机械设计基础实践则是人们掌握机械设计知识，形成工程技术能力的一个重要环节，是进行机械工程实践的基本技术能力。

机械设计基础课程的学习通常是处在从一般基础知识学习向专业技术知识学习的过渡阶段，因此本课程既具有普及机械工程知识的功能，同时也是一门具有实用价值的，可以独立设置的专业技术基础课。通过学习机械方面基本的知识与技能，学生可经历工程实践的探究过程，感受科学态度和科学精神的熏陶，为分析、理解机械工作原理和进行机械设计，进行设备安装、调整及维修等工作打下基础。本课程是以提高学生的科学素养、工程技术素质和职业道德修养，促进学生的全面发展为主要目标的工程技术基础课程。

1.5.2 本课程的内容

图 1-18 所示是日常生活中人们用来健身的划船器。划船器是一种模拟划船运动的器材，对人的腿部、腰部、上肢、胸部、背部的肌肉增强有较好的作用。运动时，人的双手紧握划船器上部的手柄，随着双臂的前后划动，划船器便模拟船在水中行进的运动，做前后摆动。

为什么人的手臂摆动手柄，划船器就能模拟船的行走呢？原因是当人的双臂摆动手柄，便驱动了支持划船器运动的机构开始运动，故划船器前后摆动起来。那么，为什么人的手臂能驱动划船器机构运动起来？这是由划船器组成机构的特性所决定的。在本教材第 3 章将深入讨论有关机构运动的问题。

图 1-19 所示是小型建筑工程或修路工程中使用的打夯机。使用时接通电源，打夯机上的摆块就会绕定轴转动，同时打夯机会持续向前移动，完成夯实地基或路面等工作。

为什么接通电源，打夯机上的摆块就会绕定轴转动呢？这是因为 V 带传动装置将电动机的转动转变成了摆块的转动，故打夯机上的摆块能够绕定轴转动，且摆块在转动过程中产生的惯性力使得打夯机不断向前移动。那么，生产实践中应如何选择 V 带？在本教材第 9 章将进一步讨论有关 V 带选择的问题。

图 1-18　划船器　　　　　　　　　　　　　　图 1-19　打夯机

　　结合实例探究，本课程的内容基本可分为常用机构、常用传动装置和通用机械零部件三大部分。其中，常用机构和常用传动装置部分综合应用各先修课程的基础理论知识，结合生产实践，研究机械中常用机构和常用传动装置的工作原理、构成原理、基本设计理论和基本计算方法。通用机械零部件部分研究一般工作条件下，常用参数范围内通用零部件的工作原理、特点、应用、结构，以及机械设计的一般原则和设计步骤，同时研究常用零部件的选用和维护等共性问题。因此，本课程是工科类各专业中一门重要的技术基础课。

1.5.3　本课程的任务

　　本课程的设置旨在培养学生的工程技术素质，促进其全面发展。因此，通过本课程的学习和实践性实训，学生应达到如下要求：

　　1）掌握常用机构的特性、应用场合和使用维护等基础知识。

　　2）掌握机械设备中各种常用传动装置和零部件使用、维护、管理的基础知识。

　　3）初步具备分析机构工作原理、零件失效形式和运用手册选用基本零件的能力。

　　4）掌握正确选择常用机械零件类型、代号等基础知识。

　　5）初步具备设计机械传动和运用手册设计简单机械的能力。

　　6）为学习相关专业机械设备和直接参与工程实践奠定必要的基础。

1.6　本课程的特点与学习方法

1.6.1　本课程的特点

　　本课程是学生从理论性、系统性较强的基础课学习向实践性较强的专业课学习过渡的转折课程，这一定位使得本课程与先修课程相比有如下特点：

1. 实践性强

本课程是一门实践性很强的技术基础课，其研究对象是在生产实践中广泛应用的机械装置，所要解决的问题也是工程中的实际问题。因此本课程要求学生要加强基本技能的训练，要培养工程素养，要重视实验、实践课，增强工程实践能力。

2. 独立性强

由于机械机构和零部件的种类繁多，且各具特色，故本教材各章内容彼此相对独立。学生需经常复习已学内容，在比较中学习，探寻思考知识点之间的共同点及相关性，形成完整的机械设计知识体系。

3. 综合性强

本课程的学习要综合运用先修课中已学的知识，先修课程的知识点是本课程学习的重要基础。且除理论知识外，学生还应具备一定的生产实践经验，要多观察日常生活和生产实践中的各类机械设备。

4. 涉及面广

关系多——本课程与机械制图、工程力学、公差配合、金属材料等诸多先修课关系密切。

要求多——本课程中机械设计要满足强度、刚度、寿命、工艺、重量、安全、经济性等要求。

门类多——本课程中的各类机构和零件，各有特点。

图表多——本课程涉及结构图、原理图、示意图、曲线图、标准表等图表。

1.6.2 本课程的学习方法

本课程是一门介于基础课和专业课之间的重要的设计性的技术基础课，起着"从理论过渡到实践、从基础过渡到专业"的承先启后的桥梁作用。学习本课程的内容，有助于学生成长为掌握高等职业专业知识和技能的职业人或创业者。本教材中大多数机构和实物都配有二维码，扫描二维码即可观看动画或视频，了解对应机构的运动情况和实物展示。本教材希望通过直观的动画、视频展示，辅助培养学生的工程实践能力，为未来从事机械工业生产或直接创业奠定一定的基础。本课程还专门配有多类型的练习题，通过演练习题，学生便于多角度学习、理解和掌握机械设计的基本知识，提高自己的分析能力和综合能力。通过本课程的学习，学生可培养必要的实践能力和创新能力，全面提高自身素质和综合职业能力，培养科学严谨、一丝不苟的工作作风。

为了学好本课程，实现预期培养目标，学生应掌握以下学习方法：

1）**扫描二维码**，观看机构运动并分析其原理。着重理解基本概念和基本原理，掌握机构分析与综合的基本方法。

2）**练习教材配套习题**。通过演练习题，加深对课程内容的理解，形成完整的机械设计基础知识体系，并注重培养工程实践能力。

3）**理论联系实际**。基于所学知识多看、多想、多分析日常生活与生产实践中的各种机械，总结规律，培养运用基本理论与方法分析和解决工程实际问题的能力。

4）**培养综合分析、全面考虑问题的能力**。解决同一实际问题，往往有多种方法和结果，要通过分析、对比、判断和决策，做到优中选优。

知 识 小 结

1. 机械设计概述 $\begin{cases} 机械设计基本要求 \\ 机械零件的失效形式与设计准则 \begin{cases} 失效形式 \\ 工作能力准则 \\ 设计准则 \\ 设计步骤 \end{cases} \end{cases}$

2. 机械 $\begin{cases} 机器 \\ 机构 \end{cases}$

3. 机构的组成 $\begin{cases} 零件 \begin{cases} 通用零件 \\ 专用零件 \end{cases} \\ 构件 \\ 部件 \end{cases}$

4. 本课程的特点 $\begin{cases} 实践性强 \\ 独立性强 \\ 综合性强 \\ 涉及面广 \end{cases}$

第 2 章

平面机构运动简图及自由度
（Motion Diagram and Freedom of Planar Mechanism）

本章导读

日常生活和生产实践中广泛应用的各种机械设备，都是人们按一定规范将各种机构（零件）组合在一起，来完成各式各样的任务以满足人们生活和生产需要的。

小资料

　　颚式破碎机主要用于对各种矿石与大块物料的中等粒度破碎，被破碎物料的最高抗压强度为320MPa，广泛运用于矿山、冶炼、建材、公路、铁路、水利和化工等行业。其性能特点为破碎比大，产品粒度均匀，结构简单，性能可靠，维修简便，运营费用低。

　　图2-1a所示为单摆式颚式破碎机的实物图，实物图看起来直观明了，但不便于分析破碎机的机构组成和运动特征，这时，就需要一种能准确表明机构运动原理的简单图形——机构运动简图。

颚式破碎机工作原理

图2-1　单摆式颚式破碎机及其机构运动简图

a）实物图　b）结构示意图　c）机构运动简图

　　图2-1b所示为单摆式颚式破碎机的结构示意图，破碎机的工作原理是，依靠实物图（图2-1a）右侧的带轮驱动偏心轮转动，进而由偏心轮带动动颚板往复摆动，完成挤碎石料的工作。

　　图2-1c所示为单摆式颚式破碎机的机构运动简图，可以看出该机构由多个构件以一定的方式连接而成。简单而言，构件与构件之间的连接即为运动副；机构运动简图则是用简单的线条代替构件，结合运动副来说明各构件间运动关系的简单图形。

　　需要注意的是，各个构件（零件）组成的机构是否具有确定的运动，还要看该机构是否满足机构具有确定运动的条件。

　　本章主要介绍的内容包括：构件间的连接方式——运动副、平面机构的自由度计算和平面机构具有确定运动的条件。

2.1　运动副及其分类

　　组成机构的每个构件都以一定的方式与其他构件相互连接，通过连接，各构件并没有被固定，而是仍具有一定的相对运动。**机构中使两个构件直接接触并能保持一定相对运动的可动连接，称为运动副**（kinematic pair）。例如，自行车上车轮与轴的连接，齿轮传动中的齿轮啮合等，都构成运动副。**平面机构中，构成运动副的各构件的运动均为平面运动，故该运动副称为平面运动副。**

根据运动副中两构件接触形式的不同，可将运动副分为两类：高副和低副。

1. 高副（higher pair）

两构件通过点或线接触所构成的运动副称为高副。常见的平面高副有凸轮副和齿轮副，如图 2-2 所示。

2. 低副（lower pair）

两构件通过面接触所构成的运动副称为低副。平面低副按其相对运动形式又可分为转动副和移动副。

（1）转动副（rotating pair）　两构件间只能产生相对转动的运动副称为转动副，如图 2-3a 所示。

（2）移动副（sliding pair）　两构件间只能产生相对移动的运动副称为移动副，如图 2-3b 所示。

图 2-2　平面高副

a）凸轮副　b）齿轮副

图 2-3　平面低副

a）转动副　b）移动副

关键知识点

使两个构件直接接触并能保持一定相对运动的可动连接称为运动副。两构件点、线接触形成高副，常见高副有凸轮副和齿轮副；两构件面接触形成低副，低副分为转动副和移动副。

2.2　构件及运动副的表示方法

1. 构件

构件是组成机构的运动单元。在机器中，往往将若干个零件刚性地连接在一起，使之成为一个独立运动的单元体，即构件。如图 1-15 中的齿轮构件，就是由轴、键和齿轮连接组成的。

在平面机构运动简图中，通常会用直线和小方框（图 2-4a、b）来表示构件，图 2-4c、d 表示参与形成两个运动副的双副元素构件，图 2-4e、f 表示参与形成三个运动副的构件。

图 2-4　构件的表示方法

2. 转动副

两构件组成平面转动副时，表示方法通常如图 2-5 所示，圆圈表示转动副，其圆心必须与回转轴线重合，带下划斜线的表示固定构件（又称机架）。图 2-5a 所示为两个杆件用转动副连接，但两者均可转动；图 2-5b、c 所示分别为活动构件 2 和机架 1 之间用转动副连接的两种表达方法。

3. 移动副

两构件组成平面移动副时，表示方法通常如图 2-6 所示，带下划斜线的构件 1 表示机架，构件 2 表示滑块。图 2-6a、b 中构件 2 为移动滑块，图 2-6c 中构件 2 为移动杆件。

图 2-5　平面转动副的表示方法　　　　图 2-6　平面移动副的表示方法

4. 平面高副

两构件组成的平面高副中最常见的为凸轮副和齿轮副，其表示方法如图 2-7 所示。

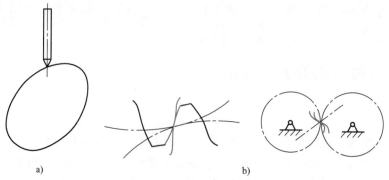

图 2-7　平面高副的表示方法

a）凸轮副　b）齿轮副

2.3　平面机构运动简图

在研究或设计机构时，为了减少和避免机构复杂的结构外形对运动分析带来的不便，我们可以不考虑机构中与运动无关的因素，仅用简单的线条和符号来表示构件和运动副，并按比例画出各运动副的相对位置。这种用规定符号和简单线条表示机构各构件之间相对运动及运动特征的图形称为机构运动简图。本教材在研究机构的组成及运动状态时，都是以机构运动简图为基础来研究的。

机构运动简图所表示的主要内容有：机构类型，构件数目，运动副的类型、数目以及机构的运动尺寸等。

对于只表示机构的组成及运动情况，而不严格按照比例绘制的简图，称为机构示意图。

小提示

> 为研究和设计机械进行调研和资料收集时，尤其是在生产现场分析某机构的运动原理时，一般需绘制该机构的运动简图，平面机构运动简图可以用来进行运动分析和动力分析。

绘制平面机构运动简图一般应按下列步骤进行：

1）分析机构的组成，明确主动构件、从动构件和机架，并将各构件用数字编号或命名。

2）从主动构件开始，沿运动传递路线，分析各构件间运动副的类型，并确定各构件的运动性质。

3）选择视图平面及机构运动简图位置。

4）选择适当比例，按照各运动副间的距离和相对位置，用规定的符号画出各运动副，然后用简单线条将同一构件上的运动副连接起来。

例 2-1　试绘制图 2-1b 所示单摆式颚式破碎机的机构运动简图。

解　1）如图 2-1b 所示，颚式破碎机主体机构由机架（固定构件）、偏心轮（原动件）、动颚板（工作执行件）和肘板四个构件组成，惯性轮与机构运动无关，故不做考虑。

2）分析工作过程：偏心轮绕轴线 A 转动，驱使动颚板做平面运动，从而将石料轧碎。分析运动副类型：偏心轮与机架组成转动副 A，偏心轮与动颚板组成转动副 B，肘板与动颚板组成转动副 C，肘板与机架组成转动副 D。

3）图 2-1b 已清楚地表达出各构件间的运动关系，所以选择此平面为视图平面，同时选定转动副 A 的位置。

4）选择适当的比例，根据各转动副之间的尺寸和位置关系，画出转动副 B、C 和 D 的位置，用简单线条连接各转动副符号，即绘制出单摆式颚式破碎机的机构运动简图，如图 2-1c 所示。

例 2-2　试绘制图 2-8a 所示颚式破碎机的机构运动简图。

解　扫描二维码观看颚式破碎机工作过程后可知，破碎机中电动机通过 V 带传动驱动偏心轴 1 转动（V 带传动是机器的原动部分，只是驱动偏心轴转动，本例机构运动简图中不必画出），偏心轴 1 带动连杆 2 上下摆动，连杆 2 又牵动后推力板 3 和前推力板 4 做摆动，从而使得动颚板 5 相对机架 6 做一定幅度的左右摆动，和静颚板形成一个变化的挤压腔。各构件往复运动把掉入挤压腔的石料破碎，完成破碎石料的工作任务。

选择图 2-8a 所示平面为视图平面，首先确定转动副 O 的位置，选择适当的比例，按工作过程中机构运动传递的先后顺序，依次确定各个运动副的位置和各构件的长度，完成颚式破碎机的机构运动简图，如图 2-8b 所示。

图 2-8　颚式破碎机及其机构运动简图

> **关键知识点**
>
> 用规定符号和简单线条表示机构各构件之间相对运动及运动特征的图形称为机构运动简图。不严格按照比例绘制的简图，称为机构示意图。

2.4　平面机构的自由度

2.4.1　构件的自由度（degree of freedom）

在平面运动中，一个自由构件具有 3 个独立的运动，如图 2-9 所示，即沿 x 轴和 y 轴的移动以及在 xOy 平面内的转动。构件所具有的独立运动的数目称为自由度，做平面运动的自由构件有 3 个自由度。

2.4.2　运动副对构件的约束

两构件通过运动副连接后，某些独立运动将受到限制，自由度随之减少，这种对构件独立运动的限制称为约束（constraint）。每引入一个约束，构件就减少一个自由度，运动副的类型不同，引入的约束数目也不等。如图 2-3a 所示，转动副约束了构件沿水平和竖直方向的移动，只保留了一个转动自由度；如图 2-3b 所示，移动副限制了构件沿竖直方向的移动和在竖直平面内的转动，只保留了一个沿水平方向的移动自由度；如图 2-2 所示，高副只约束了沿接触处公法线方向的移动，保留了绕接触点的转动和沿接触处

图 2-9　自由构件的自由度

公切线方向的移动。由此可知，在平面机构中，平面低副引入两个约束，平面高副引入一个约束。常见平面运动副对构件的约束情况见表 2-1（基于如图 2-9 所示的 xOy 参考平面）。

表 2-1　平面运动副约束情况

运动副名称	约束数目	自由度数目	约束运动	保留运动
转动副	2	1	沿 x、y 轴的移动	xOy 平面内的转动
移动副	2	1	沿 x（或 y）轴的移动、xOy 平面内的转动	沿 y（或 x）轴的移动
齿轮副	1	2	沿接触处公法线方向的移动	沿接触处公切线方向的移动、绕接触线（点）的转动
凸轮副	1	2	沿接触处公法线方向的移动	沿接触处公切线方向的移动、绕接触线（点）的转动

关键知识点

做平面运动的自由构件有 3 个自由度。平面低副引入 2 个约束即限制了机构 2 个自由度，保留了 1 个自由度。平面高副引入 1 个约束即限制了机构 1 个自由度，保留了 2 个自由度。

2.5　平面机构自由度的计算

1. 平面机构自由度的计算公式

设一个平面机构有 N 个构件，其中必有一个机架（固定构件，自由度为零），则活动构件数为 $n=N-1$。在未用运动副连接之前，这些活动构件共有 $3n$ 个自由度，当用运动副将活动构件连接起来后，自由度随之减少。如果用 P_L 个低副、P_H 个高副将活动构件连接起来，由于每个低副限制 2 个自由度，每个高副限制 1 个自由度，则该机构自由度 F 的计算公式为

$$F = 3n - 2P_L - P_H \qquad (2-1)$$

例 2-3　计算图 2-1 所示单摆式颚式破碎机的机构自由度。

解　该机构的活动构件数 $n=3$，低副数 $P_L=4$，高副数 $P_H=0$，故机构的自由度为

$$F = 3n - 2P_L - P_H = 3\times3 - 2\times4 - 0 = 1$$

2. 平面机构自由度计算的注意事项

在应用式（2-1）计算平面机构的自由度时，必须注意下面几种特殊情况：

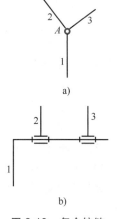

图 2-10　复合铰链

小趣味

自由度计算公式中，为什么自由度用 F 表示？构件数用 n 表示？低副个数用 P_L 表示？高副个数用 P_H 表示？

（1）复合铰链 图 2-10a 中，*A* 处往往会被误认为是一个转动副。若观察其侧视图（图 2-10b），就可以看出 *A* 处实则是构件 1 分别与构件 2 和构件 3 组成的两个转动副，只是两个转动副的转动中心线重合。这种由两个以上构件在同一轴线上构成多个转动副的铰链，称为复合铰链（composite hinge）。

当组成复合铰链的构件数为 *k* 时，该处所包含的转动副数目应为（*k*-1）个。在计算机构自由度时，应注意机构中是否存在复合铰链，以免漏算运动副。

例 2-4 计算图 2-11 所示摇筛机构的自由度。

解 机构中有 5 个活动构件，*A*、*B*、*D*、*E*、*F* 处各有 1 个转动副，*C* 处为 3 个构件组成的复合铰链，有 2 个转动副，故 $n=5$，$P_L=7$，$P_H=0$，则机构的自由度为

$$F=3n-2P_L-P_H=3\times5-2\times7-0=1$$

例 2-5 计算图 2-12 所示圆盘锯机构的自由度。

解 圆盘锯机构中有 7 个活动构件，*A*、*B*、*D*、*E* 处均为 3 个构件组成的复合铰链，每处都有 2 个转动副，*C*、*F* 处各有 1 个转动副，因此机构中共有 10 个转动副，则机构的自由度为

$$F=3n-2P_L-P_H=3\times7-2\times10-0=1$$

圆盘锯机构的自由度为 1，说明只要有一个原动件，就可以得到确定的机构运动。圆盘锯机构一般将构件 6 作为原动件，则 *C* 点的运动轨迹是一条直线。

图 2-11 摇筛机构

图 2-12 圆盘锯机构

（2）局部自由度 图 2-13a 中，滚子 2 可绕 *B* 点独立转动，但是，滚子 2 的转动对整个机构的运动不产生影响，只是减少局部的摩擦磨损。这种不影响整个机构运动的局部的独立运动，称为局部自由度（isolated degree of freedom）。计算机构自由度时，应假想将滚子 2 与杆 3 固结为一个构件（图 2-13b 构件 2），略去局部自由度不计。

例 2-6 计算图 2-13 中凸轮机构的自由度。

解 因存在局部自由度，所以应先将滚子 2

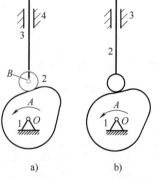

a)　　　b)

对心直动滚子凸轮

图 2-13 局部自由度

与杆 3 固结，再计算机构自由度。更新后的机构（图 2-13b）中，$n = 2$，$P_L = 2$，$P_H = 1$，则机构的自由度为

$$F = 3n - 2P_L - P_H = 3 \times 2 - 2 \times 2 - 1 = 1$$

局部自由度虽然不影响整个机构的运动，但可以使接触处的滑动摩擦变为滚动摩擦，减小摩擦阻力和磨损。因此，实际机械中常采用具有局部自由度的结构，如滚子、滚轮等。

（3）虚约束 在一些特殊的机构中，有些运动副所引入的约束与其他运动副所起的限制作用相重复，这种不起独立限制作用的重复约束，称为虚约束（virtual restraint）。在计算机构自由度时，应除去虚约束。

小资料

本章讲的主要是平面机构自由度，因此只涉及平面运动副。在现代机械中，尤其在自动化装配线上，经常会用到空间运动副。空间运动副包含球面副、球销副、螺旋副和圆柱副等类型。空间中做自由运动的构件有 6 个自由度，可在空间自由移动和转动，空间构件组成运动副同样会对构件的独立运动产生约束。常见的机械手、机器人等多用到空间运动副，现在各种儿童变形玩具也用到很多空间运动副。

球面副　拼插玩具

例 2-7 计算图 2-14a 所示大筛机构的自由度。

解 分析机构可知，机构中 F 处的滚子自转产生一个局部自由度；顶杆 DF 与机架在 E 和 E' 处组成两个导路重合的移动副，其中之一为虚约束；C 处为复合铰链。

将滚子 F 与顶杆 DF 视为一体，去掉移动副 E'，并在 C 处注明转动副个数，更新后的机构如图 2-14b 所示。可知，$n = 7$，$P_L = 9$，$P_H = 1$，则机构的自由度为

$$F = 3n - 2P_L - P_H = 3 \times 7 - 2 \times 9 - 1 = 2$$

大筛机构的自由度为 2，说明该机构要有两个原动件，才可以得到确定的机构运动。

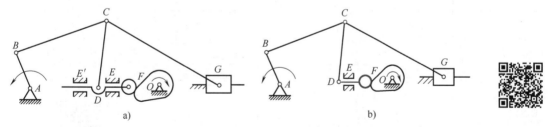

图 2-14 大筛机构

引入虚约束后，其约束处的运动轨迹与虚约束引入前的运动轨迹重合。虚约束虽然不影响机构的运动，但可以提高机构的刚度、改善机构的受力、保持运动的可靠性。因此，在机构中加入虚约束是工程实际中经常采用的主动措施。常见具有虚约束的机构实例及其自由度计算见表 2-2。

关键知识点

平面机构自由度计算公式是 $F = 3n - 2P_L - P_H$，计算机构的自由度时要注意复合铰链、局部自由度和虚约束等特殊情况的存在。

表 2-2 常见具有虚约束的机构实例及其自由度计算

虚约束引入情况	实例简图	特 征		自由度计算及对虚约束的处理措施
		特定几何条件		
引入虚约束后,其约束处的运动轨迹与之前的运动轨迹重合	机车车轮联动机构	重复轨迹		$F=3n-2P_{\rm L}-P_{\rm H}$ $=3\times3-2\times4-0=1$ 措施:拆去构件 5 及其引入的转动副 E、F 平行四边形 火车轮虚约束 虚约束
		构件 EF、AB、CD 彼此平行且相等		
两构件组成多个转动副,且各转动副的轴线重合	齿轮轴轴承	重复转动副		$F=3n-2P_{\rm L}-P_{\rm H}$ $=3\times1-2\times1-0=1$ 措施:只计算一个转动副(如 B),除去其余转动副(如 B') 二级减速器 一级减速器— 内部结构
		B、B' 两轴承共轴线		
两构件组成多个移动副,且各移动副的导路平行或重合	气缸	重复移动副		$F=3n-2P_{\rm L}-P_{\rm H}$ $=3\times1-2\times1-0=1$ 措施:只计算一个移动副(如 B),除去其余移动副(如 B')
		B、B' 两导路彼此平行		
两构件组成多个平面高副,且各高副接触处的公法线重合	凸轮机构	重复高副		$F=3n-2P_{\rm L}-P_{\rm H}$ $=3\times2-2\times2-1=1$ 措施:只计算一个高副(如 B),除去其余高副(如 B')。另外,只计算一个移动副(如 C),除去其余移动副(如 C') 等宽凸轮
		B、B' 两接触点处公法线重合		
		重复移动副		
		C、C' 两导路相重合		
对机构运动不起作用的对称部分	行星轮系	重复结构		$F=3n-2P_{\rm L}-P_{\rm H}$ $=3\times4-2\times4-2=2$ 措施:只计算一个小齿轮(如 2)引入的运动副,拆去其余小齿轮及其引入的运动副
		对称的三个小齿轮 2、2'、2″ 大小相同 行星轮系 系杆固定		

小提示

行星轮系中，齿轮 1、齿轮 3 和 H 杆 3 个构件和机架组成 3 个转动副，此处为复合铰链。

2.6　平面机构具有确定运动的条件

机构的自由度就是机构所具有的独立运动的个数。由于原动件和机架相联，受低副约束后只有一个独立的运动，而从动件靠原动件带动，本身不具有独立运动。因此，机构的自由度必定与原动件数目相等。

如果机构自由度等于零，则各构件组合在一起形成刚性结构，如图 2-15 所示，各构件之间没有相对运动，故不能构成机构。

如果原动件数目小于机构自由度，则会出现机构运动不确定的现象，如图 2-16 所示。

如果原动件数目大于机构自由度，则机构中最薄弱的构件或运动副可能被破坏，如图 2-17 所示。

图 2-15　刚性桁架

图 2-16　原动件数目小于机构自由度

图 2-17　原动件数目大于机构自由度

关键知识点

机构具有确定运动的条件是"机构的自由度大于零且等于原动件的数目"。

实 例 分 析

实例一　画出生活中常用的长把雨伞和折叠雨伞的机构运动简图，并计算其自由度。

解　打开长把雨伞（图 2-18）时，一般是一只手握住雨伞把手，另一只手向上推动滑块（或自动向上弹起）至一定位置，即可打开雨伞。图 2-19 所示为长把雨伞机构运动简图，构件 6（雨伞把手）为机架，该机构有 5 个活动构件，7 个低副（6 个转动副，1 个移动副）。其中 C 处复合铰链包含 2 个转动副，A 处复合铰链包含 2 个转动副、1 个移动副，该机构没有高副，故机构的自由度为

$$F = 3n - 2P_\mathrm{L} - P_\mathrm{H} = 3 \times 5 - 2 \times 7 - 0 = 1$$

长把雨伞自由度为 1，说明该机构中只要推动滑块 1（原动件）向上，则整个机构的运动便可以确定，即打开雨伞。进一步分析，去掉机构中的 4、5 构件，机构自由度为：$F = 3n - 2P_\mathrm{L}$

$-P_H = 3 \times 3 - 2 \times 4 - 0 = 1$，同样符合运动要求。由此可看出雨伞机构的4、5构件不是虚约束，而是一个杆组，是和构件2、3相对称的部分。因增加了4、5两个构件，引入6个自由度，但同时引进3个低副，约束了6个自由度，正好抵消，故雨伞主体机构是由多组杆组构成的骨架。

图 2-18　长把雨伞实物图

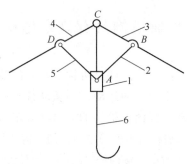

图 2-19　长把雨伞机构运动简图

同理，图2-20所示为折叠雨伞实物图，经分析可画出其机构运动简图如图2-21所示。折叠雨伞和长把雨伞一样存在对称部分，故计算折叠雨伞的自由度时也可只研究机构的一侧。构件10（雨伞把手）为机架，观察右侧构件，有5个活动构件，7个低副（6个转动副，1个移动副），故机构的自由度为

$$F = 3n - 2P_L - P_H = 3 \times 5 - 2 \times 7 - 0 = 1$$

图 2-20　折叠雨伞实物图

七杆组雨伞

图 2-21　折叠雨伞机构运动简图

小常识

雨伞的骨架中杆组数目并不都是一样的，最少的有6组，其次有7组、8组……，最多的有24组。

折叠雨伞自由度为1，同长把雨伞一样，说明该机构中只要推动滑块1（原动件）向上，就可使机构具有确定的运动，从而打开雨伞。机构中2、3、4、5四个构件组成平行四边形机构，使雨伞收回和打开更为方便。因是对称机构，可知整个机构的运动也是确定的，折叠雨伞主体机构同样由多组杆组组合而成。

长把雨伞
24杆组

小提示

观察日常生活中的常见机构，如健身器材、折叠椅等，画出其运动简图并分析其运动规律，可以发现所有机构都符合机构具有确定运动的条件。

实际上，我们现在使用的折叠雨伞在杆4（8）的末端还设有一套平行四边形机构，以保证雨伞在收回和打开时最外面的一圈能顺利折叠和展开，避免了旧式折叠雨伞在打开时最外面的一圈可能向上翘起的现象。

实例二　图 2-22 所示为一简易压力机，试绘制其机构运动简图，并分析该简易压力机是否具有确定的运动，如存在问题，提出改进方案。

解　设计者思路：带轮（原动件，由电动机驱动，和本例自由度计算无关）转动带动凸轮转动，使得杠杆绕 C 摆动，通过铰链 D 牵动冲头上下运动完成冲压工作。

该机构的运动简图如图 2-23 所示，分析可知，活动构件数 $n=3$，低副数 $P_L=4$（3 个转动副，1 个移动副），高副数 $P_H=1$，则机构的自由度为

$$F = 3n - 2P_L - P_H = 3\times3 - 2\times4 - 1 = 0$$

机构自由度为 0，说明机构不能运动，亦不存在原动件。

图 2-22　简易压力机

图 2-23　简易压力机机构运动简图

从运动角度分析该机构，确实存在问题。D 点是构件 2 和构件 3 的连接点，但构件 2 和构件 3 在 D 点的运动轨迹不同：构件 2 上 D 点的运动轨迹是以 C 点为圆心，以 CD 长为半径的圆弧；而构件 3 上 D 点的运动轨迹是垂直于机架的直线。平面内同一个点，不可能既做圆弧摆动又做直线移动，故机构不能运动。

小提示

一个机构能否运动，不能只凭主观分析，一定要切实计算该机构的自由度，只有满足具有确定运动条件的机构才能正确运动。

若使机构运动，必须解决构件 2 和构件 3 上 D 点运动轨迹不同的问题，现提出三种修改方案以供参考，分别如图 2-24a、b、c 所示。分析改进后的机构，活动构件数 $n=4$，低副数 $P_L=5$（图 2-24a、b 包含 3 个转动副，2 个移动副；图 2-24c 包含 4 个转动副，1 个移动副），高副数 $P_H=1$，则机构的自由度为

$$F = 3n - 2P_L - P_H = 3\times4 - 2\times5 - 1 = 1$$

改进后机构的自由度为 1，说明只要有一个原动件，该机构就能具有确定的运动。

实例三　图 2-25a 所示为一刚性桁架结构，试计算该结构的自由度，并对其他几个结构（图 2-25b、c、d）进行讨论。

解　图 2-25a 中结构共有 3 个构件，实际上该结构本身没有活动构件，且按前述机构中必有一构件为固定构件（机架）的条件，假设其余 2 个构件为活动构件，该结构有 3 个转

动副，则机构的自由度为

$$F = 3n - 2P_L - P_H = 3 \times 2 - 2 \times 3 - 0 = 0$$

a)   b)

c)

图 2-24 简易压力机的修改方案

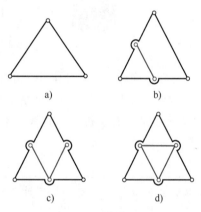

a)   b)

c)   d)

图 2-25 刚性桁架

机构自由度为 0，故该结构不能运动，称为静定桁架。

图 2-25b 中结构在原 3 个构件的基础上又加 1 个构件，仍基于上述思路进行分析，则该机构的自由度为

$$F = 3n - 2P_L - P_H = 3 \times 3 - 2 \times 5 - 0 = -1$$

机构自由度为-1，该结构更不能动。因为增加了 1 个构件，引入 3 个自由度，但同时引进 2 个低副，约束了 4 个自由度，多约束 1 个自由度，故自由度计算为负数。这样的结构也更为坚固，称为超静定桁架。

基于同样思路分析图 2-25c 和图 2-25d 中的结构，可得出图 2-25c 中机构的自由度为-2，图 2-25d 中机构的自由度为-3。可看出每增加 1 个构件，结构就多 1 个负自由度，也说明结构更加坚固，都可以称为超静定桁架。

小提示

通过分析比较各类型桁架的自由度，可以明白，常见的各种框架结构、各种支架采用众多杆件互相交叉的形式连接在一起，就是为了使桁架结构更加坚固，如各种信号发射架（图2-26）、高压电线的铁塔（图2-27）等。

图 2-26 信号发射架

图 2-27 高压电线的铁塔

小练习

图2-28所示为双位坐推训练器，请观察二维码中机构的运动情况，绘制出双位坐推训练器的机构运动简图，并计算机构的自由度。

图 2-28 双位坐推训练器

知 识 小 结

1. 运动副及其分类 { 运动副概念；运动副分类 { 高副 { 凸轮副；齿轮副 } 低副 { 转动副；移动副 } }

2. 平面机构运动简图 $\begin{cases} 构件与运动副的表示方法 \begin{cases} 构件 \\ 运动副 \begin{cases} 凸轮副 \\ 齿轮副 \\ 转动副 \\ 移动副 \end{cases} \end{cases} \\ 平面机构运动简图的绘制 \end{cases}$

3. 平面机构的自由度 $\begin{cases} 构件的自由度 \\ 运动副对构件的约束 \end{cases}$

4. 平面机构的自由度计算 $\begin{cases} 自由度的计算公式 \\ 自由度计算的注意事项 \end{cases}$

5. 平面机构具有确定运动的条件

第 3 章

平面连杆机构
（Planar Linkage Mechanism）

教学要求

★ **能力目标**

1) 判断铰链四杆机构类型的能力。

2) 识别各类滑块机构的能力。

3) 识别四杆机构基本特性的能力。

★ **知识要素**

1) 铰链四杆机构的基本类型、应用场合。

2) 常见滑块机构的基本类型、应用场合。

3) 四杆机构的基本特性。

4) 多杆机构、其他机构。

★ **学习重点与难点**

1) 各类机构的应用场合。

2) 平面四杆机构的基本特性。

价值情感目标

1) 通过让学生亲身体验、分析日常生活中见到的连杆机构应用实例，激发学生自主学习的积极性，用自己的思维去探索问题的本质，创新机构的解决方案。

2) 通过实例分析，归纳出事物认识应该由浅入深、利用熟悉事物分析新生事物的认知规律，培养学生认识设备、熟悉设备再到技术革新的创新精神。

3) 通过中国空间站机械臂的学习，培养学生大力弘扬科学家精神，赓续科技报国使命。

认识机构

我们日常生活中使用的家用踏板式缝纫机（图 3-1）可以说是一个简单的机器，只要使用者踏动缝纫机的踏板，缝纫机的带轮就会转动，缝纫机机头里的机针就会上下运动、台板上的送布牙就会前后摆动来完成布料的缝合工作，满足人们预期的功能要求。

缝纫机

图 3-1　家用踏板式缝纫机

　　为什么踏动踏板就能使带轮转动？为什么带轮转动就能使缝纫机的机针上下运动、送布牙前后摆动来完成送进布料的任务？原因是缝纫机从踏板到机头的机针之间有若干个机构相互连接，当踏板摆动时，会带动一系列机构按预设的运动规律运动，从而完成工作任务。本章主要内容便是分析和研究平面连杆机构，通过学习本章内容，将对我们日常生活和工业生产实践中应用的各种机构有更加深入的认识，也有助于使用好和维护好这些机构。

小资料

　　缝纫机是用一根或多根缝纫线，在缝料上形成一种或多种线迹，使一层或多层缝料交织或缝合起来的机器。缝纫机能缝制棉、麻、丝、毛、人造纤维等织物和皮革、塑料、纸张等制品，缝出的线迹整齐美观、平整牢固，缝纫速度快、使用简便。第一台缝纫机是美国人伊莱亚斯·豪（1819—1867）发明的（专利号：4750）。1905 年上海开设了缝纫机维修商店，可制作一些简单的零部件。

学习机构

　　平面连杆机构是将若干刚性构件用低副（转动副和移动副）连接起来并做平面运动的机构，也称平面低副机构。

　　由于低副为面接触，故传力时压强低、磨损量小，且易于加工和保证精度，能方便地实现转动、摆动和移动这些基本运动形式及其相互转换。因此，平面连杆机构在各种机器设备和仪器仪表中得到了广泛的应用。

　　平面连杆机构的缺点是：由于低副中存在着间隙，将不可避免地引起机构的运动误差；此外，它不易实现精确复杂的运动规律。

　　最简单的平面连杆机构由四个构件组成，简称四杆机构。四杆机构应用广泛，是组成多杆机构的基础，本章主要讨论四杆机构的有关问题。根据机构中是否包含移动副，四杆机构可分为铰链四杆机构和滑块四杆机构两大类，如图 3-2 所示。

图 3-2　平面四杆机构

a）铰链四杆机构　b）滑块四杆机构

3.1 铰链四杆机构

3.1.1 铰链四杆机构的基本形式

当四杆机构中的运动副都是转动副时，该四杆机构称为铰链四杆机构，如图 3-2a 所示。机构中固定不动的构件 4 称为机架（rank）；与机架相连的构件 1 、3 称为连架杆（side link），其中能做整周回转的连架杆称为曲柄（crank），只能做往复摆动的连架杆称为摇杆（racker）；连接两连架杆的可动构件 2 称为连杆（comecting rod）。

铰链四杆机构根据两连架杆运动形式的不同，分为三种基本形式：曲柄摇杆机构、双曲柄机构和双摇杆机构。

1. 曲柄摇杆机构（crank and rocker mechanism）

两连架杆中，一个是曲柄，另一个是摇杆的铰链四杆机构，称为曲柄摇杆机构，如图 3-3 所示。

曲柄摇杆机构的主要用途是改变运动形式。当曲柄为主动件时，机构可将曲柄的回转运动变为从动件摇杆的摆动。图 3-4 所示为一般户外用抽油（气）机，其中 AB 为曲柄，BC 为连杆，CD 为摇杆（这里为抽油（气）机的横梁）。当曲柄转动时，可通过连杆带动横梁做摆动，从而使得驴头上下摆动来驱动抽油（气）机工作。

图 3-3 曲柄摇杆机构

图 3-4 抽油机

当摇杆为主动件时，机构还可以将摇杆的摆动转变为从动件曲柄的回转运动。如图 3-5 所示的缝纫机踏板机构即为这种机构的应用，其中踏板 1 为摇杆，曲轴 3 为曲柄。当踏板往复摆动时，可通过连杆 2 使曲柄 3 做连续转动，再通过带轮带动缝纫机头进行缝纫工作。

日常生活中，健身活动用的椭圆漫步机也是曲柄摇杆机构的典型应用，如图 3-6 所示。

2. 双曲柄机构（double crand mechanism）

两连架杆均为曲柄的铰链四杆机构，称为双曲柄机构，如图 3-7 所示。

图 3-5 缝纫机踏板机构

图 3-6 椭圆漫步机

图 3-7 双曲柄机构

双曲柄机构分为普通双曲柄机构和平行双曲柄机构。

两曲柄长度不相等的双曲柄机构为普通双曲柄机构，这种机构的运动特点是：当主动曲柄做匀速转动时，从动曲柄做周期性的变速转动，以满足机器的工作要求。如图 3-8 所示的惯性筛，就是普通双曲柄机构的应用。当曲柄 *AB* 匀速转动时，另一曲柄 *CD* 做变速转动，使筛子 6 具有所需要的加速度，利用加速所产生的惯性力使颗粒材料在筛箅上往复运动，从而达到筛分的目的。

图 3-8 惯性筛

在双曲柄机构中，若相对的两杆长度分别相等，则称该机构为平行双曲柄机构，如图 3-9 所示。

在平行双曲柄机构中，当两曲柄转向相同时，它们的角速度时时相等，连杆也始终与机架平行，四个构件形成平行四边形，故又称平行四边形机构。这种机构在工程上应用很广，如图 3-10 所示的机车车轮联动机构。

图 3-9 平行双曲柄机构

火车轮虚约束　蒸汽式火车视频

图 3-10 机车车轮联动机构

如图 3-11 所示的天平机构也是利用了平行四边形机构主、从动曲柄运动相同和对边始终平行的特点，来保证当机构处于平衡时砝码重量和被称重量相同，从而完成称量工作。

平行双曲柄机构还有一种反向平行双曲柄机构。如图 3-12 所示的车门启闭机构，当 AB 杆摆动，左侧车门打开的同时，可通过 BC 杆带动 CD 杆摆动，从而使右侧车门同时打开。

如图 3-13 所示的引体向上训练器也是反向平行双曲柄机构的典型应用，利用反向平行双曲柄机构的特性，运动者可以靠自己的臂力把自己拉上去，以达到锻炼臂力等目的。

图 3-11　天平机构

图 3-12　车门启闭机构

立式

坐式

图 3-13　引体向上训练器

小启发

山东一农民自制了一辆木制的自行车，这种自己动手、创新制作的精神值得我们学习。

3. 双摇杆机构（double rocker mechanism）

两连架杆均为摇杆的铰链四杆机构，称为双摇杆机构，如图 3-14 所示。

如图 3-15 所示的港口起重机就是双摇杆机构的工程应用。该机构的最大优点是；当重物被吊起往回收时，M 点的轨迹是一条直线，避免了被吊重物对起重机本身产生冲击。

如图 3-16 所示的飞机起落架也是双摇杆机构的典型应用。

生产实践中使用的剪板机也是利用双摇杆机构的特性来工作的。如图 3-17 所示的剪板机机构中，AB 摇杆为主动件，当 AB 随其上方的长柄往复摆动时，可通过连杆 BC 带动另一

图 3-14　双摇杆机构

个摇杆 *CD* 上下摆动。*CD* 杆同时也是动切削刃，动切削刃上下摆动和静切削刃一起完成剪裁钢板的工作。

图 3-15　港口起重机

图 3-16　飞机起落架

小提示

　　学习了铰链四杆机构的基本类型后，注意观察日常生活中所见到的各类机构，分析它们各自属于何种机构。

图 3-17　剪板机

关键知识点

　　四杆机构是平面低副机构，可分为铰链四杆机构与滑块四杆机构两种。铰链四杆机构由一个机架、两个连架杆和一个连杆组成，根据两连架杆的运动情况，铰链四杆机构可分为三种基本形式：曲柄摇杆机构、双曲柄机构和双摇杆机构。铰链四杆机构除能够实现转动—转动、摆动—摆动的传动外，还可以将转动变为摆动，也可将摆动变为转动。

理解机构

3.1.2　铰链四杆机构中曲柄存在的条件及其基本类型的判别

　　由前可知，铰链四杆机构三种基本形式的主要区别，就在于连架杆中曲柄的数量。而机构中是否有曲柄存在，则取决于机构中各构件的相对长度以及机架所处的位置。对于铰链四杆机构，可按下述方法判别其类型。

　　1）当铰链四杆机构中最短杆的长度与最长杆的长度之和小于或等于其他两杆长度之和（即 $l_{max}+l_{min} \leqslant l'+l''$）时：

　　① 若以最短杆的相邻杆为机架，则该机构一定是曲柄摇杆机构，如图 3-18 所示。

图 3-18　曲柄摇杆机构

　　② 若以最短杆为机架，则该机构一定是**双曲柄机构**，如图 3-19 所示。

　　③ 若以最短杆相对的杆为机架，则该机构一定是**双摇杆机构**，如图 3-20 所示。

图 3-19　双曲柄机构　　　　　　　　　　图 3-20　双摇杆机构

　　2）当铰链四杆机构中各构件长度不满足条件 $l_{max}+l_{min} \leqslant l'+l''$，无论取哪个杆为机架均无曲柄存在，只能成为双摇杆机构。

　　综上，判别铰链四杆机构基本类型的方法可用下面框图表示：

本章分析的主要是封闭式四杆机构，在日常生活和生产实践中还会用到很多开式机构。

关键知识点

铰链四杆机构存在曲柄的条件是：1）机构中最短杆的长度与最长杆的长度之和小于或等于其他两杆长度之和（即 $l_{max}+l_{min} \leq l'+l''$）；2）机架或连架杆之一必为最短杆。

延伸机构

3.2 滑块四杆机构

凡含有移动副的四杆机构，均称为滑块四杆机构，简称滑块机构。按机构中滑块的数目，可分为单滑块机构（图 3-21a）和双滑块机构（图 3-21b）。

滑块四杆机构　a)　　　　b)　双滑块机构　椭圆仪

图 3-21 滑块机构
a）单滑块机构 b）双滑块机构

1. 曲柄滑块机构（crank slider mechanism）

如图 3-21a 和图 3-22 所示，图中 1 为曲柄，2 为连杆，3 为滑块。若滑块移动导路中心线通过曲柄转动中心，则该滑块机构称为对心曲柄滑块机构（图 3-21a）；若不通过曲柄转动中心，则为偏置曲柄滑块机构（图 3-22），图 3-22 中 e 为偏心距。

曲柄滑块机构的用途很广，主要用于将回转运动变为往复移动，或反之。如图 3-23 所示的自动送料机构，曲柄转动时，通过连杆带动滑块做往复移动。曲柄每转动一周，滑块便往复一次，即推出一个工件，实现自动送料。

图 3-22　偏置曲柄滑块机构

图 3-23　自动送料机构

图 3-24 所示为家用夹核桃器，摆动手柄（机构的曲柄），通过连杆带动滑块前后移动，从而在滑块和定块之间形成一定的夹紧空间，完成核桃的夹压工作。该装置的定块位置可前后调整，以适应被夹物体的大小；该装置的定块还可将小头朝前安装，以便于夹持较小的物体（如榛子等）。

当对心曲柄滑块机构的曲柄长度较短时（图 3-25a），常把曲柄做成偏

夹核桃

夹榛子

图 3-24　家用夹核桃器

心轮的形式，如图 3-25b 所示，该机构称为偏心轮机构。偏心轮机构不但增大了偏心轴（曲柄）的尺寸，提高了其强度和刚度，而且当轴颈位于轴的中部时，还便于安装整体式连杆，从而简化连杆结构。偏心轮机构广泛应用于剪床、冲床、内燃机、颚式破碎机等机械设备中。如图 3-26 所示的冲床便是偏心轮结构典型的应用实例。

图 3-25　偏心轮机构

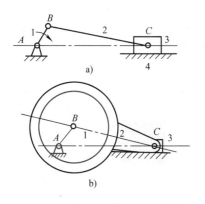

图 3-26　冲床

> **小提示**
>
> 冲床就是一台冲压式压力机，主要用于板材的冲压生产。冲床通过对金属坯件施加强大的压力使金属发生塑性变形和断裂，完成零件的成形。利用模具，能实现落料、冲孔、成型、拉深、修整、精冲、整形、铆接及挤压件制作等工艺。可用于杯子、碗柜、碟子、汽车外壳等产品的加工生产。因此，冲床具有用途广泛，生产效率高等特点。

2. 导杆机构（guide bar mechanism）

若对图 3-25a 所示的对心曲柄滑块机构（$l_1 < l_2$）设定构件 1 为机架，构件 2 为原动件，则当构件 2 做圆周转动时，构件 4 也能够做整周回转，如图 3-27a 所示，该机构称为**转动导杆机构**，机构中与滑块 3 组成移动副的构件 4 称为**导杆**。如图 3-27b 所示的简易刨床主运动机构就是运用了转动导杆机构。

图 3-27　转动导杆机构

a）机构运动简图　b）简易刨床主运动机构

当 $l_1 > l_2$ 时，仍以构件 2 为原动件且做连续转动，导杆 4 只能往复摆动，如图 3-28a 所示，该机构称为**摆动导杆机构**。如图 3-28b 所示，牛头刨床主运动机构就是应用了摆动导杆机构。

图 3-28　摆动导杆机构

a）机构运动简图　b）牛头刨床主运动机构

3. 摇块机构（shake block machine）

如图 3-25a 所示的对心曲柄滑块机构中，如设定构件 2 为机架，则构件 1 做圆周转动时，构件 4 做摆动，滑块 3 成了绕机架上 C 点做往复摆动的摇块，如图 3-29a 所示，该机构称为**摇块机构**。摇块机构常用于摆动液压泵，如图 3-29b 所示。如图 3-30 所示自卸汽车的翻斗机构，也是摇块机构的实际应用。

图 3-29　摇块机构

a）机构运动简图　b）摆动液压泵

图 3-30　自卸汽车的翻斗机构

4. 定块机构（fixed block machine）

如图 3-25a 所示的对心曲柄滑块机构中，如设定滑块 3 为机架，即得到**定块机构**，如图 3-31a 所示。如图 3-31b 所示的手动压水机便是定块机构的应用实例。

图 3-31　定块机构

a）机构运动简图　b）手动压水机

由以上分析可知，平面四杆机构的形式多种多样，整体来说可以归纳为两大类：不含移动副的平面四杆机构和含一个移动副的平面四杆机构。为了便于读者对照学习，将以上介绍的各类平面四杆机构归纳列于表 3-1 中。

表 3-1　平面四杆机构的基本类型及其演化

固定构件	不含移动副的平面四杆机构		含一个移动副的平面四杆机构	
4	曲柄摇杆机构		曲柄滑块机构	
1	双曲柄机构		转动导杆机构	
2	曲柄摇杆机构		摆动导杆机构	
			摇块机构	
3	双摇杆机构		定块机构	

关键知识点

根据滑块及其导路的运动情况，滑块四杆机构可分为曲柄滑块机构、导杆机构、摇块机构和定块机构。滑块四杆机构既可将转动变为滑动或摆动，也可将滑动或摆动转变为转动。

分析机构

3.3　平面四杆机构的基本特性

3.3.1　急回特性（quick-return characteristics）和行程速比系数

如图 3-32 所示的曲柄摇杆机构，原动件曲柄 1 在转动一周的过程中，有两次与连杆 2 共线（B_1AC_1 和 AB_2C_2），对应摇杆 3 分别处于 C_1D 和 C_2D 两个极限位置。摇杆两个极限位置间的夹角 ψ 称为摇杆的最大摆角；而曲柄与连杆两共线位置间所夹的锐角 θ 称为极位夹角。

从图 3-32 中可以看出，摇杆两个极限位置间的夹角 ψ 是一定的。摇杆由 C_1D 摆动到 C_2D（设为工作行程）时，曲柄由 AB_1 转到 AB_2，所转过的角度是 $\varphi_1 = 180° + \theta$；而摇杆从 C_2D 摆回到 C_1D（设为返回行程）时，曲柄由 AB_2 转到 AB_1，所转过的角度是 $\varphi_2 = 180° - \theta$。

可见，当曲柄匀速转动时，摇杆从 C_2D 摆回到 C_1D 比从 C_1D 摆动到 C_2D 的所用的时间短，速度快。

机构的这种返回行程速度大于工作行程速度的特性，称为急回特性。工程上，常用从动件返回行程平均速度与工作行程平均速度的比值 K 来表示急回特性的显著程度，即

$$K = \frac{v_2}{v_1} = \frac{\varphi_1}{\varphi_2} = \frac{180° + \theta}{180° - \theta} \qquad (3\text{-}1)$$

式中　K——行程速比系数。

图 3-32　曲柄摇杆机构急回特性

上式表明，机构有无急回特性、急回特性是否显著，取决于机构的行程速比系数 K，即取决于极位夹角 θ。

若 $\theta > 0°$，则 $K > 1$，机构有急回特性；θ 越大，则 K 越大，机构急回特性越显著；θ 越小，则 K 越小，机构急回特性越不明显。若 $\theta = 0°$，则 $K = 1$，机构无急回特性。

除曲柄摇杆机构外，偏置曲柄滑块机构（图 3-33）、摆动导杆机构（图 3-34）等机构也具有急回特性。

在往复机械（如插床、插齿机、刨床、搓丝机等）中，常利用机构的急回特性来缩短空行程的时间，以提高劳动生产率。

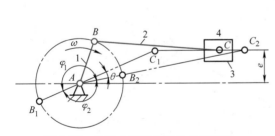

图 3-33　偏置曲柄滑块机构急回特性

图 3-34　摆动导杆机构急回特性

3.3.2　压力角和传动角

1. 压力角（pressure angle）

如图 3-35 所示的曲柄摇杆机构中，主动件 AB 通过连杆 BC 传递给从动件 CD 的力 F，总是沿着 BC 杆的方向。力 F 与从动件 C 点速度 v_C 之间所夹的锐角 α，称为压力角。

将力 F 沿从动件受力点速度方向和速度垂直方向进行分解，可分解为

$$F_t = F\cos\alpha \qquad (3\text{-}2)$$

$$F_n = F\sin\alpha \qquad (3\text{-}3)$$

F_t 是推动从动件运动的分力，称为有效分力；F_n 与从动件运动方向相垂直，不仅对从

动件无推动作用，反而会增大铰链间的摩擦力，称为有害分力。显然，F_t 越大越好，F_n 越小越好。由式（3-2）、式（3-3）可知，α 越大，F_t 越小，F_n 越大，机构传力性能越差。所以，压力角 α 是表示机构传力性能的重要参数。

2. 传动角（driving angle）

在工程中，为了方便度量，常将压力角 α 的余角 γ 称为传动角。如图 3-35 所示的曲柄摇杆机构中，γ 等于连杆与摇杆所夹的锐角，用它来判断机构的传力性能比较直观。显然，因为 $\gamma = 90° - \alpha$，所以 γ 越大，机构的传力性能就越好；反之，机构的传力性能就越差；当 γ 过小时，机构就会自锁。

图 3-35　曲柄摇杆机构的压力角和传动角

3. 机构具有良好传力性能的条件

由图 3-35 可知，在机构运动过程中，传动角 γ 是变化的。为了保证机构具有良好的传力性能，设计时，要求 $\gamma_{min} \geq [\gamma]$，$[\gamma]$ 为许用传动角。对一般机械来说，$[\gamma] = 40°$；传递功率较大时，$[\gamma] = 50°$。

4. 最小传动角 γ_{min} 和最大压力角的确定

为了判定机构传力性能的好坏，应找出机构最小传动角的位置，看其是否满足 $\gamma_{min} \geq [\gamma]$ 的条件。

（1）曲柄摇杆机构的最小传动角 γ_{min}　如图 3-36 所示的曲柄摇杆机构中，曲柄 AB 为主动件，摇杆 CD 为从动件。

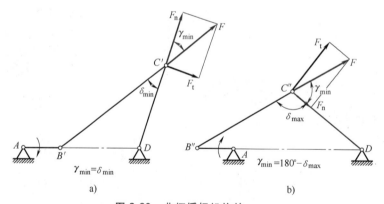

a)　　　　　　　　　　　　　　　b)

图 3-36　曲柄摇杆机构的 γ_{min}

研究表明：最小传动角出现在主动件 AB 与机架 AD 两次共线位置之一处。比较两个位置处机构的传动角，其中，较小的即为该机构的最小传动角。

（2）曲柄滑块机构的最大压力角 α_{max}　如图 3-37 所示，曲柄滑块机构确定 α 更加方便，故保证机构传力性能主要采用限制 α_{max} 的方法。若机构的主动件为曲柄 AB，从动件为滑块 C，在曲柄与滑块导路垂直时，机构的压力角最大，$\alpha = \alpha_{max}$。

（3）摆动导杆机构的压力角 α　如图 3-38 所示的摆动导杆机构中，曲柄 BC 为主动件，导杆 AC 为从动件，连接曲柄和导杆的滑块是二力构件，滑块作用于导杆上的力 F 和导杆上 C 点的速度 v_{C4} 都始终垂直于 AC，所以压力角 α 始终为 0°，故摆动导杆机构传力性能最好。

图 3-37　曲柄滑块机构的 α_{max}

图 3-38　摆动导杆机构的 α

3.3.3　死点（dead center）位置

图 3-39 所示为家用踏板式缝纫机踏板机构（曲柄摇杆机构），在工作时，机构以摇杆（脚踏板）为原动件，曲柄为从动件。当曲柄 AB 与连杆 BC 共线时，连杆作用于曲柄上的力 F 正好通过曲柄的回转中心 A（$\gamma = 0°$），该力对 A 点不产生力矩，因而曲柄不能转动，机构这种停滞状态下所处的位置，称为死点位置。

如上所述，在机构运动过程中，死点位置会使从动件处于静止或运动不确定状态。如采用了曲柄摇杆机构的缝纫机踏板机构，踏动踏板，有时会出现踩不动或带轮倒转等现象，因而需设法克服。工程上常借助于惯性，使机构从动件顺利通过死点位置，如图 3-40 所示，可在曲轴上安装飞轮。也可采用相同机构错位排列的方法，使两边机构的死点位置互相错开，使机构从动件顺利通过死点位置，如图 3-41 所示的机车车轮联动机构便采用了这种处理方法。

图 3-39　曲柄摇杆机构
　　的死点位置

图 3-40　曲轴

小常识

　　家用踏板式缝纫机，开始踏动踏板时，必须先转动缝纫机机头上的手轮，使带轮先转动起来，这样做就是在辅助带轮通过死点位置。

相反，工程上也常利用机构具有死点位置的特性来实现一定的工作要求。如图 3-42 所示的铣床快动夹紧机构，当工件被夹紧后，无论反作用力 F_N 有多大，因夹具 B、C、D 三点在同一直线上，机构（夹具）处于死点位置，因而不会使工件自动松脱。如图 3-16 所示的飞机起落架也是利用机构死点来工作的，即飞机着地时因 C、B、A 三点位于同一直线上，机构处于死点位置，不论受多大的反作用力 F_N，起落架都不会收回，从而保证飞机安全着陆。

图 3-41　机车车轮联动机构　　　　图 3-42　铣床快动夹紧机构

在曲柄摇杆机构、偏置曲柄滑块机构和摆动导杆机构中，当曲柄为主动件时，机构均具有急回特性。为了保证机构具有良好的传力性能，设计时，要求 $\gamma_{min} \geq [\gamma]$。曲柄摇杆机构中，当摇杆为主动件时，机构会出现死点，此时压力角 $\alpha = 90°$（$\gamma = 0°$）。

小应用

平面四杆机构的设计方法

平面四杆机构设计的主要任务是根据给定的条件选定机构类型，确定各构件的长度尺寸参数。平面四杆机构的设计，一般可归纳为下列两类问题：

（1）按给定从动件的位置设计四杆机构，称为位置设计。

（2）按给定点的运动轨迹设计四杆机构，称为轨迹设计。

设计连杆机构的方法有图解法、解析法和实验法三种。解析法精确度高，但计算复杂，在计算机辅助设计中得到了广泛应用；图解法简单直观，该处只介绍图解法。

3.4　多杆机构简介

前面讲的四杆机构是平面连杆机构中的常用机构，但其运动形式比较单一，不能实现更为复杂的运动，若要达到某一运动要求或动力要求，单一的四杆机构可能无法满足需要。为此，生产实际中常以某个四杆机构为基础，增添一些杆组或机构，组成**多杆机构**。本节将对多杆机构的特点、应用作简要介绍。

多杆机构通过在四杆机构的基础上添加杆组来实现，一般要求添加杆组后不改变原机构的自由度，因此所添加杆组的自由度应为零。一般添加的简单杆组为两个构件三个低副，如

图 3-43 所示的插齿机主结构，就是在四杆机构 1-2-3-6 的基础上添加杆组 4-5 组成的。

多杆机构还可由两个或两个以上的四杆机构串联组成，多用由两个四杆机构组成的多杆机构。这种多杆机构有个特点，即前一个四杆机构的从动件往往是后一个四杆机构的原动件，机构本身只能有一个机架，所以这种多杆机构实际上只有六个构件，又可称为六杆机构。图 3-44 所示为手动冲床机构，是由双摇杆机构 ABCD 和定块机构 DEFG 串联组成，前一机构 ABCD 的从动件 CD 杆正好是后一机构 DEFG 的主动件。

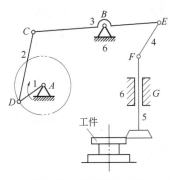

图 3-43 插齿机主结构

应用六杆机构一般可实现以下要求：

1. 改变传动特性

如图 3-44 所示，ABCD 为双摇杆机构，当主动构件 AB 摆动时，从动件 CD 也做一定角度的摆动，从动件 CD 上 E 点的运动轨迹为以 D 点为圆心，以 DE 为半径的圆弧，不能用于冲床运动，添加杆组 EF、FG 后，FG 杆的运动就变成垂直于机架的直线运动，可以满足冲床的工作要求。

2. 增大力量

图 3-44b 所示为手动冲床机构运动简图，该机构是一个六杆机构，由两个四杆机构串联组成。由杠杆定理可知，作用在手柄 AB 杆处的力，通过构件 1 和构件 3 进行了两次放大，从而使得冲头杆 6 的力量增大。

3. 扩大行程

图 3-45 所示为由六杆机构组成的热轧钢料运输机，是在曲柄摇杆机构 1-2-3-4 基础上添加杆组 5-6 组成的。其中 6 为滑块，即运输钢料的平台，该机构在运输过程中对钢料进行冷却。可以看出，如直接采用对心曲柄滑块机构，因行程 s 是曲柄长度的 2 倍，要获得较长的行程 s，则需很大的曲柄，显然不合理。现采用六杆机构，在摇杆 3 上添加杆组后，摇杆的摆动转变为滑块的移动，增大了行程。

图 3-44 手动冲床

图 3-45 热轧钢料运输机

多杆机构除用于工程机械设备外，在体育健身器材上也有大量应用，图 3-46 所示为自重式训练器，除手持的开式运动链外，其主要组成机构是由曲柄摇杆机构 ABCD 和双曲柄机

构 *DEFG* 组成的六杆机构，前一个机构 *ABCD* 的摇杆就是后一个机构 *DEFG* 的主动曲柄。如图 3-47 所示的划船器也是一个六杆机构。

图 3-46　自重式训练器

图 3-47　划船器

小提示

　　观察健身器材等常见运动机构，多为四杆或六杆机构，分析其运动原理，基本上都属于铰链四杆机构的三种基本形式。

关键知识点

　　常见的多杆机构可以理解为由两个或两个以上的四杆机构串联组成，多用由两个四杆机构组成的多杆机构。这种多杆机构的特点是前一个四杆机构的从动件往往是后一个四杆机构的原动件，这种多杆机构的自由度为1，即只需一个原动件。

开阔眼界

3.5* 　其他机构简介

1. 开式机构

　　前面讲到的机构均为封闭式运动链的四杆机构或多杆机构，在日常生活和工业生产实践中，还经常用到一些开式运动链的杆件机构。图 3-48a 所示为环卫工人捡拾垃圾用的手动环保夹子，该夹子就是一个开式机构。当夹子手把处的手柄被握紧，即拉杆（实物为一根钢丝，如图 3-48b 所示）向上运动时，会牵动组成夹子的两个构件绕各自的连接轴摆动（图 3-48c），使得夹子口收紧夹起物品。

a) b) c)

图 3-48　手动环保夹子

小提示

　　通过观察、分析日常生活中见到的应用实例，了解各类机构应用的场合，激发学习和创新机构的兴趣。

　　建筑行业中用来剪钢筋的大钳子也是开式机构，如图 3-49 所示。该钳子利用杠杆机构对力的放大作用进行工作，一般人用正常的力量便可剪断 6~8 毫米的钢筋。

a) b)

图 3-49　剪钢筋的大钳子

2. 机械手

　　随着现代工业的兴起和发展，装配机械手得到广泛的应用，既提高了劳动生产率，又提高了装配精度，从而提高了整体的装配质量。机械手装置除控制部分使用电脑或专用控制装置外，其运动部分多为开式运动链机构，开式运动链末端构件的运动和闭式运动链中构件的运动相比，更为灵活和复杂。机械手的运动已不仅仅是平面运动，而属于空间运动，机械手各部分的连接多采用空间运动副。图 3-50 所示为一般装配流水生产线上使用的装配用机械手。

3. 工业机器人

　　随着智能化生产的发展和机电技术一体化应用水平的提高，工业机器人在多个自动化生产领域得到广泛的应用。工业机器人是指面向工业领域的多关节机械手或多自由度的机器人。工业机器人是自动执行工作的机器装置，是靠自身动力和控制能力来实现各种功能的一种机器。它可以接受人类指挥，也可以按照预先编排的程序运行，现代的工业机器人还可以根据人工智能技术制定的原则纲领行动。

a)

搬运码垛

b)

力控制打磨

图 3-50 机械手

工业机器人的控制系统由电脑芯片和各种控制电路组成，但执行部分及行走部分等则由多种复杂的机械装置组成，可以说工业机械人是机械系统和控制系统完美组合的产物。简单地讲，工业机器人由主体、驱动系统和控制系统三个基本部分组成。主体即机座和执行机构，包括臂部、腕部和手部，有的机器人还有行走机构，大多数工业机器人有 3~6 个运动自由度，其中腕部通常有 1~3 个运动自由度；驱动系统包括动力装置和传动机构，用以使执行机构产生相应的动作；控制系统可按照输入的程序对驱动系统和执行机构发出指令信号，并进行控制。图 3-51 所示为焊接机器人。

图 3-51 焊接机器人

工业机器人在工业生产中能代替操作人员做某些单调、频繁和重复的长时间作业，或是危险、恶劣环境下的作业。例如在冲压、压力铸造、热处理、焊接、涂装、塑料制品成型、机械加工和简单装配等工序中，以及在原子能工业等相关部门中，工业机器人可完成对人体有害物料的搬运或工艺操作。

从功能和外形角度看，除行走的非工业用机器人外，工业机械手和工业机器人并没有本质上的区别，只是在复杂程度和使用场合上有一定差异，故在生产实践中有时也很难严格界定和区分两者。

由于机械手和机器人所涉及的知识面很广，理论很深，限于篇幅，本小节仅在介绍开式运动链机构时对其做简单介绍，不做深入的研究。

拓展内容

中国空间站机械臂

空间站机械臂是我国航天事业发展的新领域之一，空间站机械臂本身就是一个智能机器人，具备精确操作能力和视觉识别能力，既具有自主分析能力，也可由航天员进行遥控，是集机械、视觉、动力学、电子和控制等学科等为一体的高端航天装备，是航天飞机开创的一个空间机构发展新方向。

机械臂可以分为 三个肩部关节、一个肘部关节和三个腕部关节，再加两个末端执行机构，具有肩部 3 个自由度、肘部 1 个自由度和腕部 3 个自由度共 7 个自由度，可抓举 25t 重物。空间站机械臂可达范围直接拓展为 14.5m，活动范围可直接覆盖空间站三个舱段，满足航天员出舱活动和随时实现对空间站舱体表面的巡检。

实例分析

实例一 图 3-52 所示为牛头刨床的实物图，图 3-53 所示为牛头刨床的结构示意图，试分析牛头刨床的主运动机构，画出机构运动简图并计算自由度。

图 3-52 牛头刨床实物图

图 3-53 牛头刨床结构图

解 分析牛头刨床的主运动机构 该牛头刨床原动部分是电动机，传动部分有带传动装置和齿轮传动装置，执行部分是摆动导杆机构带动滑枕做往复移动。刨刀安装在滑枕上，随着滑枕的往复移动来刨削零件。可以看出，牛头刨床工作的主运动是滑枕的往复移动，带动滑枕做往复移动的机构是摆动导杆机构。

小提示

运用所学机构知识来分析生产实践中的设备，可以更好地认识设备、熟悉设备、用好设备，并有助于对设备进行技术革新或改造。

图 3-54 所示为牛头刨床摆动导杆机构的结构示意图，可以看出，摆动导杆机构是由多个构件（大齿轮、滑块、导杆、摇块、滑枕等）通过不同的运动副连接组成的。带传动装置和齿轮传动装置把电动机的转速转变成工作需要的转速，最后由大齿轮上的滑块带动摆动导杆机构运动。变换齿轮传动装置中不同的齿轮啮合，大齿轮的转速就会不同，导杆摆动的速度也就不一样，牵连刨刀的移动速度也会发生变化，从而满足不同工件的加工需要。

画机构运动简图并计算自由度 分析摆动导杆机构的运动情况，以及其组成构件和运动副的情况，选择如图 3-54 所示的平面为视图平面画出摆动导杆机构的机构运动简图，如图 3-55 所示。

图 3-54　摆动导杆机构结构示意图

图 3-55　摆动导杆机构运动简图

该机构有 5 个活动构件，7 个低副，则机构自由度为

$$F = 3n - 2P_1 - P_H = 3 \times 5 - 2 \times 7 - 0 = 1$$

该机构自由度为 1，从图 3-55 中看大齿轮为机构的主动件，实际上电动机是整个机器的原动件，因此满足机构具有确定运动的条件。

实例二　如图 3-56 所示的铰链四杆机构中，已知 $l_{BC} = 500mm$，$l_{CD} = 350mm$，$l_{AD} = 300mm$，l_{AB} 为变值。试讨论：

1）l_{AB} 值在哪些范围内该铰链四杆机构为曲柄摇杆机构？

2）l_{AB} 值在哪些范围内该铰链四杆机构为双曲柄机构？

3）l_{AB} 值在哪些范围内该铰链四杆机构为双摇杆机构？

图 3-56　铰链四杆机构

解　1）该机构为曲柄摇杆机构的情况

根据题意取 BC 最长，AB 最短，则有 $l_{BC} + l_{AB} \leq l_{CD} + l_{AD}$，即 $l_{AB} \leq l_{CD} + l_{AD} - l_{BC} = 350mm + 300mm - 500mm = 150mm$

因此，$0mm < l_{AB} \leq 150mm$ 时，该机构为曲柄摇杆机构

2）该机构为双曲柄机构的情况

① 假设 BC 最长，AD 最短，则有 $l_{BC} + l_{AD} \leq l_{CD} + l_{AB}$，即 $l_{AB} \geq l_{BC} + l_{AD} - l_{CD} = 500mm + 300mm - 350mm = 450mm$，该条件下 l_{AB} 的取值范围为 $450mm \leq l_{AB}$

② 假设 AB 最长，AD 最短，则有 $l_{AB} + l_{AD} \leq l_{CD} + l_{BC}$，即 $l_{AB} \leq l_{CD} + l_{BC} - l_{AD} = 350mm + 500mm - 300mm = 550mm$，该条件下 l_{AB} 的取值范围为 $l_{AB} \leq 550mm$

因此，$450mm \leq l_{AB} \leq 550mm$ 时，该机构为双曲柄机构

3）该机构为双摇杆机构的情况

① 假设 BC 最长，AB 最短，则有 $l_{BC} + l_{AB} > l_{CD} + l_{AD}$，即 $l_{AB} > l_{CD} + l_{AD} - l_{BC} = 350mm + 300mm - 500mm = 150mm$，该条件下 l_{AB} 的取值范围为 $150mm < l_{AB}$

② 假设 BC 最长，AD 最短，则有 $l_{BC} + l_{AD} > l_{AB} + l_{CD}$，即 $l_{AB} < l_{BC} + l_{AD} - l_{CD} = 500mm + 300mm - 350mm = 450mm$，该条件下 l_{AB} 的取值范围为 $l_{AB} < 450mm$

③ 假设 AB 最长，AD 最短，则有 $l_{AB}+l_{AD}>l_{BC}+l_{CD}$，即 $l_{AB}>l_{BC}+l_{CD}-l_{AD}=500\text{mm}+350\text{mm}-300\text{mm}=550\text{mm}$，根据铰链四杆机构的几何特性，还应满足 $l_{ABmax} \leqslant l_{BC}+l_{CD}+l_{AD}=500\text{mm}+350\text{mm}+300\text{mm}=1150\text{mm}$，所以该条件下 l_{AB} 的取值范围为 $550\text{mm}<l_{AB}\leqslant1150\text{mm}$

因此，$150\text{mm}<l_{AB}<450\text{mm}$ 及 $550\text{mm}<l_{AB}\leqslant1150\text{mm}$ 时，该机构为双摇杆机构由上面计算可知：

$0\text{mm}<l_{AB}\leqslant150\text{mm}$ 时，该铰链四杆机构为曲柄摇杆机构；

$150\text{mm}<l_{AB}<450\text{mm}$ 时，该铰链四杆机构为双摇杆机构；

$450\text{mm}\leqslant l_{AB}\leqslant550\text{mm}$ 时，该铰链四杆机构为双曲柄机构；

$550\text{mm}<l_{AB}\leqslant1150\text{mm}$ 时，该铰链四杆机构为双摇杆机构。

知 识 小 结

1. 平面四杆机构
- 铰链四杆机构
  - 曲柄摇杆机构
  - 双曲柄机构
  - 双摇杆机构
- 滑块四杆机构
  - 单滑块机构——曲柄滑块机构
    - 对心曲柄滑块机构
    - 偏置曲柄滑块机构
  - 双滑块机构

2. 铰链四杆机构类型的判别
- 满足杆长条件
  - 最短杆为连架杆——曲柄摇杆机构
  - 最短杆为机架——双曲柄机构
  - 最短杆为连杆——双摇杆机构
- 不满足杆长条件——双摇杆机构

3. 曲柄滑块机构变形
- 导杆机构
  - 转动导杆机构
  - 摆动导杆机构
- 摇块机构
- 定块机构

4. 平面四杆机构的基本特性
- 急回特性
- 压力角、传动角
- 死点位置

5. 多杆机构
- 改变运动特性
- 增大力量
- 扩大行程

6. 其他机构
- 开式机构
- 机械手
- 工业机器人

第4章

凸轮机构
（Cam Mechanism）

教学要求

★**能力目标**

1）凸轮机构工作原理分析的能力。

2）图解法绘制凸轮轮廓的能力。

★**知识要素**

1）凸轮机构的结构、特点、应用及分类。

2）从动件常用运动规律及其选择。

3）反转法原理，图解法绘制凸轮轮廓曲线的方法。

4）滚子半径的选择，压力角、基圆半径的确定。

★**学习重点与难点**

1）各类凸轮机构的应用场合和基本特性。

2）凸轮基本尺寸的确定、图解法绘制凸轮轮廓曲线。

价值情感目标

通过凸轮机构轮廓设计，引导学生感悟分析问题和解决问题的基本方法，感受凸轮机构在生活中的应用，体验成功的喜悦，增强学生的自信心。

认识机构

在日常生活和工程实践中，除了常用平面连杆机构外，还广泛应用其他机构，如凸轮机构。凸轮机构是机械传动中的一种常用机构，在许多机器中，特别是各种自动化和半自动化机械、仪表及操纵控制装置中，为实现各种复杂的运动要求，常采用凸轮机构。

图4-1所示为钉鞋机，钉鞋机主要由凸轮机构和杆机构组成，转动手柄（固定在由几个凸轮组成的转盘上），几套凸轮机构同时工作，带动各种杆机构完成补鞋的全套动作。

图4-1　钉鞋机

本章主要介绍凸轮机构的工作原理、类型特点、应用场合及凸轮机构的设计。

 学习机构

4.1 凸轮机构的应用及类型

凸轮机构是由凸轮（Cam）、从动件（follower）和机架组成的高副机构。凸轮机构按其运动形式，分为平面凸轮机构和空间凸轮机构两种，各自对应的机构运动简图如图 4-2 所示，本章研究对象主要是平面凸轮机构。

4.1.1 凸轮机构的应用及特点

图 4-3 所示为用于内燃机配气的凸轮机构。盘形凸轮（原动件）等速回转时，由于其轮廓向径是变化的，会迫使气门挺杆（从动件）上、下移动，从而控制气门的启闭，以满足配气时间和气门挺杆运动规律的要求。

图 4-2 凸轮机构运动简图

a）平面凸轮机构 b）空间凸轮机构

图 4-3 用于内燃机配气的凸轮机构

图 4-4 所示为靠模车削加工机构。移动凸轮用作靠模板，在车床上固定，被加工件回转时，刀架（从动件）依靠滚子在移动凸轮曲线轮廓的驱使下做横向进给，从而切削出与靠模板曲线轮廓一致的工件。

图 4-5 所示为绕线机的引线机构。绕线轴快速转动，经蜗杆传动带盘形凸轮低速转动，通过尖顶 A 驱使引线杆（从动件）做往复摆动，从而将线均匀地卷绕在绕线轴上。

图 4-6 所示为机床自动进给机构。圆柱凸轮做等速回转，其上的凹槽迫使扇形齿轮（从动件）往

图 4-4 靠模车削加工机构

复摆动，进而通过齿轮齿条机构驱使刀架按一定运动规律完成进刀、退刀和停歇的加工动作。由于该凸轮机构的运动不是在同一平面内完成的，所以该机构属于空间凸轮机构。

图 4-5　绕线机的引线机构　　　　　　　　图 4-6　机床自动进给机构

图 4-7 所示为自动车床中的凸轮组。该机构由两个凸轮机构组成，用以控制前、后刀架的进刀、退刀和停歇动作，从而实现自动车削的目的。

由以上各例可知，凸轮机构可以通过凸轮的曲线轮廓或曲线凹槽驱使从动件进行连续或不连续的运动，以精确实现预期的运动规律。

与平面连杆机构相比，凸轮机构的优点是：结构简单、紧凑，工作可靠，只要设计适当的凸轮轮廓或凹槽形状就可以精确实现任意复杂的运动规律。因此，凸轮机构作为控制机构得到了广泛的应用。但是，由于凸轮与从动件之间为高副接触，易磨损，因而凸轮机构只适用于传力不大的场合。

4.1.2　凸轮机构的类型

凸轮机构的类型很多，可按如下方法分类：

1）按凸轮形状分类，可分为盘形凸轮（图 4-2a）、移动凸轮（图 4-8a）和圆柱凸轮（图 4-8b）三种。

a)　　　　　b)

图 4-7　自动车床中的凸轮组

图 4-8　按凸轮形状分类

a）移动凸轮　b）端面圆柱凸轮

2）按从动件端部形状分类，可分为尖端从动件凸轮、滚子从动件凸轮和平底从动件凸轮三种。按对心方式分类，可分为对心和偏置两种，具体形式如图4-9所示。

图4-9　按从动件端部形状和对心方式分类

a）尖端对心从动件凸轮　b）滚子对心从动件凸轮　c）平底对心从动件凸轮
d）尖端偏置从动件凸轮　e）滚子偏置从动件凸轮　f）平底偏置从动件凸轮

3）按从动件的运动方式分类，可分为直动从动件凸轮（图4-9）和摆动从动件凸轮（图4-10）两种。

图4-10　摆动从动件凸轮

4）按从动件与凸轮轮廓保持接触的封闭方式分类，可分为力锁合凸轮和形锁合凸轮两种，如图4-11所示。

a)   b)   c)

图 4-11   按封闭方式分类

a）力锁合凸轮   b）形锁合凸轮 1   c）形锁合凸轮 2

关键知识点

    凸轮是一个具有曲线轮廓或曲线凹槽的构件，其从动件端部的形状可分为尖端、滚子和平底三种；其对心方式有对心和偏置两种；其从动件的运动方式可分为直动和摆动两种。凸轮机构可以将凸轮的连续转动（或移动）转变为从动件的直线移动或摆动，多用于控制机构中。

分析机构

4.2   凸轮机构工作过程及从动件运动规律

4.2.1   凸轮机构的工作过程

    图 4-12a 所示为对心直动尖端从动件盘形凸轮机构。其工作过程如下：

    在凸轮上，以凸轮回转中心为圆心，从凸轮轮廓最小向径为半径所作的圆，称为基圆，r_b 为基圆半径。

    取基圆与轮廓的交点 A 为起始点，当凸轮逆时针转动时，从动件从 A 点开始上升，当凸轮以等角速度转过角度 δ_0 时，凸轮的 AB 段轮廓按一定运动规律将从动件从 A 点推至最远位置 B' 点，该过程称为推程；从动件上升的距离 h 称为行程；凸轮所转过的角度 δ_0 称为推程运动角。

    凸轮继续转过角度 δ_s 时，因凸轮的 BC 段轮廓向径不变，所以从动件停在最远位置 B' 点不动，该过程称为远停程；凸轮所转过的角度 δ_s 称为远停程角。

    凸轮又继续转过角度 δ_0' 时，从动件在外力作用下，沿凸轮的 CD 段轮廓按一定运动规律由最远位置 B' 点回到最近位置 D 点，该过程称为回程；凸轮所转角度 δ_0' 称为回程运动角。

    凸轮再继续转过角度 δ_s' 时，从动件又在最近位置 A 停止不动，该过程称为近停程；凸轮所转角度 δ_s' 称为近停程角。

凸轮连续转动，则从动件重复进行"升—停—降—停"的循环运动过程。一般情况下，推程是凸轮机构的工作行程。本例仅描述了一种典型凸轮机构的运动过程，在实际凸轮机构中是否需要远停程或近停程，则要视具体工作要求而定。

凸轮机构工作时，凸轮转角 δ 与从动件位移 s 的关系用位移线图表示，如图 4-12b 所示。

图 4-12　凸轮机构的工作过程

a）对心直动尖端从动件盘形凸轮机构　b）位移线图

4.2.2　从动件常用的运动规律（law of motion）

从动件的位移、速度和加速度随时间 t（或凸轮转角 δ）的变化规律，称为从动件的运动规律。从动件运动规律有很多，下面仅就从动件上升的推程来分析几种常用的从动件运动规律，并假设在推程前后存在近停程和远停程，即从动件经历了"停—升—停"的运动过程。

1. 等速运动规律

从动件在推程（上升）或回程（下降）中运动速度不变的运动规律，称为等速运动规律。

推程中从动件等速运动规律的运动线图如图 4-13 所示，其位移线图为一条过原点的斜直线。由图 4-13b、c 可知，在推程开始时，从动件运动速度由零突变为 v_0，此时加速度为正无穷大；同理，在推程终止时，从动件运动速度又由 v_0 突变为零，其加速度为负无穷大。因此，等速运动规律下，在从动件运动的始、末两处由加速度引起的惯性力在理论上为无穷大，由此产生的冲击称为刚性冲击。故单纯的等速运动规律只适用于低速、轻载的场合。在实际应用时，可将位移曲线的始末两端用圆弧等曲线光滑过渡，以缓和冲击。

2. 等加速等减速运动规律

从动件在推程的前半段做等加速运动，在后半段做等减速运动的运动规律，称为等加速等减速运动规律。通常，推程前半段和后半段中从动件的位移相等，加速

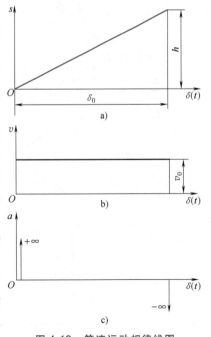

图 4-13　等速运动规律线图

运动和减速运动加速度的绝对值也相等。

推程中从动件等加速等减速运动规律线图如图 4-14 所示，其位移线图由两段光滑相接的反向抛物线组成，速度线图由两段斜率相反的斜直线组成。图 4-14a 所示位移线图的简易画法：选取角度比例尺，在横坐标轴上作出推程运动角 δ_0；选取长度比例尺，在 $\delta_0/2$ 处作长度为行程 h 的铅垂线段，将其二等分，再将其下半段 $0 \sim h/2$ 分为若干等份（图中为四等份），得 1、2、3、4 各点，连接 $O1$、$O2$、$O3$、$O4$；将横坐标轴上 $0 \sim \delta_0/2$ 的线段分成四等份得 $1'$、$2'$、$3'$、$4'$各点，过各点作铅垂线，与 $O1$、$O2$、$O3$、$O4$ 对应相交，分别得 $1''$、$2''$、$3''$和$4''$四个交点，将各交点用光滑曲线连接，即得从动件等加速段的位移曲线。相类似地，可以作出等减速段的位移曲线，如图 4-14a 所示。

由图 4-14c 所示的加速度线图可知，从动件在 A、B、C 三处加速度发生有限的突变，也会对机构造成一定的冲击，此时机构中产生的冲击称为柔性冲击。与等速运动规律相比，冲击次数虽然增加了一次，但冲击程度却大为减小。因此，等加速等减速运动规律多用于中速、轻载的场合。

3. 简谐运动规律（余弦加速度运动规律）

质点在圆周上做等速运动时，它在该圆直径上的投影所构成的运动称为简谐运动。按简谐运动的定义可作出推程中从动件简谐运动规律下的运动线图，如图 4-15 所示。图 4-15a 所示位移线图的作法如下：选取角度比例尺，在横坐标轴上作出推程运动角 δ_0，并将其分为六等份，得 1、2、3、4、5、6 各点，过各点作铅垂线；选取长度比例尺，在纵坐标轴上取长度为从动件行程 h 的线段 $06'$，以 $h/2$ 点为圆心，以 $h/2$ 为半径作一半圆，并将其分成六等份，得 $1'$、$2'$、$3'$、$4'$、$5'$、$6'$各点，过各点作水平线与之前所作铅垂线对应相交得六个

图 4-14 等加速等减速运动规律线图

图 4-15 简谐运动规律线图

交点，将各交点用光滑曲线连接，即得从动件简谐运动规律的位移线图。

从动件做简谐运动时，其加速度曲线为余弦曲线（图 4-15c），故又称为余弦加速度运动规律。

由图 4-15c 可知，在加速度线图的始末两处加速度不为零，考虑到凸轮机构的工作过程为"停—升—停"，前接和后续工作过程的加速度等于零，因此在运动始、末两处加速度值会有有限突变，也会产生柔性冲击。因此，简谐运动规律适用于中速、中载的场合。只有当从动件做无停留区间的"升—降—升"连续往复运动时，才可以获得连续的加速度曲线（如图 4-15c 中虚线所示），此时可用于高速运动。

4. 从动件运动规律的选择

工程中实际应用的从动件运动规律还有很多，例如既无刚性冲击、也无柔性冲击的摆线运动规律（正弦加速度运动规律）、复杂多项式运动规律等。在选择从动件的运动规律时，应主要从机器的工作要求、凸轮机构的运动性能和凸轮轮廓的易加工性三个方面考虑。例如，如图 4-6 所示的机床自动进给机构，为保证稳定的加工质量，要求从动件做等速运动。此外，为避免冲击或获得更好的运动性能，还可将几种基本运动规律组合起来应用。例如，对原始曲线中产生冲击的位置用其他曲线（如正弦曲线等）进行修正，可得到诸如改进等速运动规律、改进梯形加速度运动规律等综合运动规律。同时，随着数控技术的发展，凸轮的加工也已变得越来越容易。

关键知识点

凸轮机构工作时依靠凸轮轮廓的变化使从动件实现不同的运动要求。凸轮轮廓的形状取决于从动件的运动规律，从动件常用的运动规律有三种：等速运动规律、等加速等减速运动规律、简谐运动规律。

设计机构

4.3 图解法设计盘形凸轮轮廓

确定了从动件的运动规律、凸轮的转向和基圆半径后，即可设计凸轮的轮廓。凸轮轮廓的设计方法有图解法和解析法两种。图解法直观、简便，经常应用于精度要求不高的场合；解析法虽然精确但计算繁杂，随着计算机辅助设计及制造技术的进步和普及，应用也日益广泛。本节介绍图解法设计的原理和方法。

4.3.1 反转法的原理

凸轮机构工作时，凸轮以角速度 ω 旋转，从动件则对应做往复运动。而设计凸轮轮廓时，则希望凸轮保持静止，以便绘制出其轮廓。

如图 4-16 所示，假设给整个机构叠加一个"$-\omega$"的转速，即凸轮处于相对静止的状态；从动件一边以角速度"$-\omega$"绕凸轮基圆圆心 O 回转，一边相对机架做往复运动。由于从动件与凸轮轮廓始终保持接触，因此从动件在反转过程中与凸轮接触点的运动轨迹就是所要求的凸轮轮廓。这就是用图解法设计盘形凸轮轮廓的"反转法"原理。

图 4-16 "反转法"原理

4.3.2 直动从动件盘形凸轮轮廓设计

1. 对心直动尖端从动件盘形凸轮轮廓设计

已知条件：从动件的运动规律，凸轮以等角速度 ω 按顺时针方向回转，凸轮基圆半径为 r_b。对心尖端从动件盘形凸轮轮廓的设计步骤如下：

1）选取适当的比例尺 μ_1，根据从动件运动规律，作出从动件的位移线图，如图 4-17b 所示。

a)

反转法画尖顶凸轮

图 4-17 对心直动尖端从动件盘形凸轮轮廓设计

a）设计过程 b）位移线图

2）取与位移线图相同的比例尺 μ_1，以 O 为圆心，以 r_b 为半径作基圆。作从动件移动导路中心线，并取中心线与凸轮基圆的交点 A_0 为从动件尖端的初始位置。

3）在基圆上，自 OA_0 开始，沿与 ω 相反的方向依次量取凸轮各运动角 δ_0、δ_s、δ_0'、δ_s'，并将其分成与位移线图相对应的若干等份，与基圆交于 A_1、A_2、A_3…各点，作射线 OA_1、OA_2、OA_3…，则这些射线就是从动件在反转过程中各位置的移动导路中心线。

4）在各射线 OA_1、OA_2、OA_3…上自基圆向外依次量取从动件各位置对应的位移量 $A_1A_1' = 11'$、$A_2A_2' = 22'$、$A_3A_3' = 33'$…。因为从动件的位移等于各接触点处凸轮轮廓向径长度减去基圆的半径长度，所以 A_1'、A_2'、A_3'…各点就是从动件反转过程中其尖端所处的各个位置。

5）将 A_1'、A_2'、A_3'…各点用光滑曲线连接，即得到所求对心尖端从动件盘形凸轮轮廓。

2. 对心直动滚子从动件盘形凸轮轮廓设计

滚子从动件凸轮机构中，滚子中心始终与从动件保持一致的运动规律，且滚子中心到滚子与凸轮轮廓接触点的距离始终等于滚子半径 r_T。已知滚子半径 r_T，其余已知条件同上例所述。参见图 4-18，对心滚子从动件盘形凸轮轮廓的设计步骤如下：

1）首先，将滚子中心视作尖端从动件的尖端，按上例步骤作出该尖端从动件对应的盘形凸轮轮廓 β_0。对于滚子从动件凸轮机构而言，β_0 为滚子中心在反转过程中的运动轨迹，而非凸轮的实际轮廓，故称其为凸轮的理论轮廓曲线。

2）以理论轮廓曲线 β_0 上的点为圆心，以滚子半径 r_T 为半径作一系列的"滚子"。显然，所求凸轮轮廓应与这些"滚子"都相切，因此再作这一系列"滚子"的内包络线，即为所求对心滚子从动件盘形凸轮的实际轮廓曲线 β。

由以上分析及作图过程可知，对于滚子从动件凸轮机构，其理论轮廓曲线 β_0 与实际轮廓曲线 β 互为法向等距曲线，两者在法线方向上相距的距离等于滚子半径 r_T。

图 4-18 对心直动滚子从动件盘形凸轮轮廓设计

需要注意的是，对于滚子从动件凸轮机构，其基圆半径应从理论轮廓曲线 β_0 上量取。

其他凸轮轮廓设计可参阅有关资料。

4.4* 凸轮机构设计中的几个问题

设计凸轮机构时，不仅要保证从动件能精确地实现预期的运动规律，还要求机构具有良好的传力性能，而且结构紧凑。因此，在设计凸轮机构时还应注意以下问题。

4.4.1 滚子半径的选择

滚子半径取大一些，有利于减小凸轮与滚子间的接触应力，可提高滚子及其心轴的强度和寿命；但过大的滚子半径不仅使机构尺寸增大，而且可能导致从动件"运动失真"。如图4-19 所示，滚子半径 r_T 的选择与凸轮理论轮廓上的最小曲率半径 ρ_{min} 有关。

1）当凸轮理论廓线内凹时（图4-19a），凸轮实际轮廓的曲率半径 $\rho' = \rho_{min} + r_T$。此时，无论滚子半径 r_T 取何值凸轮实际轮廓曲线都可以作出。

2）当凸轮理论廓线外凸时（图4-19b、c、d），凸轮实际轮廓的曲率半径 $\rho' = \rho_{min} - r_T$。根据 r_T 和 ρ_{min} 之间的关系，可分为以下三种情况：

当 $\rho_{min} > r_T$ 时（图4-19b），$\rho' > 0$，凸轮实际廓线为光滑曲线。

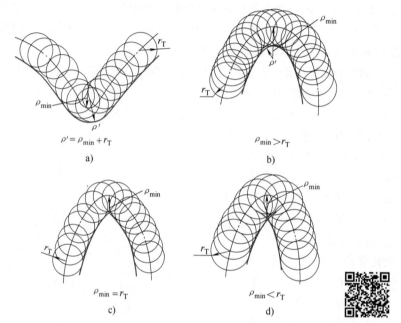

图4-19 滚子半径的选择

当 $\rho_{min} = r_T$ 时（图4-19c），$\rho' = 0$，凸轮实际廓线出现尖点，尖点极易磨损，磨损后，从动件不能精确地按预期运动规律运动，产生"运动失真"。

当 $\rho_{min} < r_T$ 时（图4-19d），$\rho' < 0$，凸轮实际廓线出现交叉，交叉点以外的部分在加工凸轮时会被切削掉，从而导致从动件产生严重的"运动失真"。

为避免从动件"运动失真"的现象，设计时应保证滚子半径 $r_T < \rho_{min}$，一般取 $r_T \leqslant 0.8\rho_{min}$。同时，由于凸轮基圆半径越大，凸轮廓线的最小曲率半径 ρ_{min} 也越大，所以也可按凸轮的基圆半径选取 r_T，通常取 $r_T \leqslant 0.4 r_b$。

4.4.2 凸轮机构的压力角

1. 压力角与传力性能的关系

机构传力性能的好坏与其压力角有关。凸轮机构中，从动件的受力方向与它的运动方向之间所夹的锐角，称为凸轮机构的压力角，用 α 表示。如图4-20所示，从动件所受的力 F 可分解为

$$\left.\begin{array}{l} F' = F\cos\alpha \\ F'' = F\sin\alpha \end{array}\right\} \tag{4-1}$$

式中　F'——推动从动件运动的有效分力，其方向与从动件运动方向
　　　　　一致；

　　　F''——与从动件运动方向垂直，只能增加从动件在移动导路中
　　　　　的摩擦阻力，称为有害分力。

图 4-20　凸轮机构
的压力角

由式（4-1）可知，随着 α 的增大，有效分力减小，而有害分力增大。当 α 增大到某一数值，F'' 在导路中引起的摩擦阻力大于有效分力 F' 时，则无论凸轮给从动件施加多大的力，都无法驱动从动件运动，这种现象称为"自锁"。

2. 压力角的许用值

为保证凸轮机构有良好的传力性能，避免产生自锁，必须限制凸轮机构的最大压力角，使 $\alpha_{max} \leqslant [\alpha]$，$[\alpha]$ 为许用压力角。在一般工程设计中，推荐的许用压力角 $[\alpha]$ 如下：

在推程（工作行程）中，为保证机构良好的传力性能，直动从动件 $[\alpha] = 30°$，摆动从动件 $[\alpha] = 45°$。

在回程（空行程）中，因从动件受力较小且一般不会发生自锁，许用压力角可取得大些，一般推荐 $[\alpha] = 80°$。

3. 压力角的校验

凸轮机构在凸轮轮廓曲线上各点处的压力角不相等，最大压力角 α_{max} 一般出现在推程的起始位置、理论廓线上比较陡和从动件有最大速度的轮廓附近。设计时，可根据经验在凸轮轮廓上取压力角可能最大的几点，如图 4-21 所示，用量角尺进行检验。

如果测量结果超过许用值，应采取增大基圆半径 r_b（图 4-22）或将对心凸轮机构改为偏置凸轮机构（图 4-23）等措施，以减小 α_{max}。

直动平底从动件凸轮机构，其压力角 α 始终等于零（图 4-24），故传力性能最好。

图 4-21　检查压力角的方法

图 4-22　增大基圆半径

图 4-23　偏置从动件

图 4-24　平底从动件

4.4.3　基圆半径的确定

如前所述，凸轮基圆半径的大小，不仅与凸轮机构外廓尺寸的大小直接相关，而且影响着机构传力性能的好坏，甚至关系到滚子从动件运动是否"失真"。因此，在设计凸轮轮廓时，应首先选取凸轮的基圆半径 r_b。目前，常采用如下两种方法确定基圆半径。

1. 根据许用压力角确定 r_b

工程上常用如图 4-25 所示的诺模图来根据许用压力角来确定基圆半径，或校核已知凸轮机构的最大压力角。

例 4-1　一对心直动尖端从动件盘形凸轮机构，已知凸轮推程运动角 $\delta_0 = 45°$，从动件按简谐运动规律（余弦加速度运动规律）上升，行程 $h = 14\text{mm}$，并限定最大压力角 $\alpha_{max} = [\alpha] = 30°$，试确定凸轮的最小基圆半径。

解　1）按从动件运动规律选用如图 4-25b 所示的诺模图。

2）将图 4-25b 中上半圆周凸轮转角 $\delta_0 = 45°$ 的刻度线和下半圆周最大压力角 $\alpha_{max} = 30°$ 的刻度线所对应的两点用直线连接，如图 4-25b 中虚线所示。

3）虚线与简谐运动规律的标尺（直径线下部刻度）交于 0.35 处，即 $h/r_b = 0.35$。由此可得最小基圆半径为 $r_{bmin} \approx h/0.35 = 14\text{mm}/0.35 = 40\text{mm}$。

图 4-25　诺模图

2. 根据凸轮的结构确定 r_b

根据许用压力角所确定的基圆半径一般都比较小，所以在实际设计中，经常根据凸轮的具体结构尺寸确定 r_b。

当凸轮与轴做成一体（凸轮轴，图 4-26）时，$r_b = r + r_T + 2 \sim 5\text{mm}$；当凸轮需单独制作，再装到轴上时（图 4-27），$r_b = r_h + r_T + 2 \sim 5\text{mm}$。式中，$r$ 为凸轮轴的半径；r_T 为滚子半径，若为非滚子从动件凸轮机构，则 $r_T = 0$；r_h 为凸轮轮毂的半径，一般取 $r_h = (1.5 \sim 1.7) r$。

关键知识点

选择滚子从动件的滚子半径时，应取滚子半径 $r_T < \rho_{min}$，一般取 $r_T \leqslant 0.8\rho_{min}$。要限制凸轮机构的最大压力角，使 $\alpha_{max} \leqslant [\alpha]$，避免发生自锁现象。

图 4-26　凸轮轴

图 4-27　平键联接

4.5* 凸轮的结构与材料

1. 凸轮的结构

当凸轮的基圆半径较小时，可将凸轮与轴做成一体，即为凸轮轴（图4-26）。否则，应将凸轮与轴分开制造。

凸轮与轴的联接方式有键联接式（图4-27）、销联接式（图4-28）和弹性开口锥套螺母联接式（图4-29）。其中，弹性开口锥套螺母联接式多用于凸轮与轴的角度需经常调整的场合。

图 4-28　圆锥销联接

图 4-29　弹性开口锥套螺母联接

2. 凸轮和滚子的材料

凸轮机构的主要失效形式是磨损和疲劳点蚀。因此，凸轮和滚子的材料应具有较高的表面硬度和耐磨性，并且有足够的表面接触强度。对于经常承受冲击载荷的凸轮机构还要求凸轮心部有足够的韧性。

通常，凸轮用45钢或40Cr等材料制造，淬硬到52~58HRC；要求更高时，可用15钢或20Cr渗碳淬火到56~62HRC，渗碳深度一般为0.8~1.5mm；或采用可进行渗氮处理的渗氮钢，经渗氮处理后，表面硬度达60~67HRC，以提高其耐磨性。低速、轻载时可选用优质球墨铸铁或45钢调质处理。

滚子材料可选用20Cr、18CrMoTi等材料，经渗碳淬火，表面硬度达56~62HRC，也可将滚动轴承作为滚子使用。

开阔眼界

除一般控制系统常用的在一个行程中只有一种运动规律的凸轮机构外，还有在一个工作行程中具有两种及以上运动规律的凸轮机构，如多运动规律凸轮机构，如图 4-30 所示。此外，也可以将两种及以上具有不同运动规律的凸轮组合到一起，完成某一指定的工作任务，如图 4-31 所示的凸轮组合机构可书写"B"字。

图 4-30　多运动规律凸轮机构

凸轮组合机构
——工件成型

双凸轮组合
写B字机构

图 4-31　凸轮组合结构

实 例 分 析

图 4-32 所示为钉鞋机的主要组成部件—凸轮组件。转动钉鞋机手轮（和凸轮 1、凸轮 2

凸轮 1

凸轮 3

凸轮 4

钉鞋机

凸轮 2

图 4-32　钉鞋机凸轮组件

固联，图中未显示），凸轮组件开始转动。凸轮组件中四个不同的凸轮同时在转动，其中凸轮1和凸轮2是凹槽凸轮，凸轮3和凸轮4是一般常见的盘形凸轮。钉鞋机就是依靠这四个凸轮带动相对应的杆件运动来达到预定的运动要求，从而完成钉鞋的工作。

知 识 小 结

1. 凸轮机构的类型
- 按凸轮形状可分为
  - 盘形凸轮
  - 移动凸轮
  - 圆柱凸轮
- 按从动件端部形状可分为
  - 尖端从动件凸轮
  - 滚子从动件凸轮
  - 平底从动件凸轮

2. 凸轮机构按对心方式可分为
- 对心
  - 尖端对心从动件凸轮
  - 滚子对心从动件凸轮
  - 平底对心从动件凸轮
- 偏置
  - 尖端偏置从动件凸轮
  - 滚子偏置从动件凸轮
  - 平底偏置从动件凸轮

3. 凸轮机构按从动件运动方式可分为
- 直动从动件凸轮
- 摆动从动件凸轮

4. 按封闭方式可分为
- 力锁合凸轮
- 形锁合凸轮

5. 从动件运动规律和凸轮轮廓的设计
- 凸轮机构的工作过程
- 从动件常用的运动规律
  - 等速运动规律
  - 等加速等减速运动规律
  - 简谐运动规律
- 凸轮轮廓的设计

6. 压力角、凸轮结构与材料
- 凸轮机构的压力角
  - 压力角与传力性能的关系
  - 自锁
  - 压力角的许用值
  - 压力角的校验
- 凸轮的结构与材料

第 5 章

其他常用机构
（Other Common Mechanism）

认识机构

在机械传动中，除了常用的平面连杆机构和凸轮机构外，还广泛应用着其他机构，图 5-1 所示为牛头刨床工作台进给机构（棘轮机构），图 5-2 所示为电影放映机卷片机构（槽轮机构）。

图 5-1 牛头刨床工作台进给机构

图 5-2 电影放映机卷片机构

图 5-1 中的牛头刨床工作台进给机构为棘轮机构，该机构的作用是通过棘轮机构把曲柄的连续转动变成棘轮时动时停的间歇运动，再通过丝杠、螺母带动工作台做横向间歇送进运动，使牛头刨床完成工件的刨削加工。

图 5-2 中的电影放映机卷片机构，胶片在放映窗口短暂停留后需很快地向前移动，这里用的是槽轮机构。拨盘转一圈，槽轮转过 90°，带动胶片移动一格。正常放映时，电影胶片 1s 应放映 24 格，即要求拨盘 1s 转 24 圈。**这种主动构件连续转动而从动构件时停时动的机构称为间歇运动机构。**

在各种自动和半自动机械中，还经常会遇到诸如不完全齿轮机构、螺旋机构等各种类型繁多、功能各异的机构。

本章主要介绍这些常用机构的工作原理、特点、类型及应用场合。

 小常识

　　1895 年，法国的奥古斯特·卢米埃尔和路易·卢米埃尔兄弟在爱迪生的"电影视镜"和他们自己研制的"连续摄影机"的基础上，研制成功了"活动电影机"。电影是人类史上的重要发明，它借助了多门学科的知识和原理，利用了人类眼睛的"视觉暂留"作用。科学实验证明，人眼在某个视像消失后，仍可使该物像在视网膜上滞留 0.1~0.4s 左右。电影胶片以每秒 24 格画面匀速转动，一系列静态画面就会因"视觉暂留"作用而造成一种连续的视觉印象，产生逼真的动感，将原静态的单独图片变成了连续的场景式视频。图 5-3 为老式的"胶片式电影放映机"，使用的胶片宽度是 16mm，待放映的影片卷在供片盘上，由槽轮机构带动影片经过放映窗口将影像投射在屏幕上，放映过的影片在收片盘上收集，再次放映时要将影片重新卷绕在供片盘上，俗称"倒片"。我国使用的电影胶片的宽度除 16mm 外，还有 8.75mm 和 35mm 两种。图 5-3 所示为以前农村、矿区等户外放映使用的电影放映机；城市里的电影院使用的是固定式 35mm 电影放映机。现在已不用这种老式的胶片式放映机了，都在使用数字放映机，数字放映机放映时有关部门可在线监测和统计。图 5-4 是电影胶片。

图 5-3　胶片式电影放映机

图 5-4　电影胶片

 学习机构

5.1　棘轮机构的工作原理、类型和应用

棘轮机构是一种间歇运动机构。主要由棘轮、棘爪、摇杆和机架组成。如图 5-5 所示的外啮合棘轮机构中，主动件棘爪铰接在连杆机构的摇杆上，当摇杆顺时针摆动时，棘爪推动

棘轮转过一定角度。而当摇杆逆时针摆动时，棘爪在棘齿齿背上滑过，同时止回棘爪抵住棘轮，防止其反转，此时棘轮停歇不动。因此，当摇杆做往复摆动时，棘轮做时动时停的单向间歇转动。

5.1.1　棘轮机构的换向

棘轮的轮齿形状有锯齿形（图5-5）和矩形（图5-6）两种。做单向间歇运动的棘轮用锯齿形齿，需要换向的棘轮可采用矩形齿。图5-6所示为牛头刨床工作台横向进给机构中的棘轮机构，该机构采用矩形棘轮齿，将棘爪提起并转动180°后放下，可使棘轮做反向间歇运动，从而可实现工作台的往复移动。

如图5-7所示的机构设有对称爪端的棘爪，将其翻转至双点画线位置，也可用来实现棘轮的反向间歇运动。

图5-5　外啮合棘轮机构

图5-6　牛头刨床工作台
进给系统的棘轮机构

图5-7　可换向棘轮机构

5.1.2　快动棘轮机构

如图5-8所示的棘轮机构在摇杆上安装有两个棘爪，摇杆一次往复摆动带动两个棘爪交替推动棘轮转动，可提高棘轮的运动次数并缩短其停歇时间，所以该机构又称为快动棘轮机构。

5.1.3　棘轮机构的转角调节

棘轮机构中，棘轮转角的大小可以进行有级调节。如图5-9所示的机构利用覆盖罩遮挡部分棘齿，可实现棘轮转角大小的调节，控制棘轮的转速。

图5-8　单向快动棘轮机构

图5-9　利用覆盖罩调节棘轮转角

如图 5-10 所示的机构通过改变曲柄长度来改变摇杆摆角的大小，摇杆摆角的变化也会改变棘轮的转角。

5.1.4 棘轮机构的超越特性

图 5-11 所示的内啮合棘轮机构是自行车后轮上的"飞轮"机构，脚蹬转动，经链轮和链条带动内齿圈具有棘齿的链轮逆时针转动，链轮再通过棘爪带动轮毂（和后车轮为一体）以相同的转速逆时针转动，从而驱动自行车前进。当自行车后轮（轮毂）的转速超过链轮的转速（或自行车前进而脚蹬不动）时，轮毂便会超越链轮而自行转动，棘爪便在棘轮齿背上滑过，从而实现了从动件相对于主动件的超越运动，棘轮机构的这种特性称为超越（surpass）。

图 5-10 改变曲柄长度调节棘轮转角　　　　图 5-11 内啮合棘轮机构

5.2 槽轮机构的工作原理、类型和应用

如图 5-12 所示，槽轮机构（meltese mechanism）由带圆柱销的拨盘、具有径向槽的槽轮和机架组成。

拨盘为原动件，做匀速转动。在圆柱销未进入径向槽时，拨盘的凸圆弧转入槽轮的凹弧，槽轮因受凸凹两弧锁合，故静止不动。当拨盘顺时针转动，圆柱销即将进入径向槽驱动槽轮转动时，拨盘上凸弧刚好即将离开槽轮凹弧，凸凹两弧的锁止作用终止，槽轮在拨盘带动下逆时针转动。当圆柱销开始脱离径向槽时，拨盘上的凸弧又开始将槽轮锁住，槽轮又静止不动。当拨盘继续转动时，上述过程重复出现，从而实现了在拨盘连续转动的情况下，槽轮做间歇转动的目的。

图 5-13 所示为内槽轮机构，带圆柱销的拨盘在槽轮的内部，其工作原理同外槽轮机构。内槽轮机构的槽轮转动方向与拨盘转动方向相同。

图 5-14 所示为双圆柱销外槽轮机构。该槽轮机构工作时，拨盘转一周，槽轮反向转动两次。

槽轮　　　　拨盘

图 5-12　外槽轮机构

槽轮

拨盘

图 5-13　内槽轮机构

槽轮　　　　　　拨盘

图 5-14　双圆柱销外槽轮机构

图 5-15 所示为转塔车床刀架转位机构，刀架上装有六种刀具，槽轮上具有六条径向槽。当拨盘回转一周时，槽轮转过 60°，从而将下一工序所需刀具转换到工作位置。

槽轮　　　拨盘

刀架

图 5-15　转塔车床刀架转位机构

关键知识点

　　棘轮机构和槽轮机构都是间歇运动机构，棘轮机构是把摆动转变为间歇转动的机构，槽轮机构是把连续转动转变为间歇转动的机构。棘轮机构从动件的转角是可以调节的，槽轮机构从动件的转角是不可以调节的。

5.3　不完全齿轮机构的工作原理、类型和应用

　　不完全齿轮机构是由渐开线齿轮机构演变而成的一种间歇运动机构，可分为外啮合和内啮合两种类型。

图 5-16 所示为外啮合不完全齿轮机构，在主动轮上只制出一个或数个轮齿，并根据运动时间与停歇时间的要求，在从动轮上制出与主动轮齿相啮合的齿间。在从动轮停歇期间，两轮轮缘上的锁止弧发挥锁止作用，防止从动轮转动，起定位作用。图 5-16a 所示的不完全齿轮机构中，主动轮上只有一个轮齿，从动轮上有 8 个齿间，故主动轮每转一周，从动轮只转 1/8 周。图 5-16b 所示的不完全齿轮机构中主动轮上有 4 个轮齿，从动轮上有 4 个运动段和 4 个停歇段，每个运动段有 4 个齿间与主动轮轮齿相啮合，故主动轮每转一周，从动轮转 1/4 周，从而实现当主动轮连续转动时，从动轮做转向相反的间歇转动。图 5-16c 所示为不完全齿轮机构的运动简图。

图 5-17 所示为内啮合不完全齿轮机构，其工作原理与外啮合不完全齿轮机构相似。不完全齿轮机构的主动轮和从动轮，内啮合时两轮转向相同，而外啮合时两轮转向相反。

图 5-16　外啮合不完全齿轮机构　　　　图 5-17　内啮合不完全齿轮机构

不完全齿轮机构的特点有：工作可靠、传递力大；从动轮停歇次数、停歇时间及转角大小的变化范围都比槽轮机构大得多，只要适当设计均可实现；但是不完全齿轮机构加工工艺较复杂，从动轮在运动开始和终止时会产生较大的冲击。

不完全齿轮机构一般用于低速、轻载的场合。如在自动机械和半自动机械中，不完全齿轮机构可用作工作台的间歇转位机构、间歇进给机构以及计数装置等。

5.4　螺旋机构（screw mechanism）

由螺杆、螺母和机架组成，能实现回转运动与直线运动变换和动力传递的机构，称为螺旋机构。螺旋机构按螺旋副的摩擦性质，可分为滑动螺旋机构、滚动螺旋机构和静压螺旋机构三种类型；按机构用途，又可分为传力螺旋、传导螺旋和调整螺旋等类型。

螺旋机构具有结构简单，工作连续、平稳，承载能力大，传动精度高，易于自锁等优点，故在机械设备中有着广泛的应用。其缺点是磨损大、效率低，但随着滚珠螺旋的应用和发展，磨损和效率问题已得到了很大程度的改善。

5.4.1　螺纹（screw）的基本知识

1. 螺纹的形成和分类

如图 5-18 所示，将底边长等于 πd_2 的直角三角形绕在直径为 d_2 的圆柱体上，并使其底边与圆柱体底边重合，则其斜边 *ac* 会在圆柱体表面形成空间曲线，这条曲线称为螺旋线。

　　根据螺旋线的旋行方向，螺纹可分为右旋（dextrorotary）和左旋（levorotary）两种，其中常用的是右旋螺纹。螺纹旋向的判别方法为：将螺杆直竖，螺旋线右高左低为右旋，如图 5-19a 所示；反之则为左旋，如图 5-19b 所示。螺纹螺旋线的线数，可分为单线、双线和多线，如图 5-19 所示 。

图 5-18　螺旋线的形成

图 5-19　螺纹的旋向与线数

a）右旋单线　b）左旋双线　c）右旋三线

2. 螺纹的主要参数

　　如图 5-20 所示，螺纹主要有以下参数。

　　（1）大径（major diameter）　与外螺纹牙顶或内螺纹牙底相切的假想圆柱或圆锥的直径，此直径为标准中规定的公称直径。外螺纹大径记为 d，内螺纹大径记为 D。

　　（2）小径（minor diameter）　与外螺纹牙底或内螺纹牙顶相切的假想圆柱或圆锥的直径，也是螺纹强度计算时危险截面的直径。外螺纹小径记为 d_1，内螺纹小径记为 D_1。

　　（3）中径（pitch diameter）　母线通过圆柱

图 5-20　螺纹的主要参数

（或圆锥）螺纹上牙厚和牙槽宽相等处的假想圆柱的直径。外螺纹中径记为 d_2，内螺纹中径记为 D_2。

　　（4）螺距（screw pitch）P　相邻两牙体上的对应牙侧与中径线相交两点间的轴向距离。

　　（5）导程（lead）P_h　同一条螺旋线上，相邻两牙体相同牙侧与中径线相交两点间的轴向距离。导程与螺距的关系为：$P_h = nP$，式中 n 为螺纹的线数。

　　（6）螺纹升角 φ　中径圆柱或中径圆锥上，螺旋线切线与垂直于螺纹轴线的平面间的夹角称为螺纹升角，其值为

$$\tan\varphi = \frac{P_h}{\pi d_2} = \frac{nP}{\pi d_2} \tag{5-1}$$

　　（7）牙型角 α　螺纹轴线平面内，螺纹牙型上两相邻牙侧间的夹角。常用的螺纹牙型有三角形、矩形、梯形和锯齿形等，分别对应不同的牙型角，如图 5-21 所示。

　　牙型角越大，则螺纹的当量摩擦因数越大，因此螺纹的自锁性能越好，但传动效率也越

图 5-21　螺纹的牙型及牙型角

a）三角形螺纹　b）矩形螺纹　c）梯形螺纹　d）锯齿形螺纹

低。所以，用作联接螺纹时，一般采用三角形螺纹；而螺旋传动机构中则多采用矩形、梯形和锯齿形螺纹。其中，锯齿形螺纹只能承受单方向的轴向载荷。

关键知识点

螺纹按螺旋线的旋向可分为左旋和右旋，按螺旋线的线数可分为单线、双线和多线。螺纹的牙型有三角形、矩形、梯形和锯齿形等。联接螺纹一般采用三角形螺纹，而螺旋传动则多采用矩形、梯形和锯齿形螺纹。

5.4.2　滑动螺旋机构（sliding screw mechanism）

螺旋副内为滑动摩擦的螺旋机构，称为滑动螺旋机构。滑动螺旋机构所采用的螺纹为传动性能好、效率高的矩形螺纹、梯形螺纹和锯齿形螺纹。

按螺杆上螺旋副的数目，滑动螺旋机构可分为单螺旋机构和双螺旋机构两种类型。

（1）单螺旋机构　根据机构的组成情况及运动方式，单螺旋机构又分为以下两种基本形式：

1）螺母固定的单螺旋机构。其螺母与机架固联，螺杆回转并做直线运动。如台式虎钳（图 5-22）、螺旋压力机（图 5-23）等，都是这种单螺旋机构的应用实例。螺母固定的单螺旋机构主要用于传递动力，所以又称之为**传力螺旋机构**。传力螺旋机构一般要求有较高的强度和自锁性能。

a)　　　　　　　　　　　　　　　　　b)

图 5-22　台式虎钳

a）示意图　b）实物图

2）螺杆轴向固定的单螺旋机构。其螺杆仅能够相对机架做回转运动，螺母则相对机架做轴向移动，如车床丝杠进给机构，如图 5-24 所示。此外，摇臂钻床中摇臂的升降机构、牛头刨床工作台的升降机构等，也都是这种单螺旋机构的实际应用。螺杆轴向固定的单螺旋机构主要用于传递运动，所以又称之为传导螺旋机构。传导螺旋机构一般要求有较高的精度和传动效率，常采用多线螺纹来提高效率。传导螺旋机构中，螺母的移动距离可按下式计算：

$$L = nPz \tag{5-2}$$

式中　L——螺母移动距离（mm）；

　　　n——螺纹的线数；

　　　P——螺纹的螺距（mm）；

　　　z——螺杆回转的圈数。

图 5-23　螺旋压力机

图 5-24　车床丝杠进给机构

（2）双螺旋机构　螺杆上有两段螺距不同的螺纹，分别与螺母 1、螺母 2 组成两个螺旋副，这样的螺旋机构称为双螺旋机构。图 5-25 所示的机构中，螺母 2 兼作机架，螺杆转动时，一方面相对螺母 2（机架）移动，同时又带动不能回转的螺母 1 相对螺杆移动。按双螺旋机构中两螺旋副中螺纹旋向的不同，双螺旋机构可分为差动螺旋机构和复式螺旋机构，常分别用于微调装置和机床上的夹紧装置中。

图 5-25　双螺旋机构

在调整螺旋机构中，有时要求主动件转动较大角度时，从动件做微量移动，如分度机构和机床刀具的微调机构，此时可采用差动螺旋机构。

如图 5-26 所示的微调差动螺旋机构中，螺杆分别与机架及活动螺母组成 A、B 两段螺旋副。A段螺旋副中机架为固定螺母；B 段螺旋副中的螺母为活动螺母，它不能转动但能沿机架导向在槽内移

图 5-26　微调差动螺旋

动。两段螺旋副螺纹旋向相同时，螺杆转动，活动螺母的实际移动距离为

$$L = z(P_{hA} - P_{hB}) \tag{5-3}$$

如两段螺旋副螺纹旋向相反时，活动螺母的实际移动距离为

$$L = z(P_{hA} + P_{hB}) \tag{5-4}$$

式中　L——活动螺母实际移动距离（mm）；

　　　z——螺杆回转圈数；

　　P_{hA}——固定螺母的导程；

　　P_{hB}——活动螺母的导程。

由式（5-3）可知，当两螺旋副螺纹旋向相同时，若 P_{hA} 和 P_{hB} 相差很小，则螺母的位移可以达到很小，因此可以实现微调。这种螺旋机构称为差动螺旋机构（或微动螺旋机构）。如图 5-27 所示千分尺的微调机构就利用了这种微调功能。

由式（5-4）可知，当两螺旋副的螺纹旋向相反时，螺母可实现快速移动。这种螺旋机构称为复式螺旋机构。如图 5-28 所示的台钳定心夹紧机构就是利用这种特性来实现工件快速夹紧的。

图 5-27　千分尺的微调机构　　　　　图 5-28　台钳定心夹紧机构

此外，还可以根据需要将螺旋机构设计成具有自锁性能的传力机构，如螺旋千斤顶，对主动件螺杆施加一个较小的转矩，即可在托杯上（沿螺杆轴线方向）获得一个很大的推力。通过上述应用实例分析可以看出螺旋机构结构简单、传动平稳的特点，因此，它在各种机械中获得广泛的应用。但是，滑动螺旋机构的磨损大、效率低，尤其是具有自锁性能的螺旋机构的效率低于 50%，因此，螺旋机构不能用来传递很大的功率。

关键知识点

滑动螺旋机构可分为单螺旋机构和双螺旋机构。双螺旋机构根据两螺旋副中螺纹旋向是否相同，又可分为差动螺旋机构和复式螺旋机构：当旋向相同时，为差动螺旋机构，机构具有微调功能；当旋向相反时，为复式螺旋机构，可实现螺母快速移动。

5.4.3　其他螺旋传动

上述滑动螺旋机构，因螺旋副间存在较大的滑动摩擦，机构传动效率低（一般为 0.3 ~ 0.4）。本小节介绍的滚动螺旋机构和静压螺旋机构便是通过改变螺旋副间摩擦状态，来减少摩擦损耗的。这两种螺旋传动共同的特点是起动转矩小，传动平稳、轻便，寿命长，传动效率高。滚动螺旋传动效率在 0.9 以上，静压螺旋传动效率则可达 0.99。其缺点是结构复杂，制造困难，成本较高。故只宜用于要求高效率、高精度的重要传动中，如数控机床、精密机床中的螺旋传动和汽车的转向机构等。

（1）滚动螺旋传动　如图 5-29 所示，滚动螺旋机构（rolling screw mechanism）中螺杆和螺母的螺纹做成了滚道的形状，且在滚道内装满滚动体，螺旋机构工作时，螺杆和螺母间为滚动摩擦。同时，机构中有附加的滚动体返回通道及反向辅助装置，以使滚动体在滚道内能循环滚动。

图 5-29　滚动螺旋机构

（2）静压螺旋传动　如图 5-30 所示，静压螺旋机构（hydrostatic screw mechanism）的螺杆仍为普通螺杆，但螺母每圈螺纹牙的两个侧面上都开有 3 ~ 4 个油腔。通过一套附加的供油系统向油腔内供油，可使螺母依靠压力油的油压来承受外载荷。因此，静压螺旋机构工作时，螺旋副之间为液体摩擦。

图 5-30　静压螺旋机构

实例分析

实例一 图 5-31 所示为铸造车间的浇铸自动线步进装置。该装置利用棘轮机构的间歇运动特性，实现浇铸（停止）和输送（运动）交替进行的工作要求，装置中棘爪是利用液压缸的活塞杆来推动的。

实例二 北方有一种面食叫"饸饹"，压制这种面食的专用设备叫"饸饹机"，如图 5-32 所示。饸饹机由齿轮-齿条机构、链传动机构、棘轮机构等机构组成。工作过程如下：向下摆动摇杆，棘爪推动棘轮顺时针转动，如图 5-33 所示；棘轮进一步带动链传动机构中小链轮顺时针转动，链传动的大链轮和齿轮齿条机构的齿轮同轴，因此最终带动齿轮转动使得齿条向下移动；齿条下端的圆形压片（图 5-33b）继续向下挤压圆筒里的面，通过圆筒底部的成型板（图 5-33c），把面挤压成一定粗细的面条；当摇杆向上摆动时，棘爪在棘轮齿背上滑过，往复摆动摇杆，直到将圆筒里的面挤压干净。然后，释放棘爪，转动链传动上的手轮，将齿条连同压片提高，以便向圆筒里继续放面，继续上述动作过程，直到压制的面食够用为止。

图 5-31 浇铸自动线步进装置

图 5-32 饸饹机

饸饹机棘轮机构

图 5-33 饸饹机部分组件
a) 饸饹机中的棘轮机构 b) 饸饹机中的圆形压片 c) 饸饹机中的成型板

知 识 小 结

$$
1.\ 间歇运动机构
\begin{cases}
棘轮机构
\begin{cases}
外棘轮机构 \\
内棘轮机构 \\
可换向棘轮机构 \\
快动棘轮机构
\end{cases} \\
槽轮机构
\begin{cases}
外槽轮机构 \\
内槽轮机构 \\
双圆柱销槽轮机构
\end{cases} \\
不完全齿轮机构
\end{cases}
$$

$$
2.\ 螺旋机构
\begin{cases}
螺纹基本知识 \\
滑动螺旋
\begin{cases}
单螺旋
\begin{cases}
传力螺旋 \\
传导螺旋
\end{cases} \\
双螺旋
\begin{cases}
差动螺旋 \\
复式螺旋
\end{cases}
\end{cases} \\
滚动螺旋：螺旋副间为滚动摩擦，传动效率高 \\
静压螺旋：螺旋副间为液体摩擦，传动效率高
\end{cases}
$$

第6章

齿轮机构及传动
（Gear Mechanism and Transmission）

教学要求

★能力目标

1）标准直齿圆柱齿轮、斜齿轮的几何尺寸计算的能力。

2）齿轮材料选择的能力。

3）齿轮传动受力分析的能力。

4）标准齿轮传动强度计算的能力。

★知识要素

1）齿轮传动的类型、特点及应用场合。

2）渐开线圆柱齿轮的基本参数及其几何尺寸计算。

3）渐开线齿轮啮合原理、切齿原理及根切现象。

4）圆柱齿轮精度的相关知识。

5）齿轮失效形式、强度设计、齿轮结构、润滑与维护。

6）斜齿圆柱齿轮传动的基本知识。

★学习重点与难点

1）渐开线齿轮啮合原理。

2）渐开线圆柱齿轮的基本参数及其几何尺寸计算。

3）标准齿轮强度设计计算方法。

技能要求

1）齿轮展成及参数测定。

2）测量齿轮。

价值情感目标

1）通过齿轮标准的学习，培养学生的标准意识，在未来的工作中要严格执行国家标准。

2）通过学习大国工匠周建民的优秀事迹，培养学生精益求精、追求卓越的工匠精神，努力践行工匠精神，成就出彩人生。

3）通过学习"港珠澳大桥"这一专题，激发同学们学习我国科学家和工程技术人员为国增光、勇挑重担、勇于创新的崇高敬业精神。

认识齿轮

齿轮传动是现代机械中应用最广泛的一种机械传动形式。齿轮传动在改变运动速度的同时还可以改变运动方向，以满足工作需要，故在机床和汽车变速器等机械中被普遍应用，图 6-1 所示为齿轮传动示意图。

如图 6-2 所示，牛头刨床的主传动装置就是齿轮传动系统。电动机通过 V 带传动将转动传给齿轮减速箱，通过减速箱里不同齿轮组合的啮合传动，把电动机的高速转动变成工作机需要的转速。摆动导杆机构的摆动运动由小齿轮与大齿轮组成的齿轮传动系统驱动，主动件小齿轮带动大齿轮转动，安装在大齿轮

图 6-1　齿轮传动

上的滑块进而带动摆动导杆机构做往复摆动，完成牛头刨床的刨削加工。

本章主要介绍直齿圆柱齿轮机构的各种类型及应用，以及齿轮失效形式、齿轮强度设计的基本知识，并简要介绍变位齿轮及齿轮安装、维护等方面的综合知识。

图 6-2　牛头刨床

学习齿轮

6.1　概述

6.1.1　齿轮传动的特点

齿轮传动依靠主动齿轮与从动齿轮的啮合传递运动和动力，与其他传动形式相比，齿轮传动有下列优点：

1）两轮瞬时传动比（transmission ratio）（角速度之比）恒定。

2）适用的圆周速度和传动功率范围较大。

3）传动效率较高、寿命较长。

4）能实现平行、相交、交错的轴间传动。

与其他传动形式相比，齿轮传动有下列缺点：

1）制造和安装的精度要求较高，成本也高。

2）不适用于较远距离的运动和动力传动。

6.1.2　齿轮传动的类型

齿轮传动按两齿轮轴线的相对位置进行分类，可分为两轴线平行齿轮传动、两轴线相交齿轮传动和两轴线交错齿轮传动三种类型；按齿轮轮齿的齿向进行分类，可分为直齿轮传动、斜齿轮传动、人字形齿轮传动和曲齿齿轮传动四种类型。具体齿轮传动的类型及名称如图6-3所示。

图 6-3　齿轮传动的类型

a）直齿外齿轮传动　b）直齿内齿轮传动　c）齿轮齿条传动　d）斜齿轮传动　e）人字形齿轮传动

f）直齿锥齿轮传动　g）曲齿锥齿轮传动　h）交错轴斜齿轮传动　i）蜗轮蜗杆传动

6.2　渐开线齿廓的啮合特性

理论上可作为齿轮齿廓的曲线有许多种，但由于轮齿加工、测量和强度要求等方面的原因，实际上可选用的齿廓曲线仅有渐开线（involute）、摆线、圆弧线和抛物线等几种，其中渐开线齿廓应用最广。渐开线齿廓具有以下特性：

小知识

渐开线的形成及其特性

1. 渐开线齿廓可保证传动比恒定不变

图 6-4 所示为一对渐开线齿轮啮合。设两渐开线齿轮基圆半径分别为 r_{b1} 和 r_{b2}，两轮齿齿廓在 K 点接触，由于两轮基圆的大小和安装位置均已固定，过齿廓接触点所作两轮基圆的公切线只有一条，则该公切线与两轮连心线 O_1O_2 的交点 P 必为定点，传动比为

$$i_{12} = \frac{\omega_1}{\omega_2} = \frac{\overline{O_2P}}{\overline{O_1P}} = \frac{r_{b2}}{r_{b1}} = \frac{z_2}{z_1} = 常数 \qquad (6-1)$$

两轮齿啮合时的接触点又称为啮合点。渐开线齿轮在啮合过程中，啮合点沿着两轮基圆的公切线 N_1N_2 移动，N_1N_2 为啮合点的轨迹线，常称之为啮合线。啮合线与两节圆公切线 t-t 所夹的锐角 α' 称为啮合角。显然，啮合角 α' 即为节点 P 处的压力角。

2. 渐开线齿轮传动中心距具有可分性

当一对渐开线齿轮制成后，两轮的基圆半径已确定，则即使安装时两轮中心距有一些变化，根据式（6-1）可知，其传动比一定不变。渐开线齿轮中心距的改变不影响传动比的这种性质，称为渐开线齿轮传动中心距的可分性。这一特性为齿轮制造和安装带来极大的方便，也是渐开线齿轮得到广泛应用的原因之一。

图 6-4　渐开线齿轮啮合

小知识

渐开线齿轮传动中心距的可分性是指在一定的条件下，在加工的公差范围内，不会出现误差在毫米单位以上。港珠澳大桥重达 6000 多吨的沉管隧道最后接头在水下 30m 对接的最小误差是 0.8mm，我们一般的机械加工误差可以控制在百分之一毫米之内。

拓展内容

中国骄傲——港珠澳大桥

港珠澳大桥是一座跨海大桥，连接香港大屿山、澳门半岛和广东省珠海市，桥隧全长 55 千米，其中主桥 29.6 千米、海底隧道长约 6.75 千米；桥面为双向六车道高速公路，

设计速度 100 千米/小时；工程项目总投资额 1269 亿元。该大桥是集桥、岛、隧道于一体，是世界上最长的跨海大桥，是中国建设史上里程最长、投资最多、施工难度最大的跨海桥梁，对促进香港、澳门和珠江三角洲西岸地区经济上的进一步发展具有重要的战略意义。

2009 年 12 月 15 日，港珠澳大桥主体建造工程开工建设；2017 年 7 月 7 日，港珠澳大桥实现了主体工程全线贯通；2018 年 10 月 23 日举行通车典礼。

2017 年 5 月 2 日 5 时 50 分，海底隧道的沉管接头开始安装，如沿用欧洲百年不变的施工方式，完成这项安装要 4 个多月，工程技术人员在新方法的指导下，重达 6000 多吨的港珠澳大桥沉管隧道最后接头仅仅经过 16 个多小时的吊装沉放，于 22 时 33 分安装成功。在水下 30m 处，对接的最大误差只有 2.6mm，最小误差是 0.8mm，这是全世界最小的误差，史无前例。港珠澳大桥沉管需要埋到海床下 40 多米，第一次做到了海底隧道"滴水不漏"。

港珠澳大桥的建设难度巨大，从设计到建成历时 14 年，是我国工程技术人员克服重重困难建成的世界上最长的跨海大桥，获得多项技术专利，为世界海底隧道工程技术提供了独特的样本和宝贵的经验。

有关港珠澳大桥建设的艰辛和伟大意义请扫描二维码学习。

中国骄傲——
港珠澳大桥

3. 啮合时保证传递压力的方向不变

一对渐开线齿轮啮合过程中，啮合点一定在啮合线 N_1N_2 上，N_1N_2 又是渐开线齿廓上过啮合点的公法线，所以齿廓之间传递的压力一定沿着公法线 N_1N_2 的方向。这表明，一对渐开线齿轮在啮合时，无论啮合点在何处，两轮齿间传递压力的方向始终不变，因此传动平稳。

6.3　渐开线标准直齿圆柱齿轮的基本参数

6.3.1　齿轮各部分的名称

渐开线标准直齿圆柱齿轮的齿廓由形状相同的两反向渐开线曲面组成。齿轮各部分的名称如图 6-5 所示，齿轮各部分的名称及符号见表 6-1。

6.3.2　基本参数

1. 齿数 z

形状相同，沿齿轮圆周方向均匀分布的轮齿个数，称为齿数，用 z 表示。

2. 模数（modulus）m

已知分度圆直径 d、齿距 p 与齿轮齿数 z，则分度圆周长 $\pi d = zp$，可得

$$d = \frac{p}{\pi} z$$

π 为无理数，为方便计算和测量，令 $p/\pi = m$，称为模数，于是上式可改写为

$$d = mz \tag{6-2}$$

图 6-5 齿轮各部分的名称

表 6-1 齿轮各部分名称及符号

名 称	符 号
齿顶圆(addendum circle)直径	d_a
齿根圆(dedendum circle)直径	d_f
分度圆(pitch circle)直径	d
基圆(base circle)直径	d_b
齿顶高	h_a
齿根高	h_f
齿高	h
齿厚(分度圆)	s
齿槽宽(分度圆)	e
齿距(分度圆)	p
齿宽	b

齿轮的模数为标准值，国家标准 GB/T 1357—2008 规定的齿轮标准模数系列见表 6-2。

表 6-2 齿轮标准模数系列　　　　　(单位：mm)

第一系列	1	1.25	1.5	2	2.5	3	4	5	6
	8	10	12	16	20	25	32	40	50
第二系列	1.125	1.375	1.75	2.25	2.75	3.5	4.5	5.5	(6.5)
	7	9	11	14	18	22	28	36	45

注：1. 本表适用于渐开线圆柱齿轮，对斜齿轮而言，表中数据指法向模数。

2. 优先选用第一系列，其次考虑第二系列，但尽可能不用括号内模数。

模数 m 是齿轮的重要参数，其单位为 mm。齿数不变的前提下，模数越大，则轮齿的尺寸越大，同齿数不同模数齿轮大小的比较如图 6-6 所示。

3. 标准压力角

我国国家标准规定，分度圆上的压力角为标准压力角，标准值为 $\alpha = 20°$。

4. 齿顶高系数、顶隙系数

标准齿轮轮齿的齿顶高和齿根高由下式确定

$$\left. \begin{array}{l} h_a = h_a^* m \\ h_f = h_a^* m + c = (h_a^* + c^*) m \end{array} \right\} \tag{6-3}$$

式中　h_a^*——齿顶高系数；

c——顶隙，指一对齿轮啮合时，一齿轮的齿顶圆与另一齿轮的齿根圆之间的径向间隙，如图 6-7 所示，用以避免两齿轮啮合顶撞，并能储存润滑油；

c^*——顶隙系数。

国家标准 GB/T 1356—2001 规定了齿顶高系数和顶隙系数的标准值，正常齿制下，$h_a^* = 1.0$，$c^* = 0.25$；短齿制下，$h_a^* = 0.8$，$c^* = 0.3$。

标准齿轮的 m、α、h_a^* 和 c^* 均为标准值，且分度圆上齿厚与齿槽宽相等，$s = e$。

由上述可知，正常齿制的标准齿轮基本参数中，α、h_a^*、c^* 均有唯一确定值，只有 m 和 z 可以变化，其中，m 按标准系列取值。渐开线标准直齿圆柱齿轮各部分的尺寸可全部通过五个基本参数计算得出，具体的几何尺寸计算公式见表6-3。

内齿轮的结构和几何尺寸关系如图6-8所示。

图 6-6　同齿数不同模数齿轮的比较

齿轮啮合传动过程

图 6-7　齿轮顶隙

a)

b)

图 6-8　内齿轮的结构和几何尺寸关系

拓展内容

国家标准的内涵和在生产实践中的指导意义

中华人民共和国国家标准，简称国标，强制性国家标准的代号为"GB"，推荐性国家标准的代号为"GB/T"。国家标准的编号由国家标准的代号、国家标准发布的顺序号和国家标准发布的年号（发布年份）构成。在1994年及之前发布的标准，以2位数字代表年份。1995年开始发布的标准，改为4位数字代表年份。

《中华人民共和国标准化法》将中国标准分为国家标准、行业标准、地方标准（D）、团体标准（T）、企业标准（Q）五级。国家标准是在全国范围内统一的技术要求，由国务院标准化行政主管部门编制计划，协调项目分工，组织制定和修订，统一审批、编号、发布。

国家标准 GB/T 1357—2008 中模数有第一系列值、第二系列值和括号值这几种数值供选取，要根据生产批量的大小合理选择模数值，一般的选择原则是单件小批量产品模数选取第一系列；大批量生产的模数可以选第二系列，专门化生产的在充分满足强度的条件下模数也可选择括号值。

我国除 GB 外，还有 JB（原机械部颁布的标准），国外标准有欧标、美标、日标等。除我国的国标外，工程实践中还有国际标准化组织的国际标准（ISO）。这些标准都是千锤百炼形成的，是指导生产的具有法律保护的文件，以后的工作中无论做什么设计都要严格遵守国家标准，涉外产品还要遵守国外企业相应的标准。通过学习要认识到国家标准的重要性、规范性，在今后的工作中要自觉遵守各项国家标准，安全生产。

表 6-3　渐开线标准直齿圆柱齿轮几何尺寸计算公式

名　称		符　号	计　算　公　式	
			外　齿　轮	内　齿　轮
基本参数	齿数	z	$z_{min}=17$。通常小齿轮齿数 z_1 在 20~28 范围内选取，$z_2=iz_1$	
	模数	m	根据强度计算确定，按表 6-2 选取标准值。动力传动中，$m \geqslant 2mm$	
	压力角	α	取标准值，$\alpha=20°$	
	齿顶高系数	h_a^*	取标准值，对于正常齿，$h_a^*=1.0$，对于短齿，$h_a^*=0.8$	
	顶隙系数	c^*	取标准值，对于正常齿，$c^*=0.25$，对于短齿，$c^*=0.3$	
几何尺寸	齿槽宽	e	$e=p/2=(\pi m)/2$	
	齿厚	s	$s=p/2=(\pi m)/2$	
	齿距	p	$p=\pi m$	
	齿高	h	$h=h_a+h_f=(2h_a^*+c^*)m$	
	齿顶高	h_a	$h_a=h_a^*m$	
	齿根高	h_f	$h_f=(h_a^*+c^*)m$	
	分度圆直径	d	$d=mz$	
	基圆直径	d_b	$d_b=d\cos\alpha=mz\cos\alpha$	
	齿顶圆直径	d_a	$d_a=d+2h_a=(z+2h_a^*)m$	$d_a=d-2h_a=(z-2h_a^*)m$
	齿根圆直径	d_f	$d_f=d-2h_f=(z-2h_a^*-2c^*)m$	$d_f=d+2h_f=(z+2h_a^*+2c^*)m$
	中心距	a	$a=(d_1+d_2)/2=m(z_1+z_2)/2$	$a=(d_2-d_1)/2=m(z_2-z_1)/2$

例 6-1　某国产机床的传动系统，需更换一个损坏的齿轮。测得其齿数 $z=24$，齿顶圆直径 $d_a=77.95mm$，已知为正常齿制，试计算齿轮的模数和主要尺寸。

解　国产机床的齿轮为标准齿轮，故齿轮压力角为 20°，正常齿制，可知 $h_a^*=1.0$，$c^*=0.25$

1）计算齿轮的模数

根据表6-3，得

$$m = \frac{d_a}{z + 2h_a^*} = \frac{77.95}{24 + 2 \times 1} \text{mm} = 2.998\text{mm}$$

查表6-2并圆整为标准值，取 $m = 3\text{mm}$。

2）计算齿轮主要尺寸

$$d = mz = 3 \times 24 \text{mm} = 72\text{mm}$$

$$d_a = m(z + 2h_a^*) = 3 \times (24 + 2)\text{mm} = 78\text{mm}$$

$$d_f = m(z - 2h_a^* - 2c^*) = 3 \times (24 - 2.5)\text{mm} = 64.5\text{mm}$$

$$d_b = d\cos\alpha = 72\text{mm} \times \cos20° = 67.66\text{mm}$$

$$p = \pi m = 3.14 \times 3\text{mm} = 9.42\text{mm}$$

$$s = e = \frac{\pi m}{2} = \frac{3.14}{2} \times 3\text{mm} = 4.71\text{mm}$$

关键知识点

　　齿轮齿廓曲线一般选用渐开线，优点是能保证传动比恒定不变、传动中心距具有可分性且能保证传递压力的方向不变。齿轮的基本参数有五个：齿数 z、模数 m、压力角 α、齿顶高系数 h_a^*、顶隙系数 c^*。模数 m 是齿轮的重要参数，其单位是mm，模数越大，同齿数齿轮的轮齿尺寸越大。压力角标准值为 $\alpha = 20°$。正常齿制下，$h_a^* = 1.0$，$c^* = 0.25$。

6.4　渐开线标准直齿圆柱齿轮的啮合传动

　　一对渐开线齿廓能保证瞬时传动比恒定，但是齿廓长度是有限的，因此必然会出现前后轮齿交替啮合。为了保证啮合交换时传动连续、平稳且不发生轮齿干涉，还必须满足下列条件。

6.4.1　正确啮合条件

　　如图6-9所示，一对渐开线齿轮同时有两对轮齿参加啮合，前一对轮齿在 K' 点相啮合，后一对齿在 K 点相啮合。两个啮合点都在啮合线 N_1N_2 上，只有当两轮相邻两齿的同侧齿廓间法向距离相等，即 $K_1K_1' = K_2K_2'$ 时，才能保证两轮正确啮合。K_1K_1' 和 K_2K_2' 为两齿轮的法向齿距，由渐开线相关性质得

$$K_1K_1' = K_2K_2' = p_{b1} = p_{b2}$$

式中，p_{b1}、p_{b2} 分别为两轮基圆上相邻两齿同侧齿廓间的弧长，称为基圆齿距，则有

$$p_b = \frac{\pi d_b}{z} = \pi m\cos\alpha$$

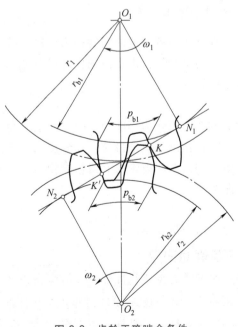

图6-9　齿轮正确啮合条件

因此有

$$m_1\cos\alpha_1 = m_2\cos\alpha_2$$

由于齿轮模数和压力角已标准化，要使上式成立，必须满足

$$\left.\begin{aligned} m_1 &= m_2 = m \\ \alpha_1 &= \alpha_2 = \alpha \end{aligned}\right\} \tag{6-4}$$

6.4.2　连续传动条件

如图 6-10 所示，一对渐开线齿轮啮合传动，其中齿轮 1 为主动轮，齿轮 2 为从动轮。两轮啮合时，对于刚进入啮合状态的一对轮齿，首先由主动轮的齿根推动从动轮的齿顶，即从动轮齿顶圆与啮合线的交点 B_2 为开始啮合点。随着轮 1 推动轮 2 转动，当啮合点移动到主动轮齿顶圆与啮合线的交点 B_1 时，这一对轮齿的啮合终止。线段 $\overline{B_2B_1}$ 为啮合点的实际轨迹，称为实际啮合线段，N_1N_2 称为理论啮合线。

要使齿轮实现连续传动，至少要求前一对轮齿在 B_1 点退出啮合时，后一对轮齿已在 B_2 点进入啮合，传动才能连续进行。这时实际啮合线段 $\overline{B_2B_1}$ 不得小于齿轮的法向齿距。如果实际啮合线段小于齿轮的法向齿距，则啮合将会发生中断而产生冲击。由于法向齿距与基圆齿距 p_b 相等，故齿轮连续传动的条件也可表达为：$\overline{B_2B_1} \geqslant p_b$。

实际啮合线段与基圆齿距之比称为重合度，用 ε 表示，即

$$\varepsilon = \frac{\overline{B_2B_1}}{p_b} \geqslant 1 \tag{6-5}$$

齿轮传动重合度越大，说明同时参与啮合的轮齿越多，传动也越平稳。对于标准齿轮采用标准中心距安装，齿数 $z>12$ 时，其重合度恒大于 1。

6.4.3　标准安装

保证无齿侧间隙的安装称为标准安装。

一对渐开线标准直齿圆柱齿轮外啮合传动标准安装时（图 6-11），节圆与分度圆重合，其中心距为

$$a = r_1' + r_2' = r_1 + r_2 = m(z_1 + z_2)/2$$

此时的中心距 a 为标准中心距，其啮合角 $\alpha' = \alpha$。

应该指出，单个齿轮只有分度圆和压力角，不存在节圆和啮合角。如果不按标准中心距安装，则虽然两齿轮的节圆仍然相切，但两轮的分度圆并不相切，此时两啮合齿轮的实际中心距为

$$a' = r_1' + r_2' \neq r_1 + r_2$$

当然，啮合角 $\alpha' \neq \alpha$。

关键知识点

渐开线直齿圆柱齿轮的正确啮合条件是 $m_1 = m_2 = m$，$\alpha_1 = \alpha_2 = \alpha$。标准齿轮采用标准中心距安装，只要齿数 $z>12$，其重合度恒大于 1，即可保持连续传动。渐开线标准直齿圆柱齿轮标准安装时，节圆与分度圆重合，啮合角 α' 等于压力角 α。

图 6-10 齿轮啮合传动过程

a）进入啮合 b）退出啮合

图 6-11 渐开线标准直齿圆
柱齿轮外啮合传动

小技能

标准直齿圆柱齿轮的公法线长度和分度圆弦齿厚的测量

公法线长度测量

分度圆弦齿厚和弦齿高测量

6.5 渐开线齿轮加工原理和根切现象

6.5.1 齿轮轮齿的加工方法及其原理

齿轮轮齿的加工方法很多，如精密铸造、模锻、热轧、冷冲和切削加工等，生产中常用的是切削法，切削法又可分为仿形法和展成法两类。

1. 仿形法（forming method）

仿形法加工是在普通铣床上，用与齿廓形状相同的成形铣刀对轮坯进行铣削加工。这种方法加工简单，在普通铣床上便可进行；但生产率低，精度差，故常用于机械修配和单件生产。

图 6-12 所示为用盘形铣刀加工齿轮的情形，图 6-13 所示为用指形铣刀加工齿轮的情形。

加工时，铣刀绕本身轴线旋转，同时，轮坯沿齿轮轴线方向移动。铣出一个齿槽以后，将齿坯转过 $360°/z$，再铣第二个齿槽，直至全部齿槽加工完毕。为了控制铣刀的数量，实际生产中对于 m 和 α 相同的铣刀只备 8 把，每把铣刀可加工一定齿数范围的齿轮，具体对应关系见表 6-4。

图 6-12　盘形铣刀加工齿轮　　　　　　图 6-13　指形铣刀加工齿轮

表 6-4　各号铣刀可加工的齿数范围

刀　号	1	2	3	4	5	6	7	8
齿数范围	12、13	14~16	17~20	21~25	26~34	35~54	55~134	≥135

2. 展成法（generating method）

展成法加工是利用一对齿轮（包括齿轮与齿条）啮合时，其齿廓互为包络线的原理来加工齿轮的。

（1）插齿（geen shaping）　图 6-14 所示为用齿轮插刀加工齿轮的情形。插齿时，插刀与齿坯严格按一对齿轮啮合的定比传动要求做旋转运动，即展成运动；同时插刀沿齿坯的轴线方向做上下切削运动；为了防止插刀退刀时划伤已加工的齿廓表面，在退刀时，齿坯还需做小距离的让刀运动；此外，为了切出轮齿的整个高度，插刀还需要向轮坯中心方向移动，做径向进给运动。

> **小提示**
>
> 学习本节内容时，应配合展成仪（也称为范成仪）加工齿轮的实验。

当齿轮插刀的齿数增加到无穷多时，其基圆半径变为无穷大，则齿轮插刀演变成齿条插刀。如图 6-15 所示，齿条插刀切制齿廓时，刀具与齿坯的展成运动相当于齿条与齿轮的啮合传动，其切齿原理与齿轮插刀加工齿轮的原理相同。

（2）滚齿（hobbing）　用插齿刀具加工齿轮的过程为断续切削，生产效率较低。滚齿加工是利用滚刀与齿坯的展成运动加工齿轮的，如图 6-16 所示。在垂直于齿坯轴线并通过滚刀轴线的主剖面内，滚刀与齿坯的运动相当于齿条（刀具刃形）与齿轮的啮合。滚齿加工过程接近于连续，故生产效率较高。

6.5.2　根切现象与最少齿数

当用展成法加工齿轮时，如果工件的齿数太少，则刀具的齿顶会将齿坯的根部过多地切去，如图 6-17a 所示，这种现象称为根切。轮齿发生根切后，齿根抗弯强度降低；根切会切去齿根部分的渐开线，还会使一对轮齿的啮合过程缩短，降低重合度，从而影响传动的平稳性。

用齿条插刀或齿轮滚刀加工齿轮时，当 $\alpha = 20°$、$h_a^* = 1$ 时，由图 6-17b 可推得不产生根切的最少齿数为

$$z_{min} = \frac{2h_a^*}{\sin^2\alpha} = \frac{2\times 1}{\sin^2 20°} \approx 17 \qquad (6\text{-}6)$$

为避免根切，正常齿制标准齿轮的齿数不少于 17。

图 6-14　齿轮插刀加工齿轮

图 6-15　齿条插刀加工齿轮

图 6-16　齿轮滚刀加工齿轮

图 6-17　根切现象与切齿干涉的参数关系

a）根切现象　b）切齿干涉的参数关系

变位直齿圆柱齿轮传动

变位齿轮

6.6* 圆柱齿轮精度简介

在齿轮加工过程中，由于轮坯与刀具在机床上的安装误差和机床等方面的原因，不可避免地存在着不同程度的加工误差，影响齿轮精度。齿轮精度的选择取决于齿轮传动的类型，不同的传动类型需要不同的精度等级。生产实践中，若齿轮精度过低，将影响齿轮的传动质量和承载能力；反之，若精度要求过高，会使加工更加复杂，提高生产成本。因此，设计时应根据使用要求选定恰当的精度等级，以控制齿轮的误差。

小提示

这里的圆柱齿轮精度只是给出了很粗浅的知识，要想全面理解该知识内容，正确选择齿轮精度等级，请查看其他相关资料或手册。

我国国家标准GB/T 10095.1—2008规定齿轮精度等级共13级。从0级到12级，精度从高到低依次排列，其中0级是最高的精度等级，12级是最低的精度等级。一般机械传动中，常用的齿轮精度等级为6~8级。

齿轮精度等级的选择，应考虑传动的用途、使用条件、传动功率、圆周速度、性能指标及其他技术要求。表6-5给出了齿轮常用精度等级的应用举例。

表6-5 齿轮常用精度等级及其应用举例

精度等级	圆周速度 v/(m/s)			应用举例
	直齿圆柱齿轮	斜齿圆柱齿轮	直齿锥齿轮	
6	≤15	≤30	≤9	高速重载的齿轮传动,如机床、汽车和飞机中的重要齿轮,分度机构的齿轮,高速减速器的齿轮等
7	≤10	≤20	≤6	高速中载或中速重载的齿轮传动,如标准系列减速器的齿轮,机床和汽车变速器中的齿轮等
8	≤5	≤9	≤3	一般机械中的齿轮传动,如机床、汽车和拖拉机中一般的齿轮,起重机械中的齿轮,农业机械中的重要齿轮等
9	≤3	≤6	≤2.5	低速重载的齿轮,低精度机械中的齿轮等

注：本表不属于国家标准内容，仅供参考。

拓展内容

"精益精神"——大国工匠周建民

周建民，男，中国兵器淮海工业集团有限公司工具钳工，高级技师，中国兵器首席技师，正高级工程师。参加工作 40 年来，共完成 16000 余项专用量规的制造，创新成果 1100 余项，为公司创造价值 3100 余万元。是山西省第一位大国工匠，第一个国家级技能大师工作室的带头人。先后荣获全国劳动模范、全国优秀共产党员、全国五一劳动奖章、中华技能大奖、国家技能人才培育突出贡献个人、大国工匠年度人物等，享受国务院特殊津贴，是党的十八大、十九大代表。

为了大力弘扬劳模精神、劳动精神、工匠精神，扎实推进产业工人队伍建设改革，团结动员广大职工以实际行动迎接党的二十大胜利召开，中华全国总工会、中央广播电视总台共同举办了 2021 年"大国工匠年度人物"发布仪式，最终评选出了十位"大国工匠年度人物"。

周建民是本次大国工匠年度人物之一，中央一台 2022 年 3 月 2 日播出颁奖仪式。

周建民大师的事迹很多，这里列举几项，请扫描二维码学习，或网络搜索"[2021 年大国工匠年度人物发布仪式] 钳工周建民：周氏精度 如琢如磨"，观看中央一台播出的颁奖仪式。

"精益精神"——大国工匠周建民

6.7　齿轮传动的失效形式、设计准则与材料选择

6.7.1　齿轮传动的失效形式

齿轮传动失效多发生在轮齿上。分析研究其失效形式有助于建立齿轮传动设计准则，及时采取防止或减缓失效的措施。

轮齿的主要失效形式有轮齿折断、齿面点蚀、齿面胶合、齿面磨损及齿面塑性变形等，现分述如下：

1. 轮齿折断（gear broken）

齿轮工作时，轮齿根部受到交变的弯曲应力，并且在齿根的过渡圆角处存在较大的应力集中。因此，在载荷多次重复作用下，当应力值超过弯曲疲劳极限时，将产生疲劳裂纹（图 6-18）。

裂纹的不断扩展，最终将引起轮齿折断，这种折断称为**弯曲疲劳折断**。图 6-19 所示为齿轮轴轮齿折断的实际失效情况。

为提高齿轮轮齿抗折断的能力，可通过提高材料的疲劳强度、增强轮齿心部的韧性、加大齿根过渡圆角半径、提高齿面制造精度、增大模数以加大齿根厚度、进行齿面喷丸处理等

方法来实现。

图 6-18   齿根疲劳裂纹

图 6-19   齿轮轴轮齿折断

2. 齿面点蚀（pitting on tooth surface）

在接触应力长时间的反复作用下，齿面表层出现裂纹，加之润滑油渗入裂纹并持续受到挤压，加速了裂纹的扩展，从而导致齿面金属以甲壳状的小微粒剥落，形成麻点，这种现象称为齿面点蚀。闭式齿轮传动的主要失效形式便是齿面点蚀，图 6-20 所示为斜齿轮齿面点蚀的实际失效情况。

为防止过早出现齿面点蚀，可通过增大齿轮直径、提高齿面硬度、降低齿面的表面粗糙度值和采用高黏度润滑油等方法进行预防。

3. 齿面胶合（glue of gears）

高速或低速重载的齿轮传动中，由于齿面间接触压力很大，因此相对滑动摩擦

图 6-20   斜齿轮齿面点蚀

会使齿面工作区产生局部瞬时高温，致使齿面间的油膜破裂，造成齿面金属直接接触并相互粘连。重载条件下，齿轮两齿面相对滑动时，较软齿面的金属沿滑动方向被撕下而在齿面上形成沟纹，这种现象称为胶合。图 6-21 所示为齿面胶合的实际失效情况。

为防止胶合的发生，可采用良好的润滑方式、限制油温和采用含抗胶合添加剂的合成润滑油；也可采用不同材料制造的齿轮进行搭配传动，或对同种材料制造的齿轮进行不同硬度的处理。

4. 齿面磨损（tooth wear）

由于啮合齿面的相对滑动，引起齿面的摩擦磨损。开式齿轮传动的主要失效形式是磨损，图 6-22 所示为轮齿齿面磨损的实际失效情况。

为防止齿面过快磨损，可采用保证工作环境清洁、定期更换润滑油、提高齿面硬度、增大模数以加大齿厚等方法。

图 6-21　齿面胶合

图 6-22　齿面磨损

5. 齿面塑性变形（tooth surface deformation）

在过大的应力作用下，轮齿表面因摩擦而产生塑性变形，致使啮合不平稳，噪声和振动增大，破坏了齿轮的正常啮合传动。这种失效形式常见于重载、频繁起动和齿面硬度较低的齿轮传动中。图 6-23 所示为齿面塑性变形的机理示意图。

图 6-24 为主动轮齿面下凹的实际失效情况，图 6-25 所示为从动轮齿面凸起的实际失效情况。

为防止齿面塑性变形，可通过提高齿面硬度或采用较高黏度的润滑油等方法来实现。

图 6-23　齿面塑性变形机理示意图

图 6-24　主动轮齿面塑性变形

图 6-25　从动轮齿面塑性变形

6.7.2　齿轮传动的设计准则

轮齿的失效形式很多，但它们往往不可能同时发生，所以必须具体情况的具体分析，针对主要失效形式确立相应的设计准则。

闭式齿轮传动分两种，对软齿面（硬度≤350HBW）齿轮，其主要失效形式是齿面点蚀，通常按齿面接触疲劳强度进行设计，然后按齿根弯曲疲劳强度进行校核；对硬齿面（硬度>350HBW）齿轮，其主要失效形式是轮齿折断，此时按齿根弯曲疲劳强度进行设计，然后按齿面接触疲劳强度进行校核。

开式齿轮传动主要失效形式是齿面磨损。由于目前对齿面磨损尚无行之有效的计算方法和设计数据，故通常按齿根弯曲疲劳强度进行设计，同时考虑磨损因素，适当将模数增大

10%~20%。

6.7.3 齿轮常用材料的选择

常用的齿轮材料是优质碳素钢（quality carbon steel）和合金结构钢（alloy structure steel），其次是铸钢和铸铁。除尺寸较小、普通用途的齿轮采用圆轧钢外，大多数齿轮都采用锻钢制造；对形状复杂、直径较大（$d \geqslant 500mm$）和不易锻造的齿轮，可采用铸钢（cast steel）；传递功率不大、低速、无冲击及开式齿轮传动中的齿轮，可选用灰铸铁（gray cast iron）。

非铁金属仅用于制造有特殊要求（如耐腐蚀、防磁性等）的齿轮。

对高速、轻载及精度要求不高的齿轮，为减小噪声，也可采用非金属材料（如塑料、尼龙、夹布胶木等）做成小齿轮，但大齿轮仍用钢或铸铁制造。

对于软齿面（soft surface gear）（硬度不超过350HBW）齿轮，可以在热处理后切齿，其制造容易、成本较低，常用于对传动尺寸无严格限制的一般传动。常用的齿轮材料有35、45、35SiMn、40Cr钢等，其热处理方法为调质或正火处理，切齿后的精度一般为8级，精切时可达7级。为了便于切齿和防止刀具切削刃迅速磨损变钝，调质处理后的材料硬度一般不超过280~300HBW。

由于小齿轮齿根强度较弱，转速较高，其齿面受载次数较多，故当两齿轮材料及热处理相同时，小齿轮的失效概率高于大齿轮。在传动中，为使大、小齿轮的寿命相当，常使小齿轮齿面硬度比大齿轮齿面硬度高出30~50HBW，传动比大时，其硬度差还应更大些。

硬齿面（hard-toothed surface）（硬度大于350HBW）齿轮通常是在调质后切齿，然后进行表面硬化处理。有的齿轮在硬化处理后还要进行精加工（如磨齿、珩齿等），故调质后的切齿应留有适当的加工余量。硬齿面齿轮主要用于高速、重载或要求尺寸紧凑等重要传动中。表面硬化处理常采用表面淬火（适用于中碳钢及中碳合金钢）、渗碳淬火（适用于低碳合金钢）和渗氮处理（适用于含铬、钼、铝等合金元素的渗氮钢）等方法。

关键知识点

软齿面闭式传动的齿轮，其主要失效形式是齿面点蚀，可通过提高齿面硬度、降低齿面的表面粗糙度值和采用高黏度润滑油等方法来预防失效。常用的齿轮材料是优质碳素钢和合金结构钢，其次是铸钢和铸铁。确定齿面硬度时，为使大、小齿轮的寿命相当，常使小齿轮齿面硬度比大齿轮齿面硬度高出30~50HBW。

常用的齿轮材料、热处理后的硬度及其应用范围，可参见表6-6。

表6-6 常用齿轮材料及其力学性能

材料类别	材料牌号	热处理	力学性能					应用范围
			硬度	抗拉强度 σ_b/MPa	屈服强度 σ_s/MPa	疲劳极限 σ_{-1}/MPa	极限循环次数/次	
优质碳素钢	35	正火	150~180HBW	500	320	240	10^7	一般传动
		调质	190~230HBW	650	350	270		
	45	正火	170~200HBW	610~700	360	260~300		
		调质	220~250HBW	750~900	450	320~360		

（续）

材料类别	材料牌号	热处理	力学性能					应用范围
			硬度	抗拉强度 σ_b/MPa	屈服强度 σ_s/MPa	疲劳极限 σ_{-1}/MPa	极限循环次数/次	
优质碳素钢	45	整体淬火	40~45HRC	1000	750	430~450	$(3~4)10^7$	体积小的闭式齿轮传动、重载、无冲击
		表面淬火	45~50HRC	750	450	320~360	$(6~8)10^7$	体积小的闭式齿轮传动、重载、有冲击
合金钢	35SiMn	调质	200~260HBW	750	500	380	10^7	一般传动
	40Cr 42SiMn 40MnB	调质	250~280HBW	900~1000	800	450~500		
		整体淬火	45~50HRC	1400~1600	1000~1100	550~650	$(4~6)10^7$	体积小的闭式齿轮传动、重载、无冲击
		表面淬火	50~55HRC	1000	850	500	$(6~8)10^7$	体积小的闭式齿轮传动、重载、有冲击
	20Cr 20SiMn 20MnB	渗碳淬火	56~62HRC	800	650	420		冲击载荷
	20CrMnTi 20MnVB	渗碳淬火	56~62HRC	1100	850	525	$(9~15)10^7$	高速、中载、大冲击
	12CrNi3	渗碳淬火	56~62HRC	950		500~550		
铸钢	ZG 270—500	正火	140~176HBW	500	270	230	10^7	$v < 6~7$m/s 的一般传动
	ZG 310—570	正火	160~210HBW	570	310	240		
	ZG 340—640	正火	180~210HBW	640	340	260		
铸铁	HT200		170~230HBW	200		100~120		$v < 3$m/s 的不重要传动
	HT300		190~250HBW	300		130~150		
	QT400—15	正火	156~200HBW	400	300	200~220		$v < 4~5$m/s 的一般传动
	QT600—3	正火	200~270HBW	600	420	240~260		
夹布胶木			30~40HBW	85~100				高速、轻载
塑料	MC 尼龙		20HBW	90	60			中、低速、轻载

6.8 标准直齿圆柱齿轮传动的疲劳强度计算

6.8.1 轮齿受力分析

如图 6-26 所示，在一对标准安装的标准齿轮传动中，若不计摩擦力，则作用在轮齿上的法向力 F_n 垂直作用于齿面。设小齿轮 1 为主动轮，为方便分析计算，在节点 C 上将 F_n 分解成与节圆（与分度圆重合）相切的圆周力 F_t 和沿齿轮直径方向的径向力 F_r，则

圆周力 （peripheral force）

径向力 （radial force）

法向力 （normal force）

$$\left.\begin{aligned} F_{t1} &= \frac{2T_1}{d_1} \\ F_{r1} &= F_{t1} \cdot \tan\alpha \\ F_n &= \frac{F_{t1}}{\cos\alpha} \end{aligned}\right\} \tag{6-7}$$

式中　T_1——小齿轮上的转矩（N·mm），$T_1 = 9.55 \times 10^6 \dfrac{P}{n_1}$；

　　　d_1——小齿轮分度圆直径（mm）；

　　　α——分度圆压力角，$\alpha = 20°$；

　　　P——传递的功率（kW）；

　　　n_1——小齿轮的转速（r/min）。

如图 6-26 所示，主动轮上圆周力 F_t 的方向与啮合点运动方向相反，从动轮上圆周力 F_t 的方向与啮合点运动方向相同。径向力 F_r 的方向，分别由啮合点指向各自的轮心。

6.8.2　齿面接触疲劳强度（fatigue strength）计算

为了防止齿面点蚀的发生，就必须限制啮合齿面的接触应力。考虑到点蚀多发生在节点附近，故取节点处的接触应力为计算依据。根据弹性力学接触应力的公式，代入齿轮参数，经推导整理可得一对钢制标准直齿圆柱齿轮在节点处最大接触应力的验算公式

$$\sigma_H = 671 \sqrt{\frac{KT_1}{bd_1^2} \frac{i \pm 1}{i}} \leqslant [\sigma_H] \tag{6-8}$$

若令式（6-8）中 $b = \Psi_d d_1$，则设计公式为

$$d_1 \geqslant \sqrt[3]{\left(\frac{671}{[\sigma_H]}\right)^2 \frac{KT_1}{\Psi_d} \frac{i \pm 1}{i}} \tag{6-9}$$

式中　K——载荷系数，取值参见表 6-7；

　　　b——齿宽（mm）；

　　　T_1——主动轮转矩（N·mm）；

　　　Ψ_d——齿宽系数，取值参见表 6-8；

　　　i——传动比，$i = z_2 / z_1$；

　　　"+" 用于外啮合传动；

　　　"−" 用于内啮合传动。

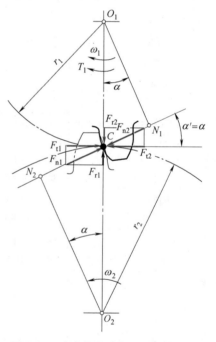

图 6-26　直齿圆柱齿轮传动受力分析

　　$[\sigma_H]$——许用接触应力（MPa），推荐按下式进行确定；$[\sigma_H] = 0.9\sigma_{Hlim}$，$\sigma_{Hlim}$ 为试验齿轮的接触疲劳极限，各种材料齿轮在不同加工方法及热处理条件下的 σ_{Hlim} 可由图 6-27 查得。

考虑到齿轮的安装误差，通常小齿轮齿宽 b_1 比大齿轮齿宽 b_2 宽 5~10mm，故计算时 b 应按 b_2 值代入。

表 6-7　载荷系数 K

原动机工作特性	工作机工作特性		
	平稳或轻微冲击	中等冲击	强烈冲击
工作平稳或轻微冲击（如电动机、汽轮机等）	1～1.2	1.2～1.6	1.6～1.8
中等冲击（如多缸内燃机）	1.2～1.6	1.6～1.8	1.9～2.1
强烈冲击（如单缸内燃机）	1.6～1.8	1.8～2.0	2.2～2.4

注：斜齿圆柱齿轮、圆周速度较低、传动精度高、齿宽系数较小时以及齿轮在两轴承之间呈对称布置时，取较小值。
　　齿轮在两轴之间呈不对称布置时，取较大值。

表 6-8　齿宽系数 ψ_d

齿轮相对于轴承的位置	齿面硬度	
	软齿面（硬度不超过 350HBW）	硬齿面（硬度大于 350HBW）
对称布置	0.8～1.4	0.4～0.9
非对称布置	0.6～1.2	0.3～0.6
悬臂布置	0.3～0.4	0.2～0.25

注：直齿齿轮取较小值，斜齿齿轮取较大值；载荷平稳、轴刚度大的齿轮取较大值；反之，取较小值。

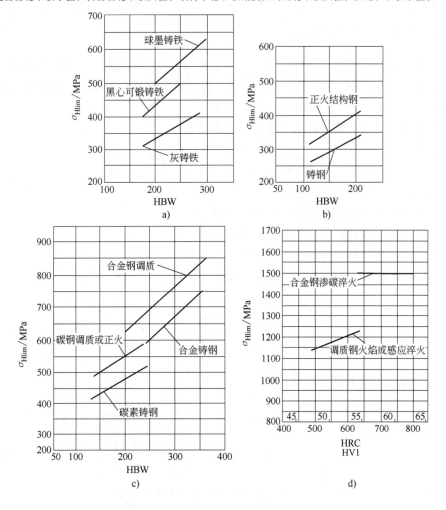

图 6-27　试验齿轮接触疲劳极限

a）铸铁　b）正火结构钢和铸钢　c）调质钢和铸钢　d）碳钢及表面淬火钢

应用式（6-8）和式（6-9）计算时应注意以下几点：

1）两齿轮啮合时接触处的接触应力相等，即 $\sigma_{H1} = \sigma_{H2}$，但两齿轮的材料及齿面硬度不同，许用应力也不同，应将 $[\sigma_{H1}]$、$[\sigma_{H2}]$ 中较小值代入式（6-8）和式（6-9）。

2）如配对齿轮并非钢制，则验算公式及设计公式中的常数 671 应修正为 $671 \times \dfrac{Z_E}{189.8}$，$Z_E$ 为材料系数，取值参见表 6-9。

表 6-9 材料系数 Z_E （单位：$\sqrt{\mathrm{MPa}}$）

小齿轮材料	大齿轮材料			
	钢	铸钢	球墨铸铁	灰铸铁
钢	189.8	188.9	181.4	162.0
铸钢		188.0	180.5	161.4
球墨铸铁			173.9	156.6
灰铸铁				143.7

注：设计时将假设大、小齿轮强度基本相等，故表中只取小齿轮材料强度优于大齿轮的组合。

6.8.3 齿根弯曲疲劳强度计算

轮齿折断与齿根弯曲疲劳强度有关。计算齿根弯曲疲劳强度时，假设全部载荷仅由一对轮齿承担，并认为载荷 F_n 作用于轮齿的齿顶，将受载轮齿视作悬臂梁。折断现象通常出现在轮齿根部，故将齿根所在的截面定为危险截面。

经推导整理，可得齿根弯曲疲劳强度的验算公式

$$\sigma_F = \frac{M}{W} = \frac{KF_{t1}Y_{FS}}{bm} = \frac{2KT_1Y_{FS}}{d_1 bm} \leqslant [\sigma_F] \qquad (6-10)$$

式中　K、T_1、b 三个参数含义同前；

$\qquad M$——危险截面的最大弯矩（N·mm）；

$\qquad W$——危险截面的抗弯截面系数，（mm³）；

$\qquad \sigma_F$——齿根最大弯曲应力（MPa）；

$\qquad Y_{FS}$——复合齿形系数，取值参见图 6-28；

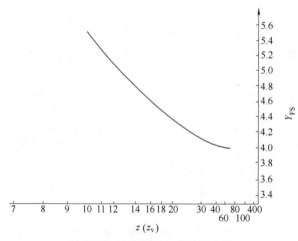

图 6-28 外齿轮的复合齿形系数

$[\sigma_F]$——轮齿的许用弯曲应力（MPa），推荐按下式确定：轮齿单向受力时，$[\sigma_F]=0.7\sigma_{Flim}$；轮齿双向受力或开式齿轮 $[\sigma_F]=0.5\sigma_{Flim}$，$\sigma_{Flim}$ 为试验齿轮的弯曲疲劳极限，各种材料齿轮在不同加工方法及热处理条件下的 σ_{Flim} 可由图 6-29 查得。

图 6-29 试验齿轮弯曲疲劳极限

a）铸铁　b）正火结构钢和铸钢　c）调质钢和铸钢　d）碳钢及表面淬火钢

引入齿宽系数 $\psi_d = b/d_1$，可推得计算模数 m 的简化设计公式

$$m \geqslant \sqrt[3]{\frac{2KT_1}{\psi_d z_1^2} \frac{Y_{FS}}{[\sigma_F]}} \tag{6-11}$$

齿宽系数 ψ_d 取值参见表 6-8。材料系数 Z_E 取值参见表 6-9。

应用式（6-10）和式（6-11）计算时应注意以下几点：

1）由于两齿轮齿面硬度和齿数不同，故大、小齿轮的许用应力及复合齿形系数也不相等，所以应分别用式（6-10）验算大、小齿轮的弯曲强度，即应同时满足 $\sigma_{F1} \leqslant [\sigma_{F1}]$ 和 $\sigma_{F2} \leqslant [\sigma_{F2}]$。

2）应用式（6-11）求出的模数 m 应圆整成标准值。

3）在应用式（6-11）时，由于配对齿轮的齿数和材料不同，应将 $Y_{FS1}/[\sigma_{F1}]$ 和 $Y_{FS2}/[\sigma_{F2}]$ 中的较大值代入。

6.8.4 直齿圆柱齿轮传动设计的参数选择和设计步骤

1. 参数选择

1）传动比 i。对于单级减速传动，一般传动比取值范围为 $i \leqslant 8$；当 $i > 8$ 时，宜采用两级

传动。

2）齿轮宽度 b。b 为啮合齿宽，大齿轮齿宽 b_2 按不小于啮合齿宽的数值选取。为便于安装和补偿轴向尺寸误差，小齿轮齿宽 b_1 比大齿轮齿宽 b_2 加大 5~10mm。需要注意的是，强度校核公式中的齿宽 b 取 b_2。

3）齿数 z_1 和模数 m。对于软齿面（硬度不超过 350HBW）的闭式齿轮传动，z_1 的取值范围通常为 20~28。在满足齿根弯曲疲劳强度条件下，适当增加齿数，减小模数，可以提高重合度，有利于提高传动平稳性；同时，齿顶圆直径减小，可节省材料。对于开式齿轮传动，及硬齿面（硬度大于 350HBW）齿轮或铸铁齿轮的闭式传动，通常选齿数 $z_1 \geqslant 17$，并适当减少齿数，增大模数，以防止轮齿折断。

2. 设计步骤

对于软齿面闭式齿轮传动，可首先通过齿面接触疲劳强度设计公式初估分度圆直径 d，确定齿轮传动参数和几何尺寸，再进行齿根弯曲疲劳强度校核；对于硬齿面闭式齿轮传动，首先通过齿根弯曲疲劳强度设计公式求出模数，确定齿轮传动参数和几何尺寸，再校核齿面接触疲劳强度。对于开式齿轮传动或铸铁齿轮传动，通常只需根据齿根弯曲疲劳强度求出模数，并适当加大 10%~30%，最终按表 6-2 取标准值。

例 6-2 试设计两级齿轮减速器中一对低速直齿圆柱齿轮传动。原动机是电动机，工作机是货物提升机（中等冲击载荷）。齿轮相对于轴承非对称布置，单向运转。已知传递功率 $P = 10\text{kW}$，小齿轮转速 $n_1 = 400\text{r/min}$，传动比 $i = 3.5$。

解 1）选择齿轮材料，确定许用应力

无特殊要求，可采用优质碳素钢。参照表 6-6，小齿轮采用 45 钢，调质处理，硬度为 240HBW；大齿轮采用 45 钢，正火处理，硬度为 200HBW。

由图 6-27c 中碳钢调质或正火图线查得

小齿轮 $\qquad\qquad\qquad\qquad \sigma_{\text{Hlim1}} = 590\text{MPa}$

大齿轮 $\qquad\qquad\qquad\qquad \sigma_{\text{Hlim2}} = 550\text{MPa}$

许用接触应力 $\qquad [\sigma_{\text{H1}}] = 0.9\sigma_{\text{Hlim1}} = 0.9 \times 590\text{MPa} = 531\text{MPa}$

$\qquad\qquad\qquad\qquad [\sigma_{\text{H2}}] = 0.9\sigma_{\text{Hlim2}} = 0.9 \times 550\text{MPa} = 495\text{MPa}$

由图 6-29c 中碳钢调质或正火图线查得

小齿轮 $\qquad\qquad\qquad\qquad \sigma_{\text{Flim1}} = 225\text{MPa}$

大齿轮 $\qquad\qquad\qquad\qquad \sigma_{\text{Flim2}} = 210\text{MPa}$

许用弯曲应力 $\qquad [\sigma_{\text{F1}}] = 0.7\sigma_{\text{Flim1}} = 0.7 \times 225\text{MPa} = 157.5\text{MPa}$

$\qquad\qquad\qquad\qquad [\sigma_{\text{F2}}] = 0.7\sigma_{\text{Flim2}} = 0.7 \times 210\text{MPa} = 147\text{MPa}$

2）按齿面接触疲劳强度设计计算

对钢制、软齿面闭式齿轮传动，按齿面接触疲劳强度设计公式（6-9）计算小齿轮直径 d_1。

由表 6-7 查得 电动机驱动，中等冲击载荷，取 $K = 1.5$

由表 6-8 查得 软齿面，相对于轴承非对称布置，取

$\Psi_{\text{d}} = 1$

$[\sigma_{\text{H}}]$ 取较小的 $[\sigma_{\text{H2}}] = 495\text{MPa}$ 代入

小齿轮所受转矩 $T_1 = 9.55 \times 10^6 \dfrac{P}{n_1} = 9.55 \times 10^6 \dfrac{10}{400} \text{N} \cdot \text{mm} = 238750 \text{N} \cdot \text{mm}$

$$d_1 \geq \sqrt[3]{\left(\frac{671}{[\sigma_{\text{H}}]}\right)^2 \frac{KT_1}{\varPsi_{\text{d}}} \frac{i+1}{i}} = \sqrt[3]{\left(\frac{671}{495}\right)^2 \frac{1.5 \times 238750}{1} \frac{3.5+1}{3.5}} \text{mm} = 94.58 \text{mm}$$

3）确定齿轮主要参数，计算主要尺寸

① 选齿数

取 $z_1 = 27$，$z_2 = iz_1 = 3.5 \times 27 = 94.5$，取 $z_2 = 95$

② 确定模数

$$m = \frac{d_1}{z_1} = \frac{94.58}{27} \text{mm} = 3.5 \text{mm}$$，参照表 6-2，取模数 $m = 4 \text{mm}$

③ 确定中心距

$$a_0 = \frac{m}{2}(z_1 + z_2) = \frac{4}{2}(27 + 95) \text{mm} = 244 \text{mm}$$

④ 计算传动的主要尺寸

$$d_1 = z_1 m = 27 \times 4 \text{mm} = 108 \text{mm}$$

$$d_2 = z_2 m = 95 \times 4 \text{mm} = 380 \text{mm}$$

$$d_{a1} = m(z_1 + 2h_a^*) = 4 \times (27 + 2) \text{mm} = 116 \text{mm}$$

$$d_{a2} = m(z_2 + 2h_a^*) = 4 \times (95 + 2) \text{mm} = 388 \text{mm}$$

$$b = \varPsi_{\text{d}} d_1 = 108 \text{mm}$$，取 $b_2 = 108 \text{mm}$

$$b_1 = b_2 + (5 \sim 10) \text{mm} = 113 \sim 118 \text{mm}$$，取 $b_1 = 113 \text{mm}$

其他尺寸略。

4）校核齿根弯曲疲劳强度

$z_1 = 27$，$z_2 = 95$，由图 6-28 查得复合齿形系数 $Y_{\text{FS1}} = 4.16$，$Y_{\text{FS2}} = 3.96$，由式（6-10）得

$$\sigma_{\text{F1}} = \frac{2KT_1 Y_{\text{FS1}}}{d_1 bm} = \frac{2 \times 1.5 \times 238750 \times 4.16}{108 \times 108 \times 4} \text{MPa} = 63.86 \text{MPa} < [\sigma_{\text{F1}}]$$

$$\sigma_{\text{F2}} = \sigma_{\text{F1}} \frac{Y_{\text{FS2}}}{Y_{\text{FS1}}} = 63.86 \times \frac{3.96}{4.16} \text{MPa} = 60.79 \text{MPa} < [\sigma_{\text{F2}}]$$

$\sigma_{\text{F1}} < [\sigma_{\text{F1}}]$，$\sigma_{\text{F2}} < [\sigma_{\text{F2}}]$，故齿根弯曲疲劳强度满足要求。

5）确定齿轮精度

齿轮圆周速度

$$v = \frac{\pi d_1 n_1}{60 \times 1000} = \frac{3.14 \times 108 \times 400}{60000} \text{m/s} = 2.26 \text{m/s}$$

查表 6-5，选择 8 级精度。

6）齿轮结构设计

图 6-30 为大齿轮工作图。

齿数	z	95
模数	m	4
压力角	α	20°
全齿高	h	9
精度等级 8级(GB/T 10095.1—2008)		
齿圈径向跳动公差	F_r	0.071
公法线长度变动公差	F_w	0.050
基圆齿距极限偏差	f_{pb}	±0.025
齿形公差	f_f	0.022
公法线长度	W	$129.312_{-0.244}^{-0.175}$
跨齿数	k	11

技术要求
1.正火后的齿面硬度200~217HBW
2.未注明的圆角半径r=5
3.未注明的倒角为C1.5

$\sqrt{Ra\,12.5}$ ($\sqrt{}$)

		减速器
	材料	
名称		
(校名)		
		制图

$Ra\,3.2$
18 ± 0.021
$\phi60_{\ 0}^{+0.03}$
$64.4_{\ 0}^{+0.2}$
⌖ 0.04 A
$Ra\,6.3$
A

$Ra\,3.2$
$\phi350$
$\phi223$
96ϕ
$4\times\phi70EQS$
$Ra\,3.2$
$Ra\,6.3$
C2
$Ra\,1.6$
30
108
$Ra\,3.2$
$\phi380$
$\phi388_{-0.360}$
↗ 0.022 A
$\phi60\sim96$处
↗ 0.022 A
$\phi60\sim96$处

图6-30 圆柱齿轮零件工作图

6.9 斜齿圆柱齿轮传动

6.9.1 斜齿圆柱齿轮齿廓的形成及其啮合

前面研究的渐开线齿形实际上只是直齿圆柱齿轮的端面齿形，其实际齿廓是这样形成的：如图6-31a所示，当与基圆柱相切的发生面 S 绕基圆柱做纯滚动时，发生面上一条与基圆柱母线 CC' 平行的直线 BB' 的轨迹为一渐开线曲面（BB' 上任一点的轨迹均为一条渐开线），对称的两反向渐开线曲面即构成了直齿圆柱齿轮的一个齿廓。

图 6-31 直齿圆柱齿轮

a）齿廓曲面的形成 b）接触线

斜齿圆柱齿轮齿廓曲面的形成与此相仿，只是直线 BB' 不与母线 CC' 平行，而与之成一交角 β_b（图6-32a）。当发生面 S 绕基圆柱做纯滚动时，直线 BB' 就展出一螺旋形的渐开螺旋面，即为斜齿圆柱齿轮齿廓曲面。β_b 称为基圆柱上的螺旋角。

图 6-32 斜齿圆柱齿轮

a）齿廓曲面的形成 b）接触线

由直齿圆柱齿轮齿廓曲面的形成原理可知，直齿圆柱齿轮的一对轮齿在啮合过程中，每一瞬时都是直线接触，接触线均为平行于轴线的直线（图6-31b），在啮合开始或终了的瞬时，一对轮齿沿整个齿宽同时开始啮合或同时脱离啮合，因此轮齿所受的力具有突变性，故传动的平稳性较差。

由斜齿圆柱齿轮齿廓曲面的形成原理可知，平行轴斜齿轮的一对轮齿在啮合过程中，除去啮合始点和啮合终点外，每一瞬时也是直线接触，但各接触线均不与轴线平行。如图6-32b所示，从开始啮合到脱离啮合，接触线的长度先从零逐渐增到最大值，然后由最大值逐渐减小到零，所以斜齿轮所受的力不具有突变性；由于斜齿圆柱齿轮的螺旋形轮齿使一对轮齿的啮合过程延长、重合度增大，因此斜齿圆柱齿轮较直齿圆柱齿轮传动更平稳、承载能力更大。

6.9.2 斜齿圆柱齿轮的基本参数和几何尺寸

1. 螺旋角（pitch angle）

设想将斜齿轮沿其分度圆柱面展开（图6-33），这时分度圆柱面与轮齿相贯的螺旋线展开成一条斜直线，它与轴线的夹角为 β，β 称为斜齿轮分度圆柱上的螺旋角，简称斜齿轮的螺旋角。β 常用来表示斜齿轮轮齿的倾斜程度，一般取 $\beta = 8° \sim 20°$。

斜齿轮按其轮齿的旋向可分为右旋和左旋两种（图6-34）。斜齿轮旋向的判别与螺旋旋向的判别相同：面对轴线，若齿轮螺旋线右高左低为右旋；反之则为左旋。

图6-33 斜齿轮分度圆柱面展开图

图6-34 斜齿轮的旋向
a) 右旋　b) 左旋

2. 模数

与轴线垂直的平面称为端面，与齿线垂直的平面称为法面。由于轮齿的倾斜，斜齿轮端面上的端面齿形（渐开线）和法面上的法向齿形不同。

端面齿距除以圆周率 π 所得到的商，称为端面模数，用 m_t 表示。

法向齿距除以圆周率 π 所得到的商，称为法向模数，用 m_n 表示。

由图6-33可得

$$p_n = p_t \cos\beta \tag{6-12}$$

因为

$$m_n = \frac{p_n}{\pi} \qquad m_t = \frac{p_t}{\pi}$$

所以
$$m_n = m_t \cos\beta \tag{6-13}$$

3. 压力角

以 α_n 和 α_t 分别表示法向压力角和端面压力角，则它们之间有如下关系

$$\tan\alpha_n = \tan\alpha_t \cos\beta \tag{6-14}$$

4. 齿顶高系数和顶隙系数

斜齿轮的齿顶高和齿根高，不论从法向还是端面来看都是相同的，因此

$$h_a = h_{an}^* m_n = h_{at}^* m_t \tag{6-15}$$

$$h_f = (h_{an}^* + c_n^*)m_n = (h_{at}^* + c_t^*)m_t \tag{6-16}$$

式（6-15）和式（6-16）中，对于正常齿制斜齿轮，法向齿顶高系数 $h_{an}^* = 1$，法向顶隙系数 $c_n^* = 0.25$。

斜齿轮的切制是顺着螺旋齿槽方向进给的，因此标准刀具的刃形参数必然与斜齿轮的法向参数相同，即法向参数为标准值。

5. 当量齿数

如图 6-35 所示，过斜齿轮分度圆上一点 P 作齿的法向剖面 n-n，该平面与分度圆柱面的交线为一椭圆，以椭圆在 P 点的曲率半径 ρ 为分度圆半径，以斜齿轮的法向模数 m_n 为模数，以法向压力角 α_n 为压力角作一直齿圆柱齿轮，其齿形最接近于斜齿轮的法向齿形，则称这一假想的直齿圆柱齿轮为该斜齿轮的当量齿轮，其齿数为该斜齿轮的当量齿数，用 z_v 表示，推导整理得

$$z_v = \frac{z}{\cos^3\beta} \tag{6-17}$$

图 6-35　斜齿轮的当量齿轮

式中　z——斜齿轮的实际齿数。

标准斜齿圆柱齿轮不发生根切的最少齿数 z_{min} 可由其当量齿轮的最少齿数求出

$$z_{min} = z_{vmin} \cos^3\beta = 17\cos^3\beta \tag{6-18}$$

由此可见，斜齿轮不根切的最少齿数小于 17，这是斜齿轮传动的优点之一。

基于上述关系，根据直齿圆柱齿轮的几何尺寸计算方法，推导出外啮合标准斜齿圆柱齿轮的几何尺寸计算公式，见表 6-10。

表 6-10　外啮合标准斜齿圆柱齿轮主要几何尺寸计算公式

名　称	符　号	计 算 公 式
法向模数	m_n	根据强度计算或结构要求确定，按表 6-2 选取标准值
法向压力角	α_n	取标准值，$\alpha_n = 20°$
螺旋角	β	通常取 $\beta = 8° \sim 20°$
法向齿顶高系数	h_{an}^*	取标准值，对于正常齿，$h_{an}^* = 1.0$
法向顶隙系数	c_n^*	取标准值，对于正常齿，$c_n^* = 0.25$

（续）

名　　称	符　　号	计　算　公　式
齿顶高	h_a	$h_a = h_{an}^* m_n = m_n$
齿根高	h_f	$h_f = (h_{an}^* + c_n^*) m_n = 1.25 m_n$
全齿高	h	$h = h_a + h_f = (2h_{an}^* + c_n^*) m_n = 2.25 m_n$
分度圆直径	d	$d = m_t z = m_n \dfrac{z}{\cos\beta}$
齿顶圆直径	d_a	$d_a = d + 2h_a = m_n \left(\dfrac{z}{\cos\beta} + 2 \right)$
齿根圆直径	d_f	$d_f = d - 2h_f = m_n \left(\dfrac{z}{\cos\beta} - 2.5 \right)$
中心距	a	$a = \dfrac{d_1 + d_2}{2} = \dfrac{m_n}{2\cos\beta}(z_1 + z_2)$

6.9.3　斜齿圆柱齿轮正确啮合条件

斜齿圆柱齿轮传动，其端面内的运动传递可看作一对直齿圆柱齿轮的啮合传动。因此，一对外啮合斜齿圆柱齿轮的正确啮合条件是：两齿轮的端面模数和端面压力角分别相等，且两齿轮的螺旋角大小相等，方向相反（内啮合时方向相同）。因端面参数不是标准值，故正确啮合的常用条件用法向参数表述

$$\left.\begin{array}{l} m_{n1} = m_{n2} = m_n \\ \alpha_{n1} = \alpha_{n2} = \alpha_n \\ \beta_1 = \pm\beta_2 \end{array}\right\} \tag{6-19}$$

式中，"–"表示外啮合的两齿轮旋向相反，"+"表示内啮合的两齿轮旋向相同。

外啮合斜齿圆柱齿轮传动若满足前两项条件，不满足第三项条件，即 $\beta_1 \neq -\beta_2$ 时，则成为交错轴斜齿轮传动。

交错轴斜齿轮

关键知识点

斜齿圆柱齿轮分左旋和右旋两种，一般取螺旋角 $\beta = 8° \sim 20°$。法向参数为标准值，端面参数用于计算几何尺寸。斜齿圆柱齿轮的正确啮合条件是两轮的法向模数和法向压力角分别相等，螺旋角大小相等，外啮合时旋向相反，内啮合时旋向相同。进行强度设计计算时，采用当量齿数查询相关参数。

6.9.4　斜齿圆柱齿轮传动的强度计算

1. 受力分析

图 6-36 所示为一对标准斜齿圆柱齿轮传动中主动齿轮的受力情况，若不计摩擦力，分析轮齿在分度圆上的受力情况，作用于齿宽中点处的法向力 F_n 垂直于齿面。为了便于分析

计算，把 F_n 分解为互相垂直的三个分力

圆周力

$$F_{t1} = \frac{2T_1}{d_1}$$

径向力

$$F_{r1} = F_{t1} \tan\alpha_n / \cos\beta$$

轴向力（axial force）

$$F_{x1} = F_{t1} \tan\beta$$

$$(6-20)$$

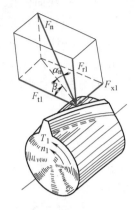

图 6-36 斜齿圆柱齿轮传动受力分析

式中　T_1——主动轮所传递的转矩（N·mm）；

　　　d_1——主动轮分度圆直径（mm）；

　　　α_n——法向压力角，$\alpha_n = 20°$；

　　　β——螺旋角。

根据作用与反作用定律可知，两齿轮所受法向力 F_n，及其分力圆周力 F_t、径向力 F_r、轴向力 F_x 大小分别相等，方向分别相反。主动轮和从动轮所受圆周力、径向力的方向，与直齿圆柱齿轮传动情况相同。所受轴向力的方向则取决于轮齿的螺旋线方向和齿轮的转向，可用下面方法确定：

根据主动轮轮齿螺旋线方向对应选择左手或右手，四指弯曲方向对应主动轮的转向，则大拇指沿轴向伸直所指方向即为主动轮所受轴向力的方向，以右旋主动齿轮为例，已知其转向，其轴向力方向判定如图 6-37 所示。

图 6-37 斜齿圆柱齿轮传动主动轮轴向力方向判定

2. 齿面接触疲劳强度计算

斜齿轮的齿面接触疲劳强度计算与直齿轮基本相似。对于一对钢制齿轮，其齿面接触疲劳强度验算公式为

$$\sigma_H = 590\sqrt{\frac{KT_1}{bd_1^2} \frac{i \pm 1}{i}} \leqslant [\sigma_H] \qquad (6-21)$$

齿面接触疲劳强度设计公式为

$$d_1 \geqslant \sqrt[3]{\left(\frac{590}{[\sigma_H]}\right)^2 \frac{KT_1}{\Psi_d} \frac{i \pm 1}{i}} \qquad (6-22)$$

当配对齿轮不是钢制齿轮时，验算公式及设计公式中的常数 590 可根据材料系数 Z_E（表 6-9）修正为 $590Z_E/189.8$。

式中各符号的意义、单位和确定方法与直齿圆柱齿轮传动相同。

3. 齿根弯曲疲劳强度计算

斜齿圆柱齿轮的齿根弯曲疲劳强度，按其法向当量直齿圆柱齿轮计算。对于一对钢制的标准斜齿齿轮传动，其齿根弯曲疲劳强度验算公式为

$$\sigma_F = \frac{1.6KT_1 Y_{FS}}{d_1 m_n b} = \frac{1.6KT_1 Y_{FS}\cos\beta}{bm_n^2 z_1} \leqslant [\sigma_F] \qquad (6-23)$$

式中 m_n——法向模数（mm）；

       Y_{FS}——复合齿形系数，应根据当量齿数 z_v 由图 6-28 查取；

     $[\sigma_F]$——许用弯曲应力（MPa），与直齿圆柱齿轮传动的计算方法相同。

由于配对大、小齿轮的复合齿形系数 Y_{FS} 和许用弯曲应力不同，因此应分别进行验算。

齿根弯曲疲劳强度设计公式为

$$m_n \geqslant \sqrt[3]{\frac{1.6KT_1Y_{FS}\cos^2\beta}{\Psi_d z_1^2 [\sigma_F]}} \tag{6-24}$$

式（6-23）和式（6-24）中其余各符号的意义、单位和确定方法与直齿圆柱齿轮传动相同。

例 6-3 已知条件同例 6-2，同时要求结构紧凑，试设计符合条件的斜齿圆柱齿轮传动。

解   1）选择齿轮材料，确定许用应力

因要求机构结构紧凑，故采用硬齿面。参照表 6-6，小齿轮选用 20CrMnTi，渗碳淬火处理，硬度为 59HRC；大齿轮选用 45 钢，表面淬火处理，硬度为 48HRC。

由图 6-27d 中合金钢渗碳淬火图线查得，小齿轮 $\sigma_{Hlim1} = 1500$MPa；由调质钢火焰或感应淬火图线查得，大齿轮 $\sigma_{Hlim2} = 1150$MPa。

许用接触应力 $[\sigma_{H1}] = 0.9\sigma_{Hlim1} = 0.9 \times 1500\text{MPa} = 1350\text{MPa}$

                    $[\sigma_{H2}] = 0.9\sigma_{Hlim2} = 0.9 \times 1150\text{MPa} = 1035\text{MPa}$

由图 6-29d 中合金钢渗碳淬火图线，小齿轮 $\sigma_{Flim1} = 430$MPa；由调质钢火焰或感应淬火图线查得，大齿轮 $\sigma_{Flim2} = 350$MPa。

许用弯曲应力 $[\sigma_{F1}] = 0.7\sigma_{Flim1} = 0.7 \times 430\text{MPa} = 301\text{MPa}$

                    $[\sigma_{F2}] = 0.7\sigma_{Flim2} = 0.7 \times 350\text{MPa} = 245\text{MPa}$

2）按齿根弯曲疲劳强度设计计算

初选螺旋角和齿数

选螺旋角 $\beta = 15°$，取 $z_1 = 20$，$z_2 = iz_1 = 3.5 \times 20 = 70$

确定载荷系数 K 和齿宽系数 Ψ_d

由表 6-7 查得，斜齿轮传动，取 $K = 1.4$；由表 6-8 查得，硬齿面，相对于轴承非对称布置，取 $\Psi_d = 0.6$，确定 $\dfrac{Y_{FS}}{[\sigma_F]}$

当量齿数 $z_{v1} = \dfrac{z_1}{\cos^3\beta} = \dfrac{20}{\cos^3 15°} \approx 22$；$z_{v2} = \dfrac{z_2}{\cos^3\beta} = \dfrac{70}{\cos^3 15°} \approx 78$。由图 6-28 查得复合齿形系数 $Y_{FS1} = 4.30$，$Y_{FS2} = 3.98$

$\dfrac{Y_{FS1}}{[\sigma_{F1}]} = \dfrac{4.30}{301} = 0.0143$；$\dfrac{Y_{FS2}}{[\sigma_{F2}]} = \dfrac{3.98}{245} = 0.0162$，选其中较大值。

$$m_n \geqslant \sqrt[3]{\frac{1.6KT_1Y_{FS}\cos^2\beta}{\Psi_d z_1^2 [\sigma_F]}} = \sqrt[3]{\frac{1.6 \times 1.4 \times 238750 \times \cos^2 15° \times 0.0162}{0.6 \times 20^2}}\text{mm} \approx 3.23\text{mm}$$

参照表 6-2，取法向模数 $m_n = 3.5\text{mm}$

3）确定齿轮主要参数，计算主要尺寸

中心距

$$a = \frac{m_n}{2\cos\beta}(z_1 + z_2) = \frac{3.5}{2\cos15°}(20+70)\text{mm} = 163.056\text{mm}$$

取 $a = 160\text{mm}$。

求螺旋角

$$\cos\beta = \frac{m_n}{2a}(z_1 + z_2) = \frac{3.5}{2\times160}(20+70) = 0.9844$$

$$\beta = 10°8'30''$$

小常识

　　角度的表示法有两种：一种是显示度、分、秒；另一种是带小数点。机械加工里的角度要精确到度、分、秒，但现在手机上的计算器查三角函数值时用的角度是带小数点的表示方法。要注意两种表示方法之间的转换，如 $10°8'30' = 10.14166667°$。

参照表 6-10，得

分度圆直径

$$d_1 = m_t z_1 = m_n \frac{z_1}{\cos\beta} = 3.5\text{mm}\times\frac{20}{\cos10°8'30''} = 71.11\text{mm}$$

$$d_2 = m_t z_2 = m_n \frac{z_2}{\cos\beta} = 3.5\text{mm}\times\frac{70}{\cos10°8'30''} = 248.89\text{mm}$$

齿顶圆直径

$$d_{a1} = m_n\left(\frac{z_1}{\cos\beta} + 2h_{an}^*\right) = 3.5\text{mm}\times\left(\frac{20}{\cos10°8'30''}+2\right) = 78.11\text{mm}$$

$$d_{a2} = m_n\left(\frac{z_2}{\cos\beta} + 2h_{an}^*\right) = 3.5\text{mm}\times\left(\frac{70}{\cos10°8'30''}+2\right) = 255.88\text{mm}$$

齿根圆直径 $\quad d_{f1} = m_n\left(\frac{z_1}{\cos\beta} - 2h_{an}^* - 2c_n^*\right) = 3.5\text{mm}\times\left(\frac{20}{\cos10°8'30''}-2.5\right) = 62.36\text{mm}$

$$d_{f2} = m_n\left(\frac{z_2}{\cos\beta} - 2h_{an}^* - 2c_n^*\right) = 3.5\text{mm}\times\left(\frac{70}{\cos10°8'30''}-2.5\right) = 240.13\text{mm}$$

齿宽 $\quad b = \Psi_d d_1 = 0.6\times71.11\text{mm} = 42.67\text{mm}$，取 $b_2 = 45\text{mm}$

$$b_1 = b_2 + (5\sim10)\text{mm} = 50\sim55\text{mm}，取 b_1 = 50\text{mm}$$

其他几何尺寸略。

4）校核齿面接触疲劳强度

由式（6-21），验算齿面接触应力

$$\sigma_H = 590\sqrt{\frac{KT_1}{bd_1^2}\cdot\frac{i+1}{i}} = 590\sqrt{\frac{1.4\times238750\times(3.5+1)}{45\times71.11^2\times3.5}}\text{MPa} = 810.82\text{MPa}$$

$[\sigma_{H1}] > [\sigma_{H2}]$，取 $[\sigma_H] = [\sigma_{H2}] = 1035\text{MPa}$，$\sigma_H < [\sigma_H]$，齿面接触疲劳强度满足要求。

5）确定齿轮精度方法同直齿圆柱齿轮，略。

结构设计

6.10　圆柱齿轮的结构设计和齿轮传动的维护

6.10.1　圆柱齿轮的结构

考虑材料、制造工艺等因素，确定齿轮的结构形状及其尺寸是齿轮设计的任务之一。根据强度条件和传动比要求可以初步确定齿轮的模数、齿数等基本参数，进而计算出齿轮传动的主要尺寸。齿轮的结构形式一般根据齿顶圆直径的大小选定；结构尺寸一般根据强度及工艺要求，由经验公式确定。

1. 齿轮轴

对于直径较小的钢制齿轮，当齿槽底到键槽顶的距离 $\delta \leqslant 2.5m$，或齿轮直径与相配轴的直径相差很小时，可将齿轮与轴制成一体，即为齿轮轴，如图 6-38 所示。

2. 实心式齿轮

对于齿顶圆直径 $d_a \leqslant 200\text{mm}$ 的中、小尺寸的钢制齿轮，一般采用锻造毛坯的实心式结构。实心式圆柱齿轮如图 6-39 所示。

图 6-38　齿轮轴　　　　　　　　图 6-39　实心式圆柱齿轮

3. 腹板式圆柱齿轮

齿轮齿顶圆直径 $d_a \leqslant 500\text{mm}$ 时，一般采用锻造方法做成腹板式圆柱齿轮，如图 6-40 所示，有些不重要的铸造齿轮也可以做成腹板式结构。有关结构尺寸参考图 6-40 中给出的经验公式确定。

4. 轮辐式圆柱齿轮

齿轮齿顶圆直径 $d_a > 500\text{mm}$ 时，齿轮毛坯因受锻压设备限制而常用铸造方法，做成轮辐式结构，如图 6-41 所示。根据强度要求不同，可采用铸钢或铸铁进行浇铸。有关结构尺寸参考图 6-41 中给出的经验公式确定。

a)

b)

图 6-40　腹板式圆柱齿轮

a）结构图　b）实物图

$D_1 = 1.6d_s$；$D_2 = d_a - 10m$；$D_0 = 0.5(D_1 + D_2)$；

$c = (0.2 \sim 0.3)b$（模锻），$c = 0.3b$（自由锻）；$n = 0.5m_n$；$d_0 = 0.25(D_2 - D_1)$；

$L = (1.2 \sim 1.5)d_s$，$L > b$

a)

b)

图 6-41　轮辐式圆柱齿轮

a）结构图　b）实物图

$D_1 = 1.6d_s$（铸钢），$D_1 = 1.8d_s$（铸铁），$\delta = (2.5 \sim 4)m_n$，但不小于 8mm；$h = 0.8d_s$；$c = 0.2h$；$n = 0.5m_n$，

$h_1 = 0.8h$；$L = (1.2 \sim 1.5)d_s$，$L > b$；$s = h/6$（$\geqslant 10mm$）

6.10.2 齿轮传动的维护

正确的维护是保证齿轮传动正常工作、延长齿轮使用寿命的必要条件。齿轮传动的日常维护工作主要有以下内容:

1. 安装与磨合

齿轮、轴承、键等零件安装在轴上,应保证其定位和固定都符合技术要求。使用一对新齿轮进行啮合传动,先磨合运转,即在空载及逐步加载的方式下,运转十几至几十小时,然后清洗箱体,更换新油,再正式投入使用。

2. 检查齿面接触情况

采用涂色法进行齿面接触情况检查。若色迹处于齿宽中部,且接触面积较大,如图 6-42a 所示,说明啮合齿轮装配良好。若接触面积过小或接触部位不合理,如图 6-42b、c、d 所示,则说明存在载荷分布不均的情况,通常可通过调整轴承座位置以及修理齿面等方法解决。

图 6-42 圆柱齿轮齿面接触情况
a) 正确安装 b) 轴线倾斜 c) 中心距偏大
d) 中心距偏小

3. 保证正常润滑

按规定润滑方式,定时、定质、定量地添加润滑油。对采用自动润滑方式的齿轮传动,应注意油路是否畅通,润滑机构是否灵活。

4. 监控运转状态

通过看、摸、听等感官检验方法监视齿轮机构有无超常温度、异常响声、异常振动等不正常现象。发现异常现象,应及时检查并加以解决,禁止其"带病工作"。对高速、重载或重要场合的齿轮传动,可采用自动监测装置,对齿轮传动进行运行状态信息的搜集处理、故障诊断及报警等,实现自动控制,确保齿轮传动的安全、可靠。

5. 装防护罩

对于开式齿轮传动机构,应装防护罩,以防止灰尘、切屑等杂物侵入齿面,从而减少齿面磨损,同时保护操作人员的人身安全。

实 例 分 析

实例一 某机器上有一对标准直齿圆柱齿轮机构,已知基本参数为 $z_1 = 20$,$z_2 = 40$,$m = 4mm$,$\alpha = 20°$,$h_a^* = 1$。为提高齿轮机构传动的平稳性,要求在传动比 i_{12} 和模数 m 都不变的前提下,把标准直齿圆柱齿轮机构改换为标准斜齿圆柱齿轮机构,试计算这对斜齿轮的 z_1、z_2、β 及分度圆直径 d_1、d_2、齿顶圆直径 d_{a1}、d_{a2} 和齿根圆 d_{f1}、d_{f2}。

解 标准直齿圆柱齿轮机构的中心距为

$$a = \frac{m}{2}(z_1 + z_2) = \frac{4}{2}(20 + 40)\,mm = 120mm$$

改换成标准斜齿圆柱齿轮机构后,中心距 a、传动比 i_{12} 和模数 m 都保持不变,则螺旋

角 β 为

$$\beta = \arccos \frac{m_n(z_1+z_2)}{2a}$$

齿数必须是整数，且 z_1 应小于 20，则这对斜齿轮的齿数有下列各组可供选择

$$z_1 = 19、18、17\cdots\cdots$$
$$z_2 = 38、36、34\cdots\cdots$$

第一组：$z_1 = 19$，$z_2 = 38$，其螺旋角 β 为

$$\beta = \arccos \frac{m_n(z_1+z_2)}{2a} = \arccos \frac{4(19+38)}{2\times120} = 18°11'42''$$

第二组：$z_1 = 18$，$z_2 = 36$，其螺旋角 β 为

$$\beta = \arccos \frac{m_n(z_1+z_2)}{2a} = \arccos \frac{4(18+36)}{2\times120} = 25°50'31''$$

第三组：$z_1 = 17$，$z_2 = 34$，其螺旋角 β 为

$$\beta = \arccos \frac{m_n(z_1+z_2)}{2a} = \arccos \frac{4(17+34)}{2\times120} = 31°47'18''$$

β 角太小将失去斜齿轮的优点，但太大将引起很大的轴向力，所以选取第一组参数比较合适。取 $z_1 = 19$，$z_2 = 38$，$\beta = 18°11'42''$，则

$$d_1 = m_n z_1 / \cos\beta = (4\times19/\cos18°11'42'')\text{mm} = 80\text{mm}$$
$$d_2 = m_n z_2 / \cos\beta = (4\times38/\cos18°11'42'')\text{mm} = 160\text{mm}$$
$$d_{a1} = d_1 + 2h_{an}^* m_n = (80+2\times1\times4)\text{mm} = 88\text{mm}$$
$$d_{a2} = d_2 + 2h_{an}^* m_n = (160+2\times1\times4)\text{mm} = 168\text{mm}$$
$$d_{f1} = d_1 - 2(h_{an}^* + c_n^*) m_n = [80-2(1+0.25)\times4]\text{mm} = 70\text{mm}$$
$$d_{f2} = d_2 - 2(h_{an}^* + c_n^*) m_n = [160-2(1+0.25)\times4]\text{mm} = 150\text{mm}$$

实例二　日常生活中，我们可以见到很多齿轮的应用实例，如由齿轮机构和棘轮机构组成的"饸饹机"。扫描二维码观看"饸饹机"实体视频。

饸饹机

知 识 小 结

1. 概述

齿轮传动的特点——瞬时传动比恒定；适用的圆周速度及传动功率范围较大；传动效率高，寿命长；能实现平行、相交、交错的轴间传动

齿轮传动的类型
- 直齿外齿轮传动、直齿内齿轮传动
- 齿轮齿条传动、斜齿轮传动
- 人字形齿轮传动、直齿锥齿轮传动
- 曲齿锥齿轮传动、交错轴斜齿轮传动
- 蜗轮蜗杆传动

渐开线齿轮传动比——$i_{12} = \dfrac{\omega_1}{\omega_2} = \dfrac{r_{b2}}{r_{b1}} = \dfrac{z_2}{z_1}$

2. 渐开线标准直齿圆柱齿轮的基本参数 $\begin{cases}\end{cases}$

齿轮各部分名称 $\begin{cases} 齿顶圆、齿根圆、分度圆 \\ 基圆、齿顶高、齿根高 \\ 全齿高、齿厚、齿槽宽 \\ 齿距、齿宽 \end{cases}$

基本参数 $\begin{cases} 齿数 \\ 模数 \\ 标准压力角 \\ 齿顶高系数 \\ 顶隙系数 \end{cases}$

3. 渐开线标准直齿圆柱齿轮正确啮合条件 $\begin{cases} m_1 = m_2 = m \\ \alpha_1 = \alpha_2 = \alpha \end{cases}$

4. 渐开线齿轮的切齿原理 $\begin{cases}\end{cases}$

仿形法 $\begin{cases} 指形铣刀 \\ 盘形铣刀 \end{cases}$

展成法 $\begin{cases} 插齿 \begin{cases} 齿轮插刀 \\ 齿条插刀 \end{cases} 根切现象与最少齿数 \\ 滚齿 \end{cases}$

5. 齿轮传动的失效形式、材料选择 $\begin{cases}\end{cases}$

齿轮传动的失效形式 $\begin{cases} 轮齿折断 \\ 齿面点蚀 \\ 齿面胶合 \\ 齿面磨损 \\ 齿面塑性变形 \end{cases}$

齿轮常用材料 $\begin{cases} 优质碳素钢 \\ 合金结构钢 \\ 铸钢 \\ 铸铁 \end{cases}$

6. 圆柱齿轮传动设计（闭式传动） $\begin{cases}\end{cases}$

软齿面齿轮——根据齿面接触疲劳强度初估 d_1，确定几何尺寸后再校核齿根弯曲疲劳强度

硬齿面齿轮——根据齿根弯曲疲劳强度初估 m，确定几何尺寸后再校核齿面接触疲劳强度

7. 斜齿圆柱齿轮传动 $\begin{cases} 斜齿圆柱齿轮齿廓的形成 \\ 基本参数及几何尺寸 \\ 斜齿圆柱齿轮正确啮合条件 \\ 强度计算 \end{cases}$

8. 圆柱齿轮结构 $\begin{cases} 齿轮轴 \\ 实心式齿轮 \\ 腹板式齿轮 \\ 轮辐式齿轮 \end{cases}$

9. 齿轮传动的维护 $\begin{cases} 安装与磨合 \\ 检查齿面接触情况 \\ 保证正常润滑 \\ 监控运转状态 \\ 装防护罩 \end{cases}$

第 7 章

其他齿轮机构及传动

（Other Gear Mechanism and Transmission）

教学要求

★ 能力目标

1）标准直齿锥齿轮、蜗杆传动几何尺寸计算的能力。

2）蜗杆传动的强度计算能力。

★ 知识要素

1）锥齿轮、蜗轮蜗杆的类型、特点及应用场合。

2）锥齿轮、蜗杆蜗轮的基本参数、几何尺寸计算。

3）标准直齿锥齿轮传动、蜗杆传动的强度计算。

4）锥齿轮及蜗轮蜗杆的结构。

★ 学习重点与难点

锥齿轮、蜗杆蜗轮的基本参数及几何尺寸计算。

价值情感目标

通过锥齿轮传动、蜗杆传动的学习，联系生活实际，培养学生的学以致用的能力和创新精神。

认识空间齿轮传动

空间齿轮传动，指的是相啮合的两齿轮轴线不平行的传动，两齿轮的相对运动为空间运动。空间齿轮传动的类型有：两轴线相交的锥齿轮传动；两轴线交错的斜齿轮传动；两轴线垂直交错的蜗杆传动等。本章只介绍直齿锥齿轮传动和蜗杆传动。

图 7-1 所示为由蜗轮蜗杆、直齿锥齿轮和圆柱齿轮组成的传动系统。

图 7-1　含空间齿轮传动的传动系统

7.1　锥齿轮传动

7.1.1　锥齿轮传动的特点和应用

　　锥齿轮用于轴线相交的传动，两轴交角 Σ 可由传动要求确定，常用的轴交角 $\Sigma = 90°$（图7-2）。锥齿轮的特点是轮齿分布在圆锥面上，轮齿的齿形从大端到小端逐渐缩小。锥齿轮的轮齿有直齿、斜齿和曲齿三种类型，其中直齿锥齿轮应用较广。本节仅介绍常用的轴交角 $\Sigma = 90°$ 的直齿锥齿轮传动。

7.1.2　直齿锥齿轮的当量齿数

　　直齿锥齿轮的齿廓曲线为空间的球面渐开线。由于球面无法展开为平面，这给设计计算及制造带来不便，故采用近似方法来解决。

　　图7-3所示为锥齿轮的轴向剖视图，大端球面齿廓与轴向剖面的交线为圆弧 $\overset{\frown}{acb}$，过 c 点作切线与轴线交于 O'，以 $O'c$ 为母线，绕轴线旋转所得与球面齿廓相切的圆锥体，称为背锥。投影在背锥面上的齿形可近似代替大端球面上的齿形。将背锥展开，形成一个平面扇形齿轮；如将此扇形齿轮补足轮齿为完整的齿轮，则所得的平面齿轮称为直齿锥齿轮的当量齿轮。当量齿轮分度圆直径用 d_v 表示，其模数为大端模数，压力角为标准值，所得齿数 z_v 称为当量齿数（equivalent number of teeth）。

图7-2　直齿锥齿轮传动

图7-3　背锥与当量齿轮

　　当量齿数 z_v 与实际齿数 z 的关系为

$$z_v = \frac{z}{\cos\delta} \tag{7-1}$$

式中　δ——分锥角。

7.1.3　直齿锥齿轮的基本参数及几何尺寸

　　图7-4所示为一对标准直齿锥齿轮，其节圆锥与分度圆锥重合，轴交角 $\Sigma = \delta_1 + \delta_2 = 90°$。

由于大端轮齿尺寸大，计算和测量时相对误差小，同时也便于确定齿轮外部尺寸，定义大端参数为标准值。标准模数 m 由表7-1查取，表中自标准文件摘取 $m \geqslant 1$ 的部分，对应压力角 $\alpha = 20°$，齿顶高系数 $h_a^* = 1$，顶隙系数 $c^* = 0.2$。

图7-4 （不等顶隙收缩齿）标准直齿锥齿轮的几何尺寸

表7-1 锥齿轮的标准模数（摘自 GB/T 12368—1990） （单位：mm）

1	1.125	1.25	1.375	1.5	1.75	2	2.25	2.5	2.75
3	3.25	3.5	3.75	4	4.5	5	5.5	6	6.5
7	8	9	10	11	12	14	16	18	20
22	25	28	30	32	36	40	45	50	

对于 $m \geqslant 1$ 的具有不等顶隙收缩齿的标准直齿锥齿轮，其几何尺寸计算公式见表7-2（$\Sigma = \delta_1 + \delta_2 = 90°$）。

表7-2 标准直齿锥齿轮的几何尺寸计算公式

名称	符号	小 齿 轮	大 齿 轮
齿数	z	z_1	z_2
齿数比	i	$i = z_2/z_1 = \cot\delta_1 = \tan\delta_2$	
分锥角	δ	$\delta_1 = \arctan(z_1/z_2)$	$\delta_2 = \arctan(z_2/z_1)$
齿顶高	h_a	$h_a = h_a^* m = m$	
齿根高	h_f	$h_f = (h_a^* + c^*)m = 1.2m$	
分度圆直径	d	$d_1 = z_1 m$	$d_2 = z_2 m$
齿顶圆直径	d_a	$d_{a1} = d_1 + 2h_a\cos\delta_1 = m(z_1 + 2\cos\delta_1)$	$d_{a2} = d_2 + 2h_a\cos\delta_2 = m(z_2 + 2\cos\delta_2)$

（续）

名称	符号	小 齿 轮	大 齿 轮
齿根圆直径	d_f	$d_{f1} = d_1 - 2h_f\cos\delta_1 = m(z_1 - 2.4\cos\delta_1)$	$d_{f2} = d_2 - 2h_f\cos\delta_2 = m(z_2 - 2.4\cos\delta_2)$
锥距	R	\multicolumn{2}{c}{$R = \dfrac{1}{2}\sqrt{d_1^2 + d_2^2} = \dfrac{d_1}{2}\sqrt{i^2+1} = \dfrac{m}{2}\sqrt{z_1^2 + z_2^2}$}
齿顶角	θ_a	\multicolumn{2}{c}{$\theta_a = \arctan(h_a/R)$}
齿根角	θ_f	\multicolumn{2}{c}{$\theta_f = \arctan(h_f/R)$}
齿顶圆锥面圆锥角	δ_a	$\delta_{a1} = \delta_1 + \theta_a$	$\delta_{a2} = \delta_2 + \theta_a$
齿根圆锥面圆锥角	δ_f	$\delta_{f1} = \delta_1 - \theta_f$	$\delta_{f2} = \delta_2 - \theta_f$
齿宽	b	\multicolumn{2}{c}{$b = \Psi_R R$，齿宽系数 $\Psi_R = b/R$，一般 $\Psi_R = \dfrac{1}{4} \sim \dfrac{1}{3}$；$b \leqslant 10m$}

由于一对直齿锥齿轮的啮合相当于一对当量直齿圆柱齿轮的啮合，而当量齿轮的齿形和锥齿轮大端的齿形相近，所以一对标准直齿锥齿轮的正确啮合条件为：两个锥齿轮大端的模数和压力角分别相等，两锥齿轮锥距也相等。即

$$\left.\begin{array}{l} m_1 = m_2 = m \\ \alpha_1 = \alpha_2 = \alpha \\ R_1 = R_2 = R \end{array}\right\} \tag{7-2}$$

7.1.4　直齿锥齿轮的受力分析

如图 7-5a 所示，为方便设计计算，忽略摩擦力的影响，将主动锥齿轮齿面所受的法向载荷简化为集中力 F_n，作用在齿宽中点处的法向剖面 $N—N$ 内。将法向力 F_n 在法向剖面内分解为圆周力 F_{t1} 和力 F'，再将力 F' 在锥齿轮的轴向剖面内分解为沿锥齿轮轴线方向的轴向力 F_{x1} 和沿半径方向的径向力 F_{r1}。可推知小齿轮上各分力的大小为

$$\left.\begin{array}{ll} \text{圆周力} & F_{t1} = \dfrac{2T_1}{d_{m1}} \\[3mm] \text{轴向力} & F_{x1} = F'\sin\delta_1 = F_{t1}\tan\alpha\sin\delta_1 \\[3mm] \text{径向力} & F_{r1} = F'\cos\delta_1 = F_{t1}\tan\alpha\cos\delta_1 \end{array}\right\} \tag{7-3}$$

式中　T_1——小齿轮传递的转矩（N·mm），$T_1 = 9.55 \times 10^6 \dfrac{P_1}{n_1}$；

　　　d_{m1}——小齿轮齿宽中点处的分度圆直径，由几何关系可知，$d_{m1} = d_1(1 - 0.5b/R) = d_1$ $(1 - 0.5\Psi_R)$。其中，齿宽系数 $\Psi_R = b/R$，一般可取 $\Psi_R = 0.25 \sim 0.3$。

根据作用力和反作用力的关系可知，大齿轮上所受的力为 $F_{t2} = -F_{t1}$，$F_{x2} = -F_{r1}$，$F_{r2} = -F_{x1}$。如图 7-5b 所示，两锥齿轮的受力方向判别如下：圆周力的方向，在主动轮上与其转动方向相反，在从动轮上与其转动方向相同；径向力的方向，分别指向两轮各自的轮心；轴向力的方向，沿各自轴线方向由各自轮齿小端指向大端。

7.1.5　标准直齿锥齿轮传动的强度计算

直齿锥齿轮传动的强度计算，可按齿宽中点处的一对当量直齿圆柱齿轮进行近似计算。

图 7-5 直齿锥齿轮的受力分析

其简化强度计算公式如下：

1. 齿面接触疲劳强度计算

校核公式

$$\sigma_H = \sqrt{\left(\frac{195.1}{d_1}\right)^3 \frac{KT_1}{i}} \leqslant [\sigma_H] \tag{7-4}$$

设计公式

$$d_1 \geqslant 195.1 \sqrt[3]{\frac{KT_1}{i[\sigma_H]^2}} \tag{7-5}$$

以上两式中的常数 195.1 包含有材料系数，是按两锥齿轮都为钢制齿轮计算得出的。如锥齿轮的材料配对为钢对铸铁或铸铁对铸铁，应将 195.1 相应替换为 175.6 或 163.9。

2. 齿根弯曲疲劳强度计算

校核公式

$$\sigma_F = \left(\frac{3.2}{m}\right)^3 \frac{KT_1 Y_{FS}}{z_1^2 \sqrt{i^2+1}} \leqslant [\sigma_F] \tag{7-6}$$

设计公式

$$m \geqslant 3.2 \sqrt[3]{\frac{KT_1 Y_{FS}}{z_1^2 [\sigma_F] \sqrt{i^2+1}}} \tag{7-7}$$

以上强度计算公式中，Y_{FS} 为复合齿形系数，按当量齿数 z_v 由图 7-6 查取。其余符号的含义、单位、确定方法同直齿圆柱齿轮。

图 7-6 直齿锥齿轮的复合齿形系数

学习蜗杆传动

7.2 蜗杆传动

7.2.1 蜗杆传动的类型

蜗杆传动由蜗杆和蜗轮组成，常用于传递空间两垂直交错轴间的运动和动力，如图 7-7 所示。通常蜗杆为主动件，蜗轮为从动件。

根据蜗杆形状的不同，蜗杆传动可分为圆柱蜗杆传动（图 7-8a）、环面蜗杆传动（图 7-8b）和锥面蜗杆传动（图 7-8c）。普通圆柱蜗杆按其齿廓形状不同，又可分为阿基米德蜗杆（ZA）、渐开线蜗杆（ZI）和法向直廓蜗杆（ZN）。本节仅介绍最简单也是最常用的阿基米德蜗杆传动。

图 7-7 蜗杆传动

7.2.2 蜗杆传动的基本参数和几何尺寸

1. 蜗杆传动的基本参数

（1）模数 m 和压力角 α 如图 7-9 所示，将垂直于蜗轮轴线且通过蜗杆轴线的平面称为蜗杆传动的中平面。在中平面内，蜗杆与蜗轮的啮合相当于齿条与齿轮的啮合，故规定中平面上的参数为标准值。因此，蜗杆传动的正确啮合条件为：蜗杆轴向平面（下角标 x1）和

a)   b)   c)

图 7-8　蜗杆传动的类型

a) 圆柱蜗杆传动   b) 环面蜗杆传动   c) 锥面蜗杆传动

蜗轮端面（下角标 t2）内的模数和压力角分别相等，蜗杆的导程角与蜗轮的螺旋角相等（且旋向相同）。即

$$\left. \begin{array}{l} m_{x1} = m_{t2} = m \\ \alpha_{x1} = \alpha_{t2} = \alpha \\ \gamma_1 = \beta_2 \end{array} \right\} \tag{7-8}$$

图 7-9　蜗杆传动的几何尺寸

蜗杆的标准模数系列参见表 7-3。

表 7-3　普通蜗杆传动的 m 与 d_1 的匹配（摘自 GB/T 10085—2018）

m/mm	1	1.25		1.6		2				2.5				3.15			
d_1/mm	18	20	22.4	20	28	(18)	22.4	(28)	35.5	(22.4)	28	(35.5)	45	(28)	35.5	(45)	56
$m^2 d_1$/mm³	18	31.3	35	51.2	71.7	72	89.6	112	142	140	175	222	281	278	352	447	556
m/mm	4				5				6.3			
d_1/mm	(31.5)	40	(50)	71	(40)	50	(63)	90	(50)	63	(80)	112
$m^2 d_1$/mm³	504	640	800	1136	1000	1250	1575	2250	1985	2500	3175	4445
m/mm	8				10				12.5			
d_1/mm	(63)	80	(100)	140	(71)	90	(112)	160	(90)	112	(140)	200
$m^2 d_1$/mm³	4032	5120	6400	8960	7100	9000	11200	16000	14062	17500	21875	31250
m/mm	16				20				25			
d_1/mm	(112)	140	(180)	250	(140)	160	(224)	315	(180)	200	(280)	400
$m^2 d_1$/mm³	28672	35840	46080	64000	56000	64000	89600	126000	112500	125000	175000	250000

注：括号中的数字尽可能不采用。

（2）蜗杆分度圆直径 d_1　由于蜗轮是用相当于蜗杆的滚刀来加工的，为限制加工蜗轮滚刀的数量，将蜗杆分度圆直径规定为标准值，其值与模数 m 匹配，见表7-3。

（3）蜗杆分度圆柱导程角 γ　蜗杆螺旋角按方向不同，可分为右旋和左旋，一般多用右旋。蜗杆分度圆柱导程角如图7-10所示，将蜗杆沿其分度圆柱面展开，则蜗杆的分度圆柱导程角 γ（相当于螺杆的螺纹升角 φ）可由对应几何关系推导而得

$$\tan\gamma = \frac{z_1 p_{x1}}{\pi d_1} = \frac{z_1 \pi m_{x1}}{\pi d_1} = \frac{z_1 m}{d_1} \tag{7-9}$$

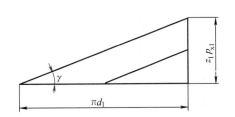

图7-10　蜗杆分度圆柱导程角 γ

作动力传动时，为提高传动效率，γ 值可取大些，但过大会使蜗杆制造困难，因此，一般取 $\gamma < 30°$。与螺旋机构相似，蜗杆传动的自锁条件是 $\gamma \leqslant \rho_v$（ρ_v 为啮合轮齿间的当量摩擦角，见表7-11）。如果传动要求自锁，则一般取 $\gamma < 3°30'$，此时传动效率很低。

显然，蜗杆的分度圆柱导程角 γ 和其螺旋角 β_1 间的关系为 $\gamma = 90° - \beta_1$。又由蜗杆和蜗轮的轴交角 $\Sigma = \beta_1 + \beta_2 = 90°$ 可知，蜗轮的螺旋角 $\beta_2 = \gamma$。因此传递两正交轴之间运动的阿基米德蜗杆传动的正确啮合要求蜗轮的螺旋角 β_2 与蜗杆的分度圆柱导程角 γ 相等，且旋向相同。

（4）中心距 a　对于普通圆柱蜗杆传动，推荐尾数为0或5（mm）的中心距值；标准蜗杆减速器的中心距应取标准值（见表7-4）。

表7-4　蜗杆减速器的标准中心距（摘自 GB 10085—2018）　　（单位：mm）

40	50	63	80	100	125	160	(180)	200
(225)	250	(280)	315	(355)	400	(450)	500	

（5）蜗杆头数 z_1 和蜗轮齿数 z_2　蜗杆头数 z_1 的选择与传动比、传动效率及制造的难易程度等因素有关。对于传动比大或要求自锁的蜗杆传动，常取 $z_1 = 1$；为了提高传动效率 z_1 可取较大值，但加工难度增加，故常取 z_1 为1、2、4、6。蜗轮齿数 z_2 常在27~80范围内选取。$z_2 < 27$ 的蜗轮加工时会产生根切，$z_2 > 80$ 后，会使蜗轮尺寸过大，造成蜗杆轴的刚度下降。z_1、z_2 的推荐值可参见表7-5。

蜗杆传动比是蜗轮齿数与蜗杆头数之比，用 i_{12} 表示传动比，1为蜗杆，2为蜗轮，计算公式为

$$i_{12} = \frac{z_2}{z_1} = 常数 \tag{7-10}$$

2. 普通圆柱蜗杆传动的几何尺寸

普通圆柱蜗杆传动主要几何尺寸的计算公式见表7-6。

表 7-5 各种传动比时推荐的 z_1、z_2 值

i	5~6	7~8	9~13	14~24	25~27	28~40	>40
z_1	6	4	3~4	2~3	2~3	1~2	1
z_2	29~36	28~32	27~52	28~72	50~81	28~80	>40

表 7-6 普通圆柱蜗杆传动几何尺寸的计算公式

	名　称	符　号	计　算　公　式
基本参数	齿　数	z	z_1 按表 7-5 确定，$z_2 = iz_1$
	模　数	m	$m_{x1} = m_{t2} = m$，m 按表 7-3 取标准值
	压力角	α	$\alpha_{x1} = \alpha_{t2} = \alpha$，ZA 型 $\alpha_x = 20°$，其余 $\alpha_n = 20°$，$\tan\alpha_n = \tan\alpha_x \cos\gamma$
	齿顶高系数	h_a^*	标准值 $h_a^* = 1$（正常齿）
	顶隙系数	c^*	标准值 $c^* = 0.2$（正常齿）
几何尺寸	分度圆直径	d	d_1 按表 7-3 取标准值；$d_2 = mz_2$
	齿顶高	h_a	$h_{a1} = h_{a2} = h_a^* m = m$
	齿根高	h_f	$h_{f1} = h_{f2} = (h_a^* + c^*) m = 1.2m$
	蜗杆齿顶圆直径	d_{a1}	$d_{a1} = d_1 + 2h_{a1} = d_1 + 2m$
	蜗轮喉圆直径	d_{a2}	$d_{a2} = d_2 + 2h_{a2} = d_2 + 2m$
	蜗杆齿根圆直径	d_{f1}	$d_{f1} = d_1 - 2h_{f1} = d_1 - 2.4m$
	蜗轮齿根圆直径	d_{f2}	$d_{f2} = d_2 - 2h_{f2} = d_2 - 2.4m$
	蜗轮顶圆直径	d_{e2}	$z_1 = 1$ 时，$d_{e2} \leqslant d_{a2} + 2m$ $z_1 = 2、3$ 时，$d_{e2} \leqslant d_{a2} + 1.5m$ $z_1 = 4~6$ 时，$d_{e2} = d_{a2} + m$ 或按结构设计
	蜗轮齿顶圆弧半径	R_{a2}	$R_{a2} = (d_1/2) - m$
	蜗轮齿根圆弧半径	R_{f2}	$R_{f2} = d_{a1}/2 + c^* m = d_{a1}/2 + 0.2m$
	中心距	a	$a = (d_1 + d_2)/2$
	蜗轮齿度	b_2	当 $z_1 \leqslant 3$ 时，$b_2 \leqslant 0.75d_{a1}$ 当 $z_1 = 4~6$ 时，$b_2 \leqslant 0.67d_{a1}$
	蜗杆齿宽	b_1	当 $z_1 = 1~2$ 时，$b_1 \geqslant (11 + 0.06z_2)m$ 当 $z_1 = 3~4$ 时，$b_1 \geqslant (12.5 + 0.09z_2)m$ 对磨削的蜗杆，应将求得的 b_1 值增大。$m < 10mm$ 时，增大 15~25mm；$m = 10~14mm$ 时，增大 35mm；$m \geqslant 16mm$ 时，增大 50mm

7.2.3 蜗杆传动的特点和应用

蜗杆传动与一般齿轮传动相比，主要特点为：

（1）**传动比大，结构紧凑** 由于蜗杆的头数 z_1 很小，所以传动比 $i_{12} = \dfrac{n_1}{n_2} = \dfrac{z_2}{z_1}$ 可以很大。一般情况下，单级蜗杆传动比 $i_{12} = 10~100$；在仅传递运动（如分度机构）时，甚至可达到 500 以上。因此，一对蜗杆传动即可达到多级齿轮传动的传动比，结构紧凑。

（2）传动平稳，无噪声　因为蜗杆齿是连续的螺旋齿，所以蜗杆传动连续、平稳，噪声很小。

（3）具有自锁性　与螺杆机构相似，当蜗杆的导程角小于相啮合轮齿间的当量摩擦角时，蜗杆传动具有自锁性，即只能由蜗杆带动蜗轮转动，而不能由蜗轮作为主动件，带动蜗杆转动。例如起重设备中就常采用可自锁的蜗杆传动来保证生产的安全性。

（4）传动效率低，摩擦损耗较大　在啮合传动时，蜗杆和蜗轮的轮齿间存在较大的相对滑动速度，因此摩擦损耗大，传动效率低且易发热。传动效率一般为 0.7~0.8，在蜗杆传动可自锁时，效率低于 0.5。因此，蜗杆传动不适于传递大功率的场合。

（5）制造成本高　因为磨损严重，所以蜗轮常须采用价格昂贵的减摩材料（青铜）制造，成本较高。

7.2.4　蜗杆传动的运动分析与失效形式

1. 蜗轮转动方向的确定

蜗杆传动的运动分析目的是确定从动件的转向。在蜗杆传动中，一般蜗杆为主动件，从动件蜗轮的转向取决于蜗杆的转向及其螺旋线方向，以及蜗杆与蜗轮的相对位置。

蜗轮转向一般用左右手定则来进行判别：当蜗杆为右（左）旋时，用右（左）手握住蜗杆轴线，四指弯曲的方向代表蜗杆的旋转方向，大拇指沿轴线伸直，其反方向为蜗轮圆周速度的方向，如图 7-11 和图 7-12 所示。

图 7-11　右旋蜗杆判断

图 7-12　左旋蜗杆判断

2. 蜗杆传动的相对滑动速度

蜗杆传动是空间传动，如图 7-13 所示，蜗杆和蜗轮在啮合点处的圆周线速度的方向相互垂直，因此在啮合齿面间存在较大的相对滑动速度 v_s，根据理论力学的相关理论可以导出，相对滑动速度 v_s（由图示几何关系可知，

$$v_s = \sqrt{v_1^2 + v_2^2} = v_1 / \cos\gamma, \quad v_1 = \frac{\pi d_1 n_1}{60 \times 1000}）。$$

3. 蜗杆传动的失效形式与材料选择

蜗杆传动的工作情况与齿轮传动相似，所以其失效形式也与齿轮传动的失效形式基本相同，包括磨损、胶合、点蚀和轮齿折断等。但由于蜗杆传动的齿面间存在较大的相对滑动速度，摩擦损耗大，所以，蜗杆传动最易发生的

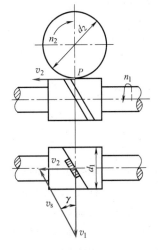

图 7-13　蜗杆传动的相对滑动速度

失效形式是胶合和磨损，而轮齿折断很少发生。另外，由于蜗杆是连续的螺旋齿，而且蜗杆的材料强度比蜗轮高，因此失效一般总发生在蜗轮轮齿上。

根据对蜗杆传动失效形式的分析，蜗杆和蜗轮的材料不仅要求有足够的强度，还应有良好的减摩性、耐磨性和抗胶合能力。生产实践中最常用的配副材料是用淬硬磨削的钢制蜗杆配青铜蜗轮。具体材料选择可参考表7-7。

表 7-7　蜗杆、蜗轮推荐选用的材料

名称	材料牌号	使用特点	应用场合
蜗杆	20、15Cr、20CrNi、20Cr、20CrMnTi 等	渗碳淬火至 58~63HRC，并磨削	用于高速重载传动
	45、40Cr、40CrNi、35CrMo 等	表面淬火至 45~55HRC，并磨削	用于中速中载传动
	45（用于不重要的传动）	调质处理（<270HBW）	用于低速轻载传动
蜗轮	锡青铜 ZCuSn10Pb1 ZCuSn5Pb5Zn5	抗胶合、减摩和耐磨性能最好，但价格较高	用于相对滑动速度较大（v_s = 5~15m/s）的重要传动
	无锡青铜 ZCuAl10Fe3 ZCuAl10Fe3Mn2	机械强度高，但减摩、耐磨性和抗胶合能力低于锡青铜，价格较便宜	用于中等相对滑动速度（$v_s \leqslant$ 8m/s）的传动
	灰铸铁 HT150、HT200	机械强度低、抗冲击能力差，但成本低	用于低速轻载传动（$v_s \leqslant$ 2m/s）

4. 蜗杆传动的强度计算

蜗杆传动的主要失效形式是磨损和胶合，而且失效通常发生在蜗轮轮齿上，因此一般只需对蜗轮轮齿进行齿面接触疲劳强度计算。经推导，钢制蜗杆和青铜蜗轮配对的齿面接触疲劳强度简化计算公式如下

校核公式

$$\sigma_H = 480 \sqrt{\frac{KT_2}{d_1 d_2^2}} = 480 \sqrt{\frac{KT_2}{m^2 d_1 z_2^2}} \leqslant [\sigma_H] \tag{7-11}$$

设计公式

$$m^2 d_1 \geqslant KT_2 \left(\frac{480}{z_2 [\sigma_H]} \right)^2 \tag{7-12}$$

式中　T_2——蜗轮上所作用的转矩（N·mm），$T_2 = T_1 i \eta$，T_1 为蜗杆所传递的转矩，η 为蜗杆传动的效率，在初步估算时可按表7-8取近似数值；

　　　K——载荷系数，一般 K = 1~1.4，当载荷平稳、蜗轮圆周速度 $v_2 \leqslant$ 3m/s 和要求 7 级以上精度时取较小值，否则取较大值；

　　　$[\sigma_H]$——蜗轮许用接触应力（MPa），按蜗轮材料由表7-9或表7-10查取。

若蜗杆与蜗轮的配对材料为钢对灰铸铁时，应将式中的常数480替换为497。按式（7-11）求出 $m^2 d_1$ 值后，可按表7-3选用相应的 m 和 d_1 值。

表 7-8　蜗杆传动的效率（近似值）

传动类型	蜗杆头数 z_1	效率 η
闭式传动	1	$0.65 \sim 0.75$
	2	$0.75 \sim 0.82$
	4，6	$0.82 \sim 0.92$
	自锁时	<0.50
开式传动	1，2	$0.60 \sim 0.70$

表 7-9　铸造锡青铜蜗轮的许用接触应力 $[\sigma_H]$　（单位：MPa）

蜗轮材料	铸造方法	滑动速度 v_s/(m/s)	许用接触应力 $[\sigma_H]$/MPa	
			蜗杆齿面硬度	
			$\leqslant 350$HBW	>45HRC
ZCuSn10Pb1	砂型	$\leqslant 12$	180	200
	金属型	$\leqslant 25$	200	220
ZCuSn5Pb5Zn5	砂型	$\leqslant 10$	110	125
	金属型	$\leqslant 12$	135	150

表 7-10　铸造铝青铜、铸造黄铜和铸铁蜗轮的许用接触应力 $[\sigma_H]$　（单位：MPa）

蜗轮材料	蜗杆材料	滑动速度 v_s/(m/s)							
		0.25	0.5	1	2	3	4	6	8
ZCuAl10Fe3 ZCuAl10Fe3Mn2	淬火钢[①]	—	250	230	210	180	160	120	90
ZCuZn38Mn2Pb2	淬火钢	—	215	200	180	150	135	95	75
HT200，HT150 （120~150HBW）	渗碳钢	160	130	115	90	—	—	—	—
HT150 （120~150HBW）	调质或淬火钢	140	110	90	70	—	—	—	—

①　蜗杆若未经淬火，则表中的许用接触应力 $[\sigma_H]$ 值需降低20%。

7.2.5　蜗杆传动的效率和热平衡计算

1. 蜗杆传动的效率（workpiece ratio）

闭式蜗杆传动的功率损失包括三部分：齿面间啮合摩擦损失、蜗杆轴上轴承的摩擦损失和搅动润滑油的溅油损失。其中齿面间啮合摩擦损失影响最大，后两项的影响较小。通常，以蜗杆为主动件，蜗杆传动的总效率可按下式计算

$$\eta = (0.95 \sim 0.97) \frac{\tan\gamma}{\tan(\gamma + \rho_v)} \tag{7-13}$$

式中　γ——蜗杆导程角；

　　　ρ_v——当量摩擦角，$\rho_v = \arctan f_v$，f_v 为对应的当量摩擦因数，二者取值可由表7-11查取。

表 7-11 蜗杆传动的当量摩擦因数和当量摩擦角

蜗轮材料	锡青铜				无锡青铜		灰铸铁			
蜗杆齿面硬度	≥45HRC		<45HRC		≥45HRC		≥45HRC		<45HRC	
滑动速度 $v_s/(m/s)$	f_v	ρ_v	f_v	ρ_v	f_v	ρ_v	f_v	ρ_v	f_v	ρ_v
0.01	0.11	6°17′	0.12	6°51′	0.18	10°12′	0.18	10°12′	0.19	10°45′
0.10	0.08	4°34′	0.09	5°09′	0.13	7°24′	0.13	7°24′	0.14	7°58′
0.25	0.065	3°43′	0.075	4°17′	0.10	5°43′	0.10	5°43′	0.12	6°51′
0.50	0.055	3°09′	0.065	3°43′	0.09	5°09′	0.09	5°09′	0.10	5°43′
1.00	0.045	2°35′	0.055	3°09′	0.07	4°00′	0.07	4°00′	0.09	5°09′
1.50	0.04	2°17′	0.05	2°52′	0.065	3°43′	0.065	3°43′	0.08	4°34′
2.00	0.035	2°00′	0.045	2°35′	0.055	3°09′	0.055	3°09′	0.07	4°00′
2.50	0.03	1°43′	0.04	2°17′	0.05	2°52′				
3.00	0.028	1°36′	0.035	2°00′	0.045	2°35′				
4.00	0.024	1°22′	0.031	1°47′	0.04	2°17′				
5.00	0.022	1°16′	0.029	1°40′	0.035	2°00′				
8.00	0.018	1°02′	0.026	1°29′	0.03	1°43′				
10.0	0.016	0°55′	0.024	1°22′						
15.0	0.014	0°48′	0.020	1°09′						
24.0	0.013	0°45′								

注：当蜗杆齿面硬度≥45HRC 时，ρ_v 值系指蜗杆齿面经磨削，蜗杆传动经磨合，并有充分润滑的情况。

由式（7-13）可知，蜗杆传动的效率 η 主要和蜗杆导程角 γ 有关，在 γ 一定的取值范围内，η 随 γ 增大而增大。同时考虑 $\tan\gamma = z_1 m/d_1$，因此在传递较大动力时，为提高传动效率，多采用多头蜗杆。如果要求自锁，则一般采用单头蜗杆。

2. 蜗杆传动的热平衡（thermal equilibrium）计算

因为蜗杆传动的传动效率低，工作时发热量大，在连续工作的闭式蜗杆传动中，若散热条件不好，易产生齿面胶合。所以应对其进行热平衡计算。

蜗杆传动损失的功率 P_s 为

$$P_s = 1000(1-\eta)P_1$$

经箱体表面散发的热量折合成功率 P_c 为

$$P_c = kA(t_1 - t_2)$$

由于蜗杆传动损失的功率将转化为热量，因此在达到热平衡状态时，应有 $P_s = P_c$，经推导可得热平衡状态下润滑油的工作温度 t_1 为

$$t_1 = \frac{1000P_1(1-\eta)}{kA} + t_2 \qquad (7\text{-}14)$$

式中　P_1——蜗杆传动的输入功率，（kW）；

　　　η——蜗杆传动的传动效率；

　　　k——散热系数，自然通风条件良好时，$k = 14 \sim 17.5 W/(m^2 \cdot ℃)$；没有循环空气流动时，$k = 8.7 \sim 10.5 W/(m^2 \cdot ℃)$；

　　　A——散热面积（m^2），$A = A_1 + 0.5A_2$，A_1 为内壁被油浸溅而外壁又被自然循环的空气冷却的箱壳表面积，A_2 为凸缘和散热片的面积；

　　　t_1——达到热平衡时箱体内润滑油的温度，一般限制在 $t_1 = 70 \sim 90℃$；

　　　t_2——周围空气的温度，一般可取 $t_2 = 20℃$。

因此，在选定润滑油的工作温度 t_1 后，也可计算所需的散热面积

$$A = \frac{1000P_1(1-\eta)}{k(t_1-t_2)}$$
（7-15）

如果润滑油的工作温度超过许用温度，可以采用下列措施提高散热能力：

（1）增加散热面积　在箱体上铸出或焊上散热片，如图 7-14 所示。

（2）提高散热系数　在蜗杆轴端装风扇强迫通风，如图 7-15 所示。

图 7-14　蜗杆减速器散热片

图 7-15　蜗杆减速器风扇冷却

（3）加冷却装置　若以上方法散热能力仍不够，可在箱体油池内装蛇形循环冷却水管，如图 7-16 所示。

对于大功率或蜗杆上置的蜗杆减速器，还可采用压力喷油循环冷却，如图 7-17 所示。

图 7-16　蜗杆减速器冷却水管冷却

图 7-17　蜗杆传动压力喷油循环冷却

关键知识点

　　蜗杆传动取中间平面上的参数为标准值。蜗杆传动的正确啮合条件为：蜗杆轴面和蜗轮端面内的模数与压力角相等；蜗杆的导程角 γ 与蜗轮的螺旋角 β 数值相等，方向相同。蜗杆按螺旋角分为左旋和右旋，一般多用右旋。蜗杆传动中蜗轮转向的判断用左右手定则。生产实践中最常用的配副材料是用淬硬磨削的钢制蜗杆配青铜蜗轮。蜗杆传动的主要失效形式是磨损和胶合，通常发生在蜗轮轮齿上。

结构设计

7.3* 锥齿轮、蜗杆和蜗轮的结构

7.3.1 锥齿轮的结构

与圆柱齿轮相似，锥齿轮按其尺寸大小也有齿轮轴、实心式、腹板式和轮辐式等结构形式。

1. 齿轮轴

如果锥齿轮的小端齿根圆到键槽底面的距离 $\delta \leqslant 1.6m$，应采用齿轮轴的结构形式，如图7-18所示。

2. 实心式锥齿轮

当齿顶圆直径 $d_a \leqslant 200mm$，且 $\delta > 1.6m$ 时，可采用如图7-19所示的实心式锥齿轮。此种齿轮常用锻造毛坯。

图 7-18 锥齿轮轴

图 7-19 实心式锥齿轮（$\delta > 1.6m$，$d_a \leqslant 200mm$）

3. 腹板式锥齿轮

当齿顶圆直径 $d_a \leqslant 500mm$ 时，为减轻重量、节约材料，应采用腹板式结构。腹板式锥齿轮一般采用锻钢制造，其结构尺寸如图7-20所示。对于不重要的齿轮，也可采用铸铁或

a)   b)

图 7-20 腹板式锥齿轮

$D_1 = 1.6d$；$L = (1 \sim 1.2)d$；$\delta_0 = (3 \sim 4)m$，但不小于10mm；$C = (0.1 \sim 0.17)R$；D_0、d_0 由结构确定

铸钢制造。为提高轮坯强度，可采用如图7-21 所示的带加强肋的腹板式结构。

7.3.2　蜗杆和蜗轮的结构

1. 蜗杆的结构

蜗杆通常与轴做成一个整体，称为蜗杆轴。按蜗杆的加工方法不同，蜗杆轴可分为车制蜗杆和铣制蜗杆两种。图 7-22a 所示为铣制蜗杆，在轴上直接铣出螺旋齿形，没有退刀槽；图 7-22b 所示为车制蜗杆，需在轴上设置退刀槽。

2. 蜗轮的结构

蜗轮直径较小时，可用青铜做成整体式结构。当直径较大时，由于青铜成本较高，为节省贵重的有色金属，则轮缘和轮心部分可分别采用青铜和铸铁制造；按轮缘和轮心联接方式的不同，又可分为轮箍式和螺栓联接式等形式。蜗轮的典型结构见表 7-12。

图 7-21　带加强肋的腹板式锥齿轮（$d_a > 300 \text{mm}$）

$D_1 = 1.6d$（铸钢），$D_1 = 1.8d$（铸铁）；$L = (1 \sim 1.2)d$；$\delta_0 = (3 \sim 4)m$，但不小于 10mm；$C = (0.1 \sim 0.17)R$，但不小于 10mm；$S = 0.8C$，但不小于 10mm；D_0、d_0 由结构确定

a)　　　　　　　　　　　　　　b)

图 7-22　蜗杆轴的结构

a）铣制蜗杆　b）车制蜗杆

当 $z_1 = 1$、2 时，$b_1 \geqslant (8 + 0.06 z_2)m$；当 $z_1 = 3$、4 时，$b_1 \geqslant (12.5 + 0.09 z_2)m$

表 7-12　蜗轮的典型结构

a)　　　　　　　　　　　b)　　　　　　　　　　　c)

$f = 1.7m \geqslant 10 \text{mm}$；$\delta = 2m \geqslant 10 \text{mm}$；$d_3 = (1.6 \sim 1.8)d$；$L = (1.2 \sim 1.8)d > b$；

$d_0 = (0.075 \sim 0.12)d \geqslant 5 \text{mm}$；$L_0 = 2d_0$；$c \approx 0.3b$；$c_1 \approx 0.25b$

（续）

结构形式	特　点
a）整体式	当直径小于 100mm 时，可用青铜铸成整体；当滑动速度 $v_s \leqslant 2\text{m/s}$ 时，可用铸铁铸成整体
b）轮箍式	青铜轮缘与铸铁轮心通常采用 $\dfrac{\text{H7}}{\text{s6}}$ 配合，并加台肩和螺钉固定，螺钉数 6~12 个
c）螺栓联接式	以铰制孔螺栓联接时，螺栓孔要同时铰制，其配合为 $\dfrac{\text{H7}}{\text{m6}}$。螺栓数按剪切计算确定，并以轮缘受挤压校核，轮缘材料许用挤压应力 $\sigma_{jy} = 0.3\sigma_s$，$\sigma_s$ 为轮缘材料屈服强度

实　例　分　析

实例一　有一闭式蜗杆传动，轮齿为标准正常齿，模数 $m = 10\text{mm}$，现已知 $z_1 = 2$，蜗杆直径 $d_1 = 90\text{mm}$，蜗轮齿数 $z_2 = 40$，试确定蜗杆、蜗轮的主要尺寸。

解　蜗杆齿顶圆直径　　　　　　$d_{a1} = d_1 + 2m = (90 + 2 \times 10)\text{mm} = 110\text{mm}$

　　蜗杆齿根圆直径　　　　　　$d_{f1} = d_1 - 2.4m = (90 - 2.4 \times 10)\text{mm} = 66\text{mm}$

　　蜗轮分度圆直径　　　　　　$d_2 = mz_2 = 10\text{mm} \times 40 = 400\text{mm}$

　　蜗轮喉圆直径　　　　　　　$d_{a2} = d_2 + 2m = (400 + 2 \times 10)\text{mm} = 420\text{mm}$

　　蜗轮齿根圆直径　　　　　　$d_{f2} = d_2 - 2.4m = (400 - 2.4 \times 10)\text{mm} = 376\text{mm}$

　　蜗轮顶圆直径　　　　　　　$d_{e2} \leqslant d_{a2} + 1.5m = (420 + 1.5 \times 10)\text{mm} = 435\text{mm}$

　　蜗轮齿宽　　　　　　　　　$b_2 \leqslant 0.75d_{a1} = 0.75 \times 110\text{mm} = 82.5\text{mm}$

　　中心距　　　　　　　　　　$a = (d_1 + d_2)/2 = (90 + 400)\text{mm}/2 = 245\text{mm}$

其余尺寸计算略。

实例二　试设计一闭式蜗杆传动。已知蜗杆输入功率 $P_1 = 9\text{kW}$，转速 $n_1 = 960\text{r/min}$，$n_2 = 48\text{r/min}$，载荷平稳，连续单向运动。

解　1）选择蜗杆和蜗轮的材料

蜗杆材料用 45 钢经表面淬火，表面硬度为 45~50HRC；蜗轮材料为 ZCuAl10Fe3，砂型铸造。

2）选择蜗杆、蜗轮齿数

计算传动比 $i = n_1/n_2 = 960/48 = 20$，参考表 7-5，取 $z_1 = 2$，$z_2 = iz_1 = 40$。

3）确定蜗轮传递的转矩 T_2

根据 $z_1 = 2$，按表 7-8 取 $\eta = 0.8$，则蜗轮传递转矩

$$T_2 = T_1 i\eta = 9.55 \times 10^6 \frac{P_1 i\eta}{n_1} = 9.55 \times 10^6 \times \frac{9 \times 20 \times 0.8}{960}\text{N} \cdot \text{mm}$$

$$= 1432500\text{N} \cdot \text{mm}$$

4）按接触疲劳强度设计

预估相对滑动速度 $v_s = 4\text{m/s}$，按表 7-10 查得许用接触应力 $[\sigma_H] = 160\text{MPa}$；因载荷平稳，取载荷系数 $K = 1.1$。按式（7-12）可得

$$m^2 d_1 \geqslant KT_2\left(\frac{480}{z_2 [\sigma_H]}\right)^2 = 1.1 \times 1432500 \times \left(\frac{480}{40 \times 160}\right)^2 \text{mm}^3 \approx 8864\text{mm}^3$$

查表 7-3 取相近值，模数 $m = 10\text{mm}$，蜗杆分度圆直径 $d_1 = 90\text{mm}$。

5）验算相对滑动速度

蜗杆分度圆处的线速度 $v_1 = \dfrac{\pi d_1 n_1}{60 \times 1000} = \dfrac{3.14 \times 90 \times 960}{60 \times 1000}$ m/s $= 4.5$ m/s

蜗杆分度圆柱导程角 $\gamma = \arctan \dfrac{z_1 m}{d_1} = \arctan\left(\dfrac{20}{90}\right) \approx 12.53°$

相对滑动速度 $v_s = \dfrac{v_1}{\cos\gamma} = \dfrac{4.5}{\cos 12.53°}$ m/s ≈ 4.6 m/s，与预估值接近。

6）主要几何尺寸计算（略）

7）蜗杆蜗轮工作图（略）

知 识 小 结

1. 锥齿轮传动
- 锥齿轮传动的特点和应用
- 直齿锥齿轮基本参数和几何尺寸
  - 大端参数为标准值
  - 分锥角、锥距
  - 齿顶角、齿根角
  - 齿顶圆锥面圆锥角
  - 齿根圆锥面圆锥角
- 标准直齿锥齿轮正确啮合条件
  - $m_1 = m_2 = m$
  - $\alpha_1 = \alpha_2 = \alpha$
  - $R_1 = R_2 = R$
- 直齿锥齿轮受力分析
  - 圆周力
  - 径向力
  - 轴向力
- 标准直齿锥齿轮传动强度计算
  - 齿面接触疲劳强度
  - 齿根弯曲疲劳强度

2. 蜗杆传动
- 蜗杆传动的类型
- 蜗杆传动的基本参数
  - 中平面参数为标准值
  - 模数、压力角
  - 蜗杆分度圆直径
  - 蜗杆分度圆柱导程角
  - 中心距
  - 蜗轮齿数
- 蜗杆传动正确啮合条件
  - $m_{x1} = m_{t2} = m$
  - $\alpha_{x1} = \alpha_{t2} = \alpha$
  - $\gamma_1 = \beta_2$
- 蜗轮转动方向的确定——左右手定则
- 蜗杆传动的强度计算
- 蜗杆传动的维护
  - 增加散热面积
  - 提高散热系数
  - 加冷却装置

3. 锥齿轮、蜗杆和蜗轮的结构

第 8 章

轮系（Gear Train）

认识轮系

图 8-1 所示为卧式车床的外形图，图 8-2 所示为卧式车床主轴箱传动系统图。车床主轴

主轴箱　　主轴　　　　小溜板　　刀架横向溜板

尾座

光杠

床身

床腿

交换齿轮变速机构　　进给箱　　溜板箱　　丝杠

图 8-1　卧式车床的外形图

的转动是由电动机带动 V 带传动，再经主轴箱内的传动系统提供的，一般电动机的转速是一定的，而主轴（自定心卡盘）的转速根据被切削工件的尺寸与切削量等条件的不同会发生变化，从图 8-2 可以看出，变换主轴箱内的不同齿轮啮合就可以得到不同的转速。

在机械设备上，为实现变速或获得大的传动比，常采用由一对以上的齿轮组成的齿轮传动装置，这些由多对齿轮组成的传动装置简称为齿轮系，广泛应用于各类机床、汽车的变速器、差速器等装置中。

本章主要研究齿轮系的组成、传动比的计算等内容，同时介绍常用减速器的主要类型、特点及应用。

图 8-2　卧式车床主轴箱传动系统图

8.1　定轴轮系（ordinary gear train）

8.1.1　定轴轮系实例

图 8-3a 所示为两级圆柱齿轮减速器中的齿轮，图 8-3b 所示为其运动简图。本例中齿轮在运转时，各齿轮的几何轴线相对机架都是固定的，因此，这类齿轮传动装置称为定轴齿轮传动装置，或简称为定轴轮系。

图 8-4 所示为汽车变速器中的齿轮传动装置。其中，齿轮 6、7 为双联齿轮，可在轴上移动，以实现齿轮 6 与齿轮 5、齿轮 7 与齿轮 4 的啮合。齿轮 8 也可移动，既可以和齿轮 3 啮合转动，也可通过离合器与齿轮 1 一起转动。

图 8-4 汽车变速器

图 8-3 两级圆柱齿轮减速器

8.1.2 定轴轮系传动比的计算

1. 一对圆柱齿轮的传动比

如图 8-5 所示，一对圆柱齿轮传动的传动比为

$$i_{12} = \frac{n_1}{n_2} = \pm\frac{z_2}{z_1} \tag{8-1}$$

式中，外啮合时，主、从动齿轮转动方向相反，取"-"号；内啮合时，主、从动齿轮转动方向相同，取"+"号。其转动方向也可用箭头表示，如图 8-5 所示。

关键知识点

> 定轴轮系工作时，齿轮的几何轴线位置是固定的。

2. 平行轴定轴轮系的传动比

图 8-6 所示为所有齿轮轴线均互相平行的定轴轮系，设齿轮 1 为首轮，齿轮 5 为末轮，z_1、z_2、z_3、$z_{3'}$、z_4、$z_{4'}$、z_5 为各轮齿数，n_1、n_2、n_3、$n_{3'}$、n_4、$n_{4'}$、n_5 为各轮转速，则各对啮合齿轮的传动比为

$$i_{12} = \frac{n_1}{n_2} = -\frac{z_2}{z_1}$$

$$i_{23} = \frac{n_2}{n_3} = -\frac{z_3}{z_2}$$

$$i_{3'4} = \frac{n_{3'}}{n_4} = +\frac{z_4}{z_{3'}}$$

$$i_{4'5} = \frac{n_4'}{n_5} = -\frac{z_5}{z_{4'}}$$

图 8-5 一对圆柱齿轮的传动比

a）外啮合传动 b）内啮合传动

图 8-6 平行轴定轴轮系的传动比

容易得出，将各对啮合齿轮的传动比相乘即为首末两轮的传动比，即

$$i_{15} = i_{12} i_{23} i_{3'4} i_{4'5} = \frac{n_1 n_2 n_{3'} n_{4'}}{n_2 n_3 n_4 n_5} = \left(-\frac{z_2}{z_1}\right)\left(-\frac{z_3}{z_2}\right)\left(+\frac{z_4}{z_{3'}}\right)\left(-\frac{z_5}{z_{4'}}\right)$$

$$= (-1)^3 \frac{z_2 z_3 z_4 z_5}{z_1 z_2 z_{3'} z_{4'}}$$

$$= (-1)^3 \frac{z_3 z_4 z_5}{z_1 z_{3'} z_{4'}}$$

由上式可知：

1）平行轴定轴轮系的传动比等于轮系中各对啮合齿轮传动比的连乘积，也等于轮系中所有从动轮齿数连乘积与所有主动轮齿数连乘积之比。若轮系中有 k 个齿轮，则平面平行轴定轴轮系传动比的一般表达式为

$$i_{1k} = \frac{n_1}{n_k} = (-1)^m \frac{1 \text{至} k \text{所有从动齿轮齿数的乘积}}{1 \text{至} k \text{所有主动齿轮齿数的乘积}} \tag{8-2}$$

2）传动比的符号决定于外啮合齿轮的对数 m，当 m 为奇数时，i_{1k} 为负号，说明首末两轮转向相反；m 为偶数时，i_{1k} 为正号，说明首末两轮转向相同。定轴轮系的转向关系也可用箭头在图上逐对标出，如图 8-6 所示。

3）图 8-6 中的齿轮 2 既是主动轮，又是从动轮，它对该轮系传动比的大小没有影响，但改变了传动装置的转向，这种齿轮称为惰轮。惰轮用于改变传动装置的转向和调节轮轴间距，又称之为过桥齿轮。

3. 非平行轴定轴轮系的传动比

定轴轮系中含有锥齿轮、蜗杆蜗轮等传动形式时，其传动比的大小仍可用式（8-2）计算。但其转动方向只能用箭头在图上标出，而不能用 $(-1)^m$ 来确定，如图 8-7 所示。箭头标定转向的一般方法为：对于圆柱齿轮传动，外啮合箭头方向相反，内啮合箭头方向相同；对于锥齿轮传动，箭头相对或相离；对于蜗杆传动，用左、右手定则判断蜗轮转向：蜗杆右旋用右手，左旋用左手，四指弯曲方向代表蜗杆转向，大拇指的反方向代表蜗轮在啮合处的速度方向。

例 8-1　如图 8-7 所示的定轴轮系，已知 $z_1 = 20$、$z_2 = 30$、$z_{2'} = 40$、$z_3 = 20$、$z_4 = 60$、$z_{4'} = 40$、$z_5 = 30$、$z_6 = 40$、$z_7 = 2$、$z_8 = 40$；齿轮 1 为主动轮，其转速 $n_1 = 2400\text{r/min}$，转向如图 8-7 所示，求传动比 i_{18}、蜗轮 8 的转速和转向。

图 8-7　非平行轴的定轴轮系

解　1）传动比 i_{18} 和蜗轮的转速 n_8

由式（8-2）得

$$i_{18} = \frac{n_1}{n_8} = \frac{z_2 z_3 z_4 z_5 z_6 z_8}{z_1 z_{2'} z_3 z_{4'} z_5 z_7} = \frac{30 \times 60 \times 40 \times 40}{20 \times 40 \times 40 \times 2} = 45$$

$$n_8 = \frac{n_1}{i_{18}} = \frac{2400}{45}\text{r/min} = 53.3\text{r/min}$$

2）蜗轮的转向

由箭头标定方法确定蜗轮 8。逆时针方向旋转，如图 8-7 所示。

例 8-2　图 8-8a 所示为外圆磨床砂轮架横向进给机构的传动系统图，转动手轮，可使砂轮架沿工件做径向移动，以便靠近和离开工件。其中齿轮 1、2、3 和 4 组成定轴轮系，各齿数 $z_1 = 25$，$z_2 = 60$，$z_3 = 30$，$z_4 = 50$。丝杠与齿轮 4 固联，丝杠转动时带动与螺母固联的砂轮架移动，丝杠螺距 $P = 4\text{mm}$。试求手轮转一圈时砂轮架移动的距离 L。

图 8-8　外圆磨床的进给机构

a）砂轮架横向进给机构　b）万能外圆磨床的进给刻度盘

解　丝杠的转速与齿轮 4 的转速一样，要想求出丝杠的转速，应先计算出齿轮 4 的转速。为了方便求出齿轮 4 的转速，设定齿轮 4 为定轴轮系的主动轮，列出计算公式

$$n_{丝杠} = n_4 \qquad i_{41} = \frac{n_4}{n_1} = \frac{z_3 z_1}{z_4 z_2}$$

$$n_4 = n_1 i_{41} = 1 \times \frac{z_3 z_1}{z_4 z_2} = 1 \times \frac{30 \times 25}{50 \times 60} = 0.25（转）$$

再计算砂轮架移动的距离，因丝杠转一圈，螺母（砂轮架）移动一个螺距，所以砂轮架移动的距离

$$L = Pn_{丝杠} = Pn_4 = 4 \times 0.25\text{mm} = 1\text{mm}$$

生产实践中，加工设备的进给机构都是应用这样的传动系统来完成的。如将例 8-2 中的手轮（进给刻度盘）等分为 50 份，则进给刻度盘转动 1 等份的刻度，进给机构的移动量为 0.02mm。

📖 小常识

MG1420E 型号万能外圆磨床的刻度盘转一圈，砂轮架移动 2mm，刻度盘等分为 200 小格，每一小格表示进给量为 0.01mm。下面的微调刻度盘可以精确到 0.001mm。

⚙ 学习行星轮系

8.2* 行星轮系（planetary gear train）

8.2.1 行星轮系实例及其分类

图 8-9、图 8-10 所示为常见的行星齿轮传动装置。齿轮 2 既绕自身几何轴线 O_2 转动，

图 8-9　含一个太阳轮的简单行星轮系

a）行星轮系结构图　b）机构运动简图

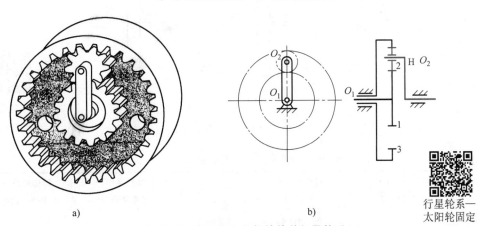

图 8-10　含两个太阳轮的简单行星轮系

a）行星轮系结构图　b）机构运动简图

行星轮系—
太阳轮固定

又绕齿轮 1 的固定几何轴线 O_1 转动，如同自然界中的行星一样，既有自转又有公转，所以称为行星轮；齿轮 1 和齿轮 3 的几何轴线固定不动，它们被称为太阳轮，分别与行星轮相啮合；支持行星轮做自转和公转的构件 H 称为行星架。由行星轮、太阳轮、行星架以及机架组成的行星齿轮传动装置称为行星轮系。

根据太阳轮的数目可以将行星轮系分为两大类。

（1）简单行星轮系　太阳轮的数目不超过两个的行星轮系称为简单行星轮系。图 8-9 所示行星轮系中只有一个太阳轮，图 8-10 所示行星轮系中有两个太阳轮，它们都是简单行星轮系。此类行星轮系中，行星架 H 与太阳轮的几何轴线必须重合，否则整个轮系不能转动。

（2）复合行星轮系　太阳轮的数目超过两个的行星轮系称为复合行星轮系，如图 8-11 所示。

图 8-11　复合行星轮系

关键知识点

轮系工作时，至少有一个齿轮的几何轴线位置不固定，齿轮绕另一个固定轴线做既有自转又有公转的转动，这样的齿轮称为行星齿轮，该轮系称为行星轮系。

8.2.2　行星轮系传动比的计算

因为行星轮系中行星轮的几何轴线不固定，所以该轮系的传动比不能直接利用定轴轮系传动比公式进行计算。采用"反转法"，即给整个行星轮系（图 8-12a）加上一个与行星架 H 转速大小相等、方向相反的转速（$-n_H$）后，行星架 H 静止不动，而各构件间的相对运动并不改变。这样一来，所有齿轮的几何轴线位置相对行星架全部固定，从而得到一个假想的定轴轮系（图 8-12b），该假想定轴轮系称为原行星轮系的转化轮系。转化轮系中各构件相对行星架 H 的转速（或角速度）分别用 n_1^H、n_2^H、n_3^H 及 n_H^H 表示，转化前后各构件的转速见表 8-1。

a)　　　　　　　　　　　　　　b)

图 8-12　行星轮系的转化轮系

行星轮系
系杆固定

表 8-1　行星轮系转化前后各构件转速

构　件	行星轮系中构件转速	转化轮系中构件转速	构　件	行星轮系中构件转速	转化轮系中构件转速
太阳轮 1	n_1	$n_1^H = n_1 - n_H$	太阳轮 3	n_3	$n_3^H = n_3 - n_H$
行星轮 2	n_2	$n_2^H = n_2 - n_H$	行星架 H	n_H	$n_H^H = n_H - n_H = 0$

由于转化轮系中行星架是固定的，即转化轮系成了定轴轮系，因此可借用定轴轮系传动比计算公式进行计算，即

$$i_{13}^{H} = \frac{n_1^{H}}{n_3^{H}} = \frac{n_1-n_H}{n_3-n_H} = (-1)^1 \frac{z_2 z_3}{z_1 z_2} = -\frac{z_3}{z_1} \tag{8-3}$$

将式（8-3）写成一般通式为

$$i_{1k}^{H} = \frac{n_1^{H}}{n_k^{H}} = \frac{n_1-n_H}{n_k-n_H} = (-1)^m \frac{1 \text{ 至 } k \text{ 所有从动齿轮齿数的乘积}}{1 \text{ 至 } k \text{ 所有主动齿轮齿数的乘积}} \tag{8-4}$$

利用式（8-4）可以求解行星轮系的传动比及未知构件的转速，计算时应注意以下事项：

1）i_{1k}^{H} 表示转化轮系的传动比，$i_{1k}^{H} \neq i_{1k}$。

2）齿轮 1、k 与行星架 H 的轴线必须重合，否则不能应用该公式。

3）n_1、n_k、n_H 方向相同或相反，须用"±"号区别，并与数值一起代入计算。

4）式中的"±"号表示 n_1^{H} 和 n_k^{H} 的转向关系。

若转化机构中所有齿轮轴线平行，可用 $(-1)^m$ 判定式中的"±"号（m 为齿轮 1 至齿轮 k 之间外啮合齿轮的对数）；否则只能用画箭头的办法判定。

例 8-3　如图 8-13 所示的行星轮系中，各齿轮齿数为 $z_1 = 25$、$z_2 = 20$、$z_{2'} = 60$、$z_3 = 50$，转速 $n_1 = 600\text{r/min}$，转向如图 8-13 所示。求传动比 i_{1H} 和行星架 H 的转速及转向。

解　1）采用"反转法"，用画箭头的办法判定 n_1^{H}、n_3^{H} 的转向相反。

2）列出转化轮系传动比的计算式，求 n_H。

$$i_{13}^{H} = \frac{n_1^{H}}{n_3^{H}} = \frac{n_1-n_H}{n_3-n_H} = -\frac{z_2 z_3}{z_1 z_{2'}}$$

代入已知值，得

$$\frac{600-n_H}{0-n_H} = -\frac{20 \times 50}{25 \times 60} = -\frac{2}{3}$$

图 8-13　行星轮系

解得 $n_H = 360\text{r/min}$，转向与 n_1 相同。

3）求得

$$i_{1H} = \frac{n_1}{n_H} = \frac{600}{360} = 1.67$$

结论：$n_H = 360\text{r/min}$，转向与 n_1 相同，$i_{1H} = 1.67$。

例 8-4　如图 8-14 所示行星轮系 $z_1 = 100$，$z_2 = 101$，$z_{2'} = 100$，$z_3 = 99$。试求：1）主动件 H 对从动件 1 的传动比 i_{H1}；2）若 $z_1 = 99$，其他齿轮齿数不变，求传动比 i_{H1}。

解　1）由式（8-4）得

$$i_{13}^{H} = \frac{n_1-n_H}{n_3-n_H} = (-1)^2 \frac{z_2 z_3}{z_1 z_{2'}} = \frac{101 \times 99}{100 \times 100}$$

图 8-14　大传动比行星轮系

齿轮 3 固定，$n_3 = 0$，代入上式得

$$\frac{n_1 - n_H}{0 - n_H} = \frac{101 \times 99}{100 \times 100}$$

$$\frac{n_1}{n_H} = 1 - \frac{9999}{10000} = \frac{1}{10000}$$

$$i_{H1} = \frac{n_H}{n_1} = 10000 \quad (\text{行星架 H 与齿轮 1 转向相同})$$

由此结果可知，行星架 H 转 10000 转时，太阳轮 1 只转 1 转，表明该轮系的传动比很大。但是，这种大传动比行星轮系的效率很低。若取轮 1 为主动件（用于增速时），机构将发生自锁而不能运动，故这种行星轮系只适用于行星架 H 为主动件，并以传递运动为主的减速场合。

小提示

通过学习本例，明白轮系的转速或传动比不可人为预测，一定要严格按计算公式来计算确定。

2）$z_1 = 99$，其他齿轮齿数不变，求 i_{H1}。由

$$\frac{n_1}{n_H} = 1 - \frac{z_2 z_3}{z_1 z_{2'}} = 1 - \frac{101 \times 99}{99 \times 100} = -\frac{1}{100}$$

$$i_{H1} = \frac{n_H}{n_1} = -100$$

计算结果表明，同一种结构形式的行星轮系，由于某一齿轮的齿数少了一齿，传动比可相差 100 倍，且传动比的符号也改变了（即转向改变）。这说明构件实际转速的大小和回转方向的判断，用直观方法是看不出来的，必须根据计算结果确定。

认识混合轮系

8.3* 混合轮系（mixed gear train）

由定轴轮系和行星轮系组合成的轮系称为混合轮系（图 8-15）。因为混合轮系是由两种运动性质不同的轮系组成的，所以在计算传动比时，必须将混合轮系先分解为行星轮系和定轴轮系，然后分别按相应的传动比计算公式列出算式，最后联立求解。

例 8-5　如图 8-15 所示的混合轮系中，已知 $z_1 = 20$、$z_2 = 40$、$z_{2'} = 20$、$z_3 = 30$、$z_4 = 80$。求传动比 i_{1H}。

解　1）分析轮系，该轮系中，轮 3 为行星轮，与其相啮合的齿轮 $2'$、4 为太阳轮，所以齿轮 $2'$、3、4 和行星架 H 组成行星轮系；齿轮 1、2 为定轴轮系。

图 8-15　混合轮系

2）列出定轴轮系传动比计算式

$$i_{12} = \frac{n_1}{n_2} = -\frac{z_2}{z_1} \qquad ①$$

3）列出行星轮系转化轮系传动比计算式

$$i_{2'4}^{H} = \frac{n_{2'} - n_H}{n_4 - n_H} = (-1)^1 \frac{z_3 z_4}{z_{2'} z_3} = -\frac{z_4}{z_{2'}} \qquad ②$$

4）将已知的各轮齿数、$n_4 = 0$ 及 $n_{2'} = n_2$ 等条件代入式①、②，得

$$i_{12} = \frac{n_1}{n_2} = -\frac{40}{20} \qquad ③$$

$$i_{2'4}^{H} = \frac{n_{2'} - n_H}{0 - n_H} = -\frac{80}{20} \qquad ④$$

由式③得 $n_2 = -0.5 n_1$。对双联齿轮，$n_2 = n_{2'}$，将 $n_2 = -0.5 n_1$ 代入式④得

$$\frac{-0.5 n_1 - n_H}{-n_H} = -4$$

由此解得

$$i_{1H} = \frac{n_1}{n_H} = -10$$

关键知识点

混合轮系的传动比计算，应先将混合轮系分解为定轴轮系和行星轮系，再分别按相应轮系的传动比计算公式列出算式，最后联立求解。

小应用

轮系的应用

轮系的应用　轮系分路传动　同步差动轮系　逆转差动轮系　汽车差速器—直线　汽车差速器—转弯

8.4 减速器

减速器是用于原动机和工作机之间的封闭式机械传动装置，由封闭在箱体内的齿轮或蜗杆传动所组成，主要用来降低转速、增大转矩或改变转动方向。由于其结构紧凑、机械效率较高、传递运动准确可靠、使用维护方便、寿命长，并且已经标准化，因此得到广泛的应用。

生产中使用的减速器目前已经标准化和系列化，且由专门生产厂制造，使用者可根据具体的工作条件进行选择。

8.4.1 减速器的主要类型、特点及应用

根据传动形式的不同，减速器可分为齿轮减速器、蜗杆减速器等类型；根据齿轮形状的

不同，可分为圆柱齿轮减速器、锥齿轮减速器等类型；根据传动级数的不同，可分为单级减速器和多级减速器；根据传动结构形式的不同，可分为展开式、同轴式和分流式减速器。这里只介绍常见的简单的单级和二级减速器，其他类型的减速器可参看有关手册。常见的减速器类型及特点见表8-2。

表 8-2 常见减速器的类型及特点

名称	类型		推荐传动比范围	特点及应用
单级减速器	圆柱齿轮		$i \leqslant 8$	轮齿可做成直齿、斜齿或人字齿。箱体一般用铸铁做成，单件或小批量生产时可采用焊接结构，尽可能不用铸钢件 轴承通常用滚动轴承，也可用滑动轴承
	锥齿轮		$i = 8 \sim 10$	用于输入轴和输出轴垂直相交的传动
	蜗杆下置式		$i = 10 \sim 80$	蜗杆在蜗轮的下面，润滑方便，效果较好，但蜗杆搅油损失大，一般用在蜗杆圆周速度 $v < 10\text{m/s}$ 的场合
	蜗杆上置式		$i = 10 \sim 80$	蜗杆在蜗轮的上面，润滑不便，装拆方便，蜗杆的圆周速度可高些
二级减速器	圆柱齿轮展开式		$i = i_1 i_2 = 8 \sim 60$	二级减速器中最简单的一种，由于齿轮相对于轴承位置不对称，轴应具有较高的刚度。用于载荷稳定的场合。高速级常用斜齿，低速级用斜齿或直齿
	锥齿轮-圆柱齿轮		$i = i_1 i_2$ 直齿锥齿轮 $i = 8 \sim 22$ 斜齿或曲线齿锥齿轮 $i = 8 \sim 40$	锥齿轮应用在高速级，使齿轮尺寸不致过大，否则加工困难。锥齿轮可用直齿或弧齿。圆柱齿轮可用直齿或斜齿

8.4.2 减速器的构造

减速器结构因其类型、用途不同而不同，但无论何种类型的减速器，其结构都是由箱体、轴系部件及附件组成。典型圆柱齿轮减速器结构如图8-16所示，图8-17～图8-20分别为单级圆柱齿轮减速器、二级圆柱齿轮减速器、锥齿轮-圆柱齿轮减速器、蜗杆减速器的实物图。

图 8-16 圆柱齿轮减速器结构

上箱体 通气器
检查孔盖
下箱体 轴承端盖
大齿轮
轴承
轴承
小齿轮
轴承端盖
轴 轴承
放油螺塞

外部结构

内部结构

图 8-17 单级圆柱齿轮减速器实物图

外部结构

内部结构

图 8-18 二级圆柱齿轮减速器实物图

外部结构

内部结构

图 8-19 锥齿轮-圆柱齿轮减速器实物图

图 8-20 蜗杆减速器实物图

小提示

通过学习本节内容，应注意观察日常生活和生产实践中的减速器。

实 例 分 析

实例一 图 8-21 所示为铣床主轴箱传动图。箱外有一级 V 带传动减速装置，箱内 I 轴上有三联滑动齿轮，III 轴上有双联滑动齿轮。用拨叉分别移动三联和双联滑动齿轮，可使主轴 III 得到六种不同的转速。已知 I 轴的转速 $n_1 = 360\text{r/min}$，各齿轮齿数为 $z_1 = 14$，$z_2 = 48$，$z_3 = 28$，$z_4 = 20$，$z_5 = 30$，$z_6 = 70$，$z_7 = 36$，$z_8 = 56$，$z_9 = 40$，$z_{10} = 30$，计算主轴 III 的六种转速。

图 8-21　铣床主轴箱传动图

解 1）当 III 轴上双联齿轮 $z_{10} = 30$ 与 II 轴的 $z_5 = 30$ 啮合时，移动 I 轴上的三联齿轮，可得到主轴的三种不同转速：

① $z_1 \rightarrow z_6 \rightarrow z_5 \rightarrow z_{10}$

$$i_{总1} = \frac{n_I}{n_{III}} = \frac{70 \times 30}{14 \times 30} = 5 , \quad n_{III} = n_I \times \frac{1}{i_{总1}} = 360\text{r/min} \times \frac{1}{5} = 72\text{r/min}$$

② $z_3 \rightarrow z_8 \rightarrow z_5 \rightarrow z_{10}$

$$i_{总2} = \frac{n_I}{n_{III}} = \frac{56 \times 30}{28 \times 30} = 2 , \quad n_{III} = n_I \times \frac{1}{i_{总2}} = 360\text{r/min} \times \frac{1}{2} = 180\text{r/min}$$

③ $z_2 \rightarrow z_7 \rightarrow z_5 \rightarrow z_{10}$

$$i_{总3} = \frac{n_I}{n_{III}} = \frac{36 \times 30}{48 \times 30} = \frac{3}{4} , \quad n_{III} = n_I \times \frac{1}{i_{总3}} = 360\text{r/min} \times \frac{4}{3} = 480\text{r/min}$$

2）当 III 轴上双联齿轮 $z_9 = 40$ 与 II 轴的 $z_4 = 20$ 啮合时，移动 I 轴上的三联齿轮，又可得到主轴的三种不同转速：

① $z_1 \rightarrow z_6 \rightarrow z_4 \rightarrow z_9$

$$i_{总4} = \frac{n_I}{n_{III}} = \frac{70 \times 40}{14 \times 20} = 10 , \quad n_{III} = n_I \times \frac{1}{i_{总4}} = 360\text{r/min} \times \frac{1}{10} = 36\text{r/min}$$

② $z_3 \rightarrow z_8 \rightarrow z_4 \rightarrow z_9$

$$i_{总5} = \frac{n_I}{n_{III}} = \frac{56 \times 40}{28 \times 20} = 4 , \quad n_{III} = n_I \times \frac{1}{i_{总5}} = 360\text{r/min} \times \frac{1}{4} = 90\text{r/min}$$

③ $z_2 \rightarrow z_7 \rightarrow z_4 \rightarrow z_9$

$$i_{\text{总}6} = \frac{n_{\text{I}}}{n_{\text{III}}} = \frac{36 \times 40}{48 \times 20} = \frac{3}{2}, \quad n_{\text{III}} = n_{\text{I}} \times \frac{1}{i_{\text{总}6}} = 360 \text{r/min} \times \frac{2}{3} = 240 \text{r/min}$$

实例二　图 8-22 所示为滚齿机工作台的传动系统，已知各齿轮的齿数为：$z_1 = 15$，$z_2 = 28$，$z_3 = 15$，$z_4 = 35$，$z_9 = 40$，蜗杆 8 和滚刀 A 均为单头，若被切齿轮的齿数为 64，试求传动比 i_{75} 及 z_5、z_7 的齿数。

图 8-22　滚齿机工作台的传动系统

解　分析过程如下：

本题目为定轴轮系，滚刀 A 和蜗杆 8 的头数都为 1，齿轮 1 和齿轮 3 同轴，$n_1 = n_3$。根据齿轮的展成原理，滚刀 A 与轮坯 B 的转速关系应满足下式

$$i_{AB} = \frac{n_A}{n_B} = \frac{z_B}{z_A} = \frac{64}{1} = 64 \qquad ①$$

这一速比应该由滚齿机工作台的传动系统加以保证，其传动路线为：齿轮 $2(A) \rightarrow 1(3) \rightarrow 4(5) \rightarrow 6 \rightarrow 7(8) \rightarrow 9(B)$，其中齿轮 6 为惰轮。因不需判断其传动的方向，故轮系的传动比为

$$i_{AB} = \frac{n_A}{n_B} = \frac{z_1 z_4 z_7 z_9}{z_2 z_3 z_5 z_8} = \frac{15 \times 35 \times 40}{28 \times 15 \times 1} \times \frac{z_7}{z_5}$$

$$= 50 \times \frac{z_7}{z_5} \qquad ②$$

②代入①整理得

$$i_{75} = \frac{n_7}{n_5} = \frac{z_5}{z_7} = \frac{25}{32}, \quad z_5 = 25、z_7 = 32$$

本实例的实用价值是只要选用 $z_5 = 25$、$z_7 = 32$ 的一对齿轮，再按中心距搭配一个合适的齿轮 6 就能保证加工 64 个齿的齿轮。当被加工齿轮的齿数 z_B 变化时，所需的传动比 i_{75} 也随之改变，这时只要根据 i_{75} 更换交换齿轮的齿数 z_5、z_7 和 z_6，就能保证滚齿机正确加工。

如加工 80 个齿的齿轮，选用 $z_5 = 25$、$z_7 = 40$，再配一个 z_6 就可以了。

小提示

通过学习本例，明白齿轮加工设备只要通过计算，调整不同的齿轮组合就可加工不同齿数的齿轮。

知 识 小 结

1. 轮系 $\begin{cases} \text{定轴轮系} \\ \text{行星轮系} \\ \text{混合轮系} \end{cases}$

2. 减速器 $\begin{cases} \text{单级减速器} \begin{cases} \text{圆柱齿轮减速器} \\ \text{锥齿轮减速器} \\ \text{蜗杆下置式减速器} \\ \text{蜗杆上置式减速器} \end{cases} \\ \text{二级减速器} \begin{cases} \text{圆柱齿轮展开式二级减速器} \\ \text{锥齿轮-圆柱齿轮二级减速器} \end{cases} \end{cases}$

第 9 章

带传动与链传动
（Belt Drive and Chain Drive）

教学要求

★ 能力目标

1) 了解各种带传动的应用场合。

2) 了解 V 带标准、带轮标准。

3) 带传动设计的能力。

4) 带传动张紧、安装与维护的能力。

5) 链传动布置、张紧与润滑的能力。

★ 知识要素

1) 带传动与链传动的类型、工作原理、特点及应用。

2) V 带的结构、类型标记及 V 带轮的结构、V 带工作应力分析。

3) 带传动设计计算。

4) 带传动与链传动的安装与维护常识。

★ 学习重点与难点

带传动设计计算。

技能要求

1) V 带安装、张紧的技能。

2) 链传动张紧、润滑的技能。

价值情感目标

1) 通过带传动、链传动安装维护的学习，培养学生规范操作、严谨细致的职业素养，强化目标意识、质量意识。

2) 通过了解"密封环事件"，培养学生严格遵守工作规范的职业精神。

认识带传动和链传动

各种机械和运输设备中广泛应用着带传动（belt drive）和链传动（chain drive），图 9-1 所示为拖拉机柴油发动机通过传动带，将动力传递给拖拉机的带传动，驱动拖拉机正常工作。

链传动则广泛应用于各类运输设备中，自行车就是最典型的链传动应用实例，如图 9-2 所示。

本章主要介绍带传动与链传动的类型、工作原理及其安装与维护方面的知识。

图 9-1 柴油发动机带传动

图 9-2 自行车链传动

9.1 带传动的工作原理、类型及特点

带传动是一种应用很广的机械传动，一般由主动带轮、从动带轮和紧套在两带轮上的传动带组成，如图 9-3 所示。带传动有摩擦式（friction type）和啮合式（mesh type）两种。

摩擦式带传动是依靠紧套在带轮上的传动带与带轮接触面间产生的摩擦力来传递运动和动力的，应用最为广泛。

啮合式带传动是依靠传动带与带轮上齿的啮合来传递运动和动力的。比较典型的带传动是如图 9-4 所示的同步带传动，除保持了摩擦式带传动的优点外，它还具有传递功率大、传动比准确等优点，故多用于要求传动平稳、传动精度较高的场合。数控机床、机车发动机、纺织机械等机械中都应用了同步带传动。

图 9-3 带传动

图 9-4 同步带传动

本章主要研究对象为摩擦式带传动。

根据带的截面形状，摩擦式带传动可分为平带传动、V 带传动、多楔带传动、圆带传动等类型，如图 9-5 所示。

平带以内周为工作面，主要用于两轴平行且转向相同的较远距离的传动。

V 带以两侧面为工作面，在相同压紧力和相同摩擦因数的条件下，V 带产生的摩擦力是平带摩擦力的 3 倍左右，所以 V 带传动能力强，结构更紧凑，在机械传动中应用最广泛。

多楔带相当于平带与 V 带的组合，兼有两者的优点，多用于结构要求紧凑的大功率传动中。

圆带仅用于低速、小功率场合，如缝纫机中便使用圆带传动。

摩擦式带传动的特点是：

1）带是挠性体，富有弹性，可缓冲、吸振，因而工作平稳、噪声小。

2）过载时，传动带会在小带轮上打滑，可防止其他零件的损坏，起到过载保护作用。

3）结构简单，成本低，制造、安装、维护方便，适用于较大中心距的场合。

4）传动比不够准确，外廓尺寸大，不适用于有易燃、易爆气体的场合。

a)

b)

c)

圆带

d)

图 9-5 摩擦式带传动类型

a）平带传动 b）V 带传动 c）多楔带传动 d）圆带传动

因此，摩擦式带传动多用于要求传动平稳、传动比要求不严格、中心距较大的高速级传动。一般带速 $v=5\sim25\text{m/s}$，传动比 $i\leqslant5$，传递功率 $P\leqslant50\text{kW}$，效率 $\eta=0.92\sim0.97$。

9.2 普通 V 带及 V 带轮

1. 普通 V 带的结构及标准

普通 V 带的结构如图 9-6 所示，由包布层、拉伸层、强力层、压缩层四部分组成。强力层分帘布芯结构和绳芯结构两种。帘布芯结构的 V 带，制造方便、抗拉强度高；而绳芯结构的 V 带，柔韧性高、抗弯强度高，适用于带轮直径小、转速较高的场合。

包布层
拉伸层
强力层

压缩层

帘布芯结构   绳芯结构

图 9-6 普通 V 带的结构

普通 V 带已标准化，按截面尺寸由小到大分为 Y、Z、A、B、C、D、E 七种型号，如图 9-7 所示，其尺寸见表 9-1。

图 9-7 普通 V 带的型号

表 9-1 普通 V 带及带轮轮槽尺寸

型号		Y	Z	A	B	C	D	E
节宽 b_p/mm		5.3	8.5	11	14	19	27	32
顶宽 b/mm		6	10	13	17	22	32	38
高度 h/mm		4	6	8	11	14	19	23
楔形角 α		40°						
每米带长的质量 q/(kg/m)		0.02	0.06	0.10	0.17	0.30	0.62	0.90
基准下槽深 h_{fmin}/mm		4.7	7,9	8.7,11	10.8,14	14.3,19	19.9	23.4
基准上槽深 h_{amin}/mm		1.6	2.0	2.75	3.5	4.8	8.1	9.6
槽间距 e/mm	基本值	8	12	15	19	25.5	37	44.5
	极限偏差	±0.3	±0.3	±0.3	±0.4	±0.5	±0.6	±0.7
第一槽对称面至端面的距离 f_{min}/mm		6	7	9	11.5	16	23	28
基准宽度 b_d/mm		5.3	8.5	11.0	14.0	19.0	27.0	32.0
最小轮缘宽 δ_{min}/mm		5	5.5	6	7.5	10	12	15
带轮宽 B/mm		$B=(z-1)e+2f$（z 为轮槽数）						
轮槽角 φ	32°	基准直径 d_d /mm	≤60						
	34°			≤80	≤118	≤190	≤315		
	36°		>60					≤475	≤600
	38°			>80	>118	>190	>315	>475	>600

图左侧标注：b、b_p、h、α、普通V带；B、f、e、b_d、h_a、φ、$Ra6.3$、$Ra3.2$、$Ra12.5$、h_f、d_d、δ、φ

标准普通 V 带都制成无接头的环形，当带绕过带轮时，外层受拉而伸长，故称拉伸层；底层受压而缩短，故称压缩层；而强力层中必有一层既不受拉，也不受压的中性层，称为节面，其宽度 b_p 称为节宽（表 9-1）；当带绕在带轮上弯曲时，其节宽保持不变。

在 V 带轮上，与 V 带节宽 b_p 处于同一位置的轮槽宽度称为基准宽度，仍以 b_p 表示，基准宽度处的带轮直径，称为 V 带轮的基准直径，用 d_d 表示，它是 V 带轮的公称直径。

在规定的张紧力下，位于带轮基准直径上的周线长度，称为 V 带的基准长度，用 L_d 表示，它是 V 带的公称长度。V 带基准长度的尺寸系列见表 9-2。

表 9-2 普通 V 带基准长度的尺寸系列（节选） （单位：mm）

型号						
Y	Z	A	B	C	D	E
200	405	630	930	1565	2740	4660
224	475	700	1000	1760	3100	5040
250	530	790	1100	1950	3330	5420
280	625	890	1210	2195	3730	6100
315	700	990	1370	2420	4080	6850
355	780	1100	1560	2715	4620	7650
400	920	1250	1760	2880	5400	9150
450	1080	1430	1950	3080	6100	12230
500	1330	1550	2180	3520	6840	13750
	1420	1640	2300	4060	7620	15280
	1540	1750	2500	4600	9140	16800
		1940	2700	5380	10700	
		2050	2870	6100	12200	
		2200	3200	6815	13700	
		2300	3600	7600	15200	
		2480	4060	9100		
		2700	4430	10700		
			4820			
			5370			
			6070			

　　普通 V 带的标记由截型、基准长度和标准编号三部分组成，V 带的标记通常压印在带的顶面，如图 9-8 所示。

　　为使各根带受力均匀，带传动使用的根数不宜过多，一般取 2~5 根为宜，最多不能超过 10 根。

图 9-8　V 带的标记

2. 普通 V 带轮

　　普通 V 带轮一般由轮缘、轮毂及轮辐组成。根据轮辐结构的不同，常用 V 带轮分为四种类型，如图 9-9 所示。V 带轮的结构型式和结构尺寸可根据 V 带型号、带轮的基准直径 d_d 和轴孔直径，按《机械设计手册》提供的图表选取；轮缘截面上槽形的尺寸见表 9-1；标准普通 V 带的楔形角 α 为 40°，当 V 带绕过带轮弯曲时，会产生横向变形，使其楔形角变小，为使带轮轮槽工作面和 V 带两侧面接触良好，一般轮槽角 φ 都小于 40°，带轮直径越小，对应轮槽角也越小。

　　有关带轮的结构如图 9-10 所示。

a)

b)

c)

d)

图 9-9　V 带轮的典型结构型式

a）实心轮　b）腹板轮　c）孔板轮　d）椭圆辐轮

图 9-10 普通 V 带带轮的典型结构

a) 实心轮　b) 腹板轮　c) 孔板轮　d) 椭圆辐轮

$d_1 = (1.8 \sim 2)d_0$；$L = (1.5 \sim 2)d_0$；$S = (0.2 \sim 0.3)B$；$S_1 \geqslant 0.5S$；$h_1 = 290\sqrt[3]{\dfrac{P}{nA}}$（mm），$P$ 为传递的功率（kW），n 为带轮的转速（r/min），

A 为轮辐数；$a_1 = 0.14h_1$；$a_2 = 0.8a_1$；$f_1 = 0.2h_1$；$f_2 = 0.2h$；δ 见表 9-1

V 带轮常用的材料有灰铸铁、铸钢、铝合金、工程塑料等，其中灰铸铁应用最广。当 $v \leqslant 25\text{m/s}$ 时，带轮材料一般采用 HT200；$v \geqslant 25\text{m/s}$ 时，带轮材料一般采用孕育铸铁或铸钢；小功率传动可选用铸铝带轮或工程塑料带轮。

关键知识点

带传动有摩擦式和啮合式两种。普通 V 带的结构由包布层、拉伸层、强力层、压缩层四部分组成。普通 V 带按截面尺寸由小到大分为 Y、Z、A、B、C、D、E 七种型号。在 V 带轮上，与 V 带节宽 b_p 处于同一位置的轮槽宽度称为基准宽度，位于带轮基准直径上的周线长度，称为 V 带的基准长度，用 L_d 表示。普通 V 带的标记由截型、基准长度和标准编号三部分组成，V 带的标记通常压印在带的顶面。

9.3 带传动工作能力分析

1. 带传动的受力分析

带安装时必须张紧套在带轮上，传动带由于张紧而使上、下两边受到相等的拉力称为初拉力，用 F_0 表示，如图 9-11a 所示。

工作时，主动轮 1 在转矩 T_1 的作用下以转速 n_1 转动；通过摩擦力，驱动从动轮 2 克服阻力矩 T_2，并以转速 n_2 转动，此时两轮作用在带上的摩擦力方向如图 9-11b 所示。进入主动轮一边的带进一步被拉紧，拉力由 F_0 增至 F_1；绕出主动轮一边的带被放松，拉力由 F_0 降至 F_2，对应形成紧边和松边。紧边和松边的拉力差值（$F_1 - F_2$）即为带传动传递的有效圆周力，用 F 表示。有效圆周力在数值上等于带与带轮接触弧上摩擦力值的总和 ΣF_f，即

$$F = F_1 - F_2 = \Sigma F_f \tag{9-1}$$

当初拉力 F_0 一定时，带与轮面间摩擦力值的总和有一个极限值为 ΣF_{lim}。当传递的有效圆周力 F 超过极限值 ΣF_{lim} 时，带将在带轮上发生滑动，这种现象称为打滑（slipping）。打滑一般出现在小带轮上。打滑使传动失效，应予避免。

带传动所能传递的最大有效圆周力与初拉力 F_0、摩擦因数 μ 和包角 α 有关，而 F_0 和 μ 不能太大，否则会降低传动带寿命。包角 α 增加，带与带轮之间的摩擦力总和增加，从而提高带的传动能力。因此，设计时为了保证带具有一定的传动能力，要求 V 带在小轮上的包角 $\alpha_1 \geqslant 120°$。

2. 带传动的应力分析

带传动工作时，在带的横截面上存在三种应力：

（1）由拉力产生的拉应力（σ） 带传动工作时，紧边和松边的拉应力分别为 σ_1、σ_2。由于紧边和松边的拉力不同，故沿转动方向，绕在主动轮上带的拉应力由 σ_1 渐渐降到 σ_2，绕在从动轮上带的拉应力则由 σ_2 渐渐上升为 σ_1。

（2）由离心力产生的离心应力（σ_c） 带绕过带轮时做圆周运动而产生离心力，离心力将使带受拉，在截面上产生离心应力。同时可知，转速越快，V 带的质量越大，σ_c 就越大，故传动带的速度不宜过高。高速传动时，应采用材质较轻的传动带。

（3）由于弯曲变形产生的弯曲应力（σ_b） 带绕过带轮时，带越厚，带轮基准直径越小，则带所受的弯曲应力就越大。弯曲应力只发生在带的弯曲部分，且小带轮处的弯曲应力

σ_{b1} 大于大带轮处的弯曲应力 σ_{b2}，设计时应限制小带轮的最小基准直径 d_{dmin}。

上述三种应力在带截面上的分布情况如图9-12所示，最大应力发生在紧边刚绕入小带轮的 a 处，其值为

$$\sigma_{max} = \sigma_{b1} + \sigma_c + \sigma_1 \qquad (9-2)$$

a)

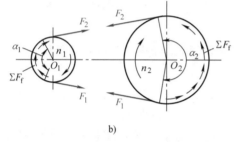

b)

图9-11　带传动的受力分析

a）未工作时　b）工作时

图9-12　带传动的应力分布

由图9-12可知，带某一截面上的应力随着带的运转而变化，因此，传动带在变应力反复作用下会出现脱层、撕裂等现象，最后导致疲劳断裂而失效。

为了保证带传动正常工作，应在保证带传动不打滑的条件下，使传动带具有一定的疲劳强度和寿命。

3. 带传动的弹性滑动与传动比

传动带是弹性体，在拉力作用下会产生弹性伸长，其弹性伸长量随拉力变化。传动时，紧边拉力 F_1 大于松边拉力 F_2，因此紧边产生的弹性伸长量大于松边产生的弹性伸长量。

如图9-13所示，当带的紧边在 a 点进入主动轮1时，带速与轮1的圆周速度 v_1 相等，但在轮1由 a 点旋转至 b 点的过程中，带所受的拉力由 F_1 逐渐降到 F_2，其弹性伸长量也逐渐减小，从而使带沿轮1产生微小的滑动，造成带速小于轮1的速度 v_1，在 b 点，带速降为 v_2。同理，带在从动轮2上由 c 点旋转至 d 点的过程中，由于拉力逐渐增大，带的弹性伸长量也增加，这时带沿轮2向前滑动，致使带速大于轮2的速度 v_2，至 d 点又升高为 v_1 值。

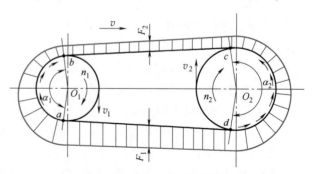

图9-13　带传动的弹性滑动

由于带的弹性变形而引起带在轮面上滑动的现象，称为弹性滑动（comparatively slippage）。弹性滑动在带传动中是不可避免的。弹性滑动会使带受到磨损，从而降低带的寿命，并使从动轮的速度降低，影响传动比。

虽然弹性滑动随传递载荷的大小不同不断变化，影响带传动的传动比不能保持准确值，但实际上带传动正常工作时，弹性滑动所引起的影响一般可略去不计，故带传动的传动比可近似定义为 $i=\dfrac{n_1}{n_2}=\dfrac{d_{d2}}{d_{d1}}$。

9.4　带传动的设计计算

9.4.1　带传动的失效形式和设计准则

通过对带传动的工作情况进行分析，带传动的主要失效形式是打滑和带的疲劳损坏。因此，带传动的设计准则是：在保证带传动不打滑的前提下，具有一定的疲劳强度和寿命。

9.4.2　单根普通 V 带的基本额定功率

在包角 $\alpha_1=\alpha_2=180°$、特定带长、传动比 $i=1$、载荷平稳的条件下，单根 V 带的基本额定功率 P_1 见表 9-3。当实际工作条件与上述条件不同时，应对 P_1 值加以修正，得到实际工作条件下单根 V 带所能传递的功率 $[P_1]$，计算公式为

$$[P_1]=(P_1+\Delta P_1)K_\alpha K_L \tag{9-3}$$

式中　ΔP_1——考虑传动比 $i\neq 1$ 时，单根 V 带传递的额定功率增量（kW），因 $d_{d1}\neq d_{d2}$，带绕过大带轮时的弯曲应力 σ_{b2} 小于带绕过小带轮时的弯曲应力 σ_{b1}，此时带所能传递的功率有所增加，故引入增量修正额定功率，普通 V 带的基本额定功率和功率增量见表 9-3；

　　　　K_α——包角修正系数，见表 9-4；

　　　　K_L——带长修正系数，见表 9-5。

表 9-3　普通 V 带的基本额定功率 P_1 和功率增量 ΔP_1

型号	小带轮转速 n_1/（r/min）	小带轮基准直径 d_{d1}/mm								传动比 i					
		单根 V 带的额定功率 P_1 / kW								1.13 ~ 1.18	1.19 ~ 1.24	1.25 ~ 1.34	1.35 ~ 1.51	1.52 ~ 1.99	≥ 2.00
										额定功率增量 ΔP_1/kW					
		75	90	100	112	125	140	160	180						
A	700	0.40	0.61	0.74	0.90	1.07	1.26	1.51	1.76	0.04	0.05	0.06	0.07	0.08	0.09
	800	0.45	0.68	0.83	1.00	1.19	1.41	1.69	1.97	0.04	0.05	0.06	0.08	0.09	0.10
	950	0.51	0.77	0.95	1.15	1.37	1.62	1.95	2.27	0.05	0.06	0.07	0.08	0.10	0.11
	1200	0.60	0.93	1.14	1.39	1.66	1.96	2.36	2.74	0.07	0.08	0.10	0.11	0.13	0.15
	1450	0.68	1.07	1.32	1.61	1.92	2.28	2.73	3.16	0.08	0.09	0.11	0.13	0.15	0.17
	1600	0.73	1.15	1.42	1.74	2.07	2.45	2.94	3.40	0.09	0.11	0.13	0.15	0.17	0.19
	2000	0.84	1.34	1.66	2.04	2.44	2.87	3.42	3.93	0.11	0.13	0.16	0.19	0.22	0.24

（续）

型号	小带轮转速 n_1/(r/min)	小带轮基准直径 d_{d1}/mm 单根V带的额定功率 P_1/kW								传动比 i 额定功率增量 ΔP_1/kW 1.13~1.18	1.19~1.24	1.25~1.34	1.35~1.51	1.52~1.99	≥2.00
B		125	140	160	180	200	224	250	280						
	400	0.84	1.05	1.32	1.59	1.85	2.17	2.50	2.89	0.06	0.07	0.08	0.10	0.11	0.13
	700	1.30	1.64	2.09	2.53	2.96	3.47	4.00	4.61	0.10	0.12	0.15	0.17	0.20	0.22
	800	1.44	1.82	2.32	2.81	3.30	3.86	4.46	5.13	0.11	0.14	0.17	0.20	0.23	0.25
	950	1.64	2.08	2.66	3.22	3.77	4.42	5.10	5.85	0.13	0.17	0.20	0.23	0.26	0.30
	1200	1.93	2.47	3.17	3.85	4.50	5.26	6.04	6.90	0.17	0.21	0.25	0.30	0.34	0.38
	1450	2.19	2.82	3.62	4.39	5.13	5.97	6.82	7.76	0.20	0.25	0.31	0.36	0.40	0.46
	1600	2.33	3.00	3.86	4.68	5.46	6.33	7.20	8.13	0.23	0.28	0.34	0.39	0.45	0.51
C		200	224	250	280	315	355	400	450						
	500	2.87	3.58	4.33	5.19	6.17	7.27	8.52	9.80	0.20	0.24	0.29	0.34	0.39	0.44
	600	3.30	4.12	5.00	6.00	7.14	8.45	9.82	11.29	0.24	0.29	0.35	0.41	0.47	0.53
	700	3.69	4.64	5.64	6.76	8.09	9.50	11.02	12.63	0.27	0.34	0.41	0.48	0.55	0.62
	800	4.07	5.12	6.23	7.52	8.92	10.46	12.10	13.80	0.31	0.39	0.47	0.55	0.63	0.71
	950	4.58	5.78	7.04	8.49	10.05	11.73	13.48	15.23	0.37	0.47	0.56	0.65	0.74	0.83
	1200	5.29	6.71	8.21	9.81	11.53	13.31	15.04	16.59	0.47	0.59	0.70	0.82	0.94	1.06
	1450	5.84	7.45	9.04	10.72	12.46	14.12	15.53	16.47	0.58	0.71	0.85	0.99	1.14	1.27

表9-4 包角修正系数 K_α

包角 α_1/(°)	K_α	包角 α_1/(°)	K_α	包角 α_1/(°)	K_α	包角 α_1/(°)	K_α
70	0.56	110	0.78	150	0.92	190	1.05
80	0.62	120	0.82	160	0.95	200	1.10
90	0.69	130	0.86	170	0.98	210	1.15
100	0.74	140	0.89	180	1.00	220	1.20

表9-5 带长修正系数 K_L

普通V带													
Y L_d/mm	K_L	Z L_d/mm	K_L	A L_d/mm	K_L	B L_d/mm	K_L	C L_d/mm	K_L	D L_d/mm	K_L	E L_d/mm	K_L
200	0.81	405	0.87	630	0.81	930	0.83	1565	0.82	2740	0.82	4660	0.91
224	0.82	475	0.90	700	0.83	1000	0.84	1760	0.85	3100	0.86	5040	0.92
250	0.84	530	0.93	790	0.85	1100	0.86	1950	0.87	3330	0.87	5420	0.94
280	0.87	625	0.96	890	0.87	1210	0.87	2195	0.90	3730	0.90	6100	0.96
315	0.89	700	0.99	990	0.89	1370	0.90	2420	0.92	4080	0.91	6850	0.99
355	0.92	780	1.00	1100	0.91	1560	0.92	2715	0.94	4620	0.94	7650	1.01
400	0.96	920	1.04	1250	0.93	1760	0.94	2880	0.95	5400	0.97	9150	1.05
450	1.00	1080	1.07	1430	0.96	1950	0.97	3080	0.97	6100	0.99	12230	1.11
500	1.02	1330	1.13	1550	0.98	2180	0.99	3520	0.99	6840	1.02	13750	1.15
		1420	1.14	1640	0.99	2300	1.01	4060	1.02	7620	1.05	15280	1.17
		1540	1.54	1750	1.00	2500	1.03	4600	1.05	9140	1.08	16800	1.19
				1940	1.02	2700	1.04	5380	1.08	10700	1.13		
				2050	1.04	2870	1.05	6100	1.11	12200	1.16		
				2200	1.06	3200	1.07	6815	1.14	13700	1.19		
				2300	1.07	3600	1.09	7600	1.17	15200	1.21		
				2480	1.09	4060	1.13	9100	1.21				
				2700	1.10	4430	1.15	10700	1.24				
						4820	1.17						
						5370	1.20						
						6070	1.24						

9.4.3　普通 V 带传动的设计计算

（一）设计的已知条件

带传动的额定（名义）功率 P，两轮转速 n_1、n_2（或传动比 i），传动的位置要求及原动机的类型等工作情况。

（二）设计的主要参数

确定 V 带的带型、长度、根数，传动中心距，初拉力，作用在带轮轴上的压力，以及带轮的结构和尺寸等。

（三）设计的具体方法与步骤

1. 确定计算功率 P_c

$$P_c = K_A P \tag{9-4}$$

式中　P——所传递的名义功率（kW）；

　　　　K_A——工况系数，见表 9-6。

表 9-6　工况系数 K_A

载荷种类	工 作 情 况	K_A					
		空、轻载起动			重载起动		
		每天工作时间/h					
		<10	10~16	>16	<10	10~16	>16
载荷变动微小	液体搅拌机、通风机和鼓风机（≤7.5kW）、离心式水泵和压缩机、轻型输送机等	1.0	1.1	1.2	1.1	1.2	1.3
载荷变动小	带式输送机（不均匀载荷）、通风机（>7.5kW）、旋转式水泵和压缩机（非离心式）、发电机、金属切削机床、印刷机、旋转筛、锯木机和木工机械等	1.1	1.2	1.3	1.2	1.3	1.4
载荷变动较大	制砖机、斗式提升机、起重机、冲剪机床、纺织机械、橡胶机械、重载输送机、磨粉机、振动筛、往复式水泵和压缩机等	1.2	1.3	1.4	1.4	1.5	1.6
载荷变动很大	破碎机（旋转式、颚式等）、磨碎机（球磨、棒磨、管磨）等	1.3	1.4	1.5	1.5	1.6	1.8

注：1. 空、轻载起动适用于电动机（交流起动、三角起动、直流并励）、四缸以上的内燃机，装有离心式离合器、液力联轴器的动力机。

　　2. 重载起动适用于电动机（联机交流起动、直流复励或串励），四缸以下的内燃机。

　　3. 反复起动、正反转频繁、工作条件恶劣等场合，K_A 应乘 1.2。

2. 选择带型

根据计算功率 P_c 和小带轮转速 n_1，由图 9-14 选择 V 带型号。

3. 确定带轮基准直径

带轮的基准直径 d_d 应大于或等于最小基准直径 d_{dmin}，见表 9-7。带轮基准直径越大，带速增大，所需要带的根数减少，但外廓尺寸增大。大带轮基准直径可近似为 $d_{d2} = i d_{d1}$，并圆整为系列值。

4. 验算带速

$$v = \frac{\pi d_{d1} n_1}{60 \times 1000} \tag{9-5}$$

图 9-14 普通 V 带的选型图

当传递功率一定时，提高带速，所需有效拉力将减小，可减少带的根数。但带速过高，离心力过大，则使摩擦力减小，传动能力反而降低，并影响带的寿命。因此，设计时带速一般应控制在 5~25m/s 之间。

表 9-7 普通 V 带轮最小基准直径及带轮直径系列　　　　　（单位：mm）

V 带型号		Y	Z	A	B	C	D	E
d_{dmin}		20	50	75	125	200	355	500
推荐直径		≥28	≥71	≥100	≥140	≥200	≥355	≥500
常用 V 带轮基准直径系列	Z	50,56,63,71,75,80,90,100,112,125,132,140,150,160,180,200,224,250,280,315,355,400,500,630						
	A	75,80,85,90,95,100,106,112,118,125,132,140,150,160,180,200,224,250,280,315,355,400,450,500,560,630,710,800						
	B	125,132,140,150,160,170,180,200,224,250,280,315,355,400,450,500,560,600,630,710,750,800,900,1000,1120						
	C	200,212,224,236,250,265,280,300,315,335,355,400,450,500,560,600,630,710,750,800,900,1000,1120,1250,1400,1600,2000						

5. 确定带的基准长度 L_d 和实际中心距 a

传动比和带速一定时，中心距增大有利于增大小带轮包角和减少单位时间内的应力循环次数。但中心距过大，载荷的变化会引起带的颤动，同时会使外廓尺寸过大。设计时，可按式（9-6）初选中心距

$$0.7(d_{d1}+d_{d2}) \leqslant a_0 \leqslant 2(d_{d1}+d_{d2}) \tag{9-6}$$

初选中心距后按带传动的几何关系求出 V 带的基准长度计算值 L_0

$$L_0 = 2a_0 + \frac{\pi}{2}(d_{d1}+d_{d2}) + \frac{(d_{d2}-d_{d1})^2}{4a_0} \tag{9-7}$$

根据基准长度计算值 L_0，查表 9-2 选定带的基准长度 L_d，进而计算出带传动的实际中心距

$$a \approx a_0 + (L_d - L_0)/2 \tag{9-8}$$

考虑安装、调整和补偿张紧力的需要，中心距应有一定的调节范围，即

$$a_{\min} = a - 0.015 L_d \tag{9-9}$$

$$a_{\max} = a + 0.03 L_d \tag{9-10}$$

6. 验算小带轮包角

$$\alpha_1 = 180° - 57.3° \times \frac{d_{d2} - d_{d1}}{a} \tag{9-11}$$

由上式可知，传动比越大，d_{d2} 与 d_{d1} 之差越大，则包角 α_1 越小。通常要求 $\alpha_1 \geqslant 120°$。若 α_1 过小，需增大中心距或降低传动比，也可增设张紧轮或压带轮。

7. 确定 V 带根数

$$z \geqslant \frac{P_c}{[P_1]} = \frac{P_c}{(P_1 + \Delta P_1) K_\alpha K_L} \tag{9-12}$$

为使各带受力均匀，通常使 $z \leqslant 8$ 且为整数。

8. 单根 V 带的初拉力 F_0

$$F_0 = 500 \frac{P_c}{zv} \left(\frac{2.5}{K_\alpha} - 1 \right) + qv^2 \tag{9-13}$$

9. 带传动作用在带轮轴上的压力

为了设计带轮轴和轴承，必须计算出带轮对轴的压力

$$F_Q = 2z F_0 \sin \frac{\alpha_1}{2} \tag{9-14}$$

10. 带轮结构设计

带轮结构设计参见图 9-10，据此绘制带轮零件图。

例 9-1　设计一带式输送机的普通 V 带传动。已知：异步电动机的额定功率 $P = 4.5\text{kW}$，转速 $n_1 = 1440\text{r/min}$，从动轮转速 $n_2 = 500\text{r/min}$，两班制工作，要求传动中心距为 500mm 左右，工作中有轻微振动。

解　1）确定计算功率 P_c

由表 9-6 查得 $K_A = 1.2$，则

$$P_c = K_A P = 1.2 \times 4.5\text{kW} = 5.4\text{kW}$$

2）选择带型

根据计算功率 P_c 和小带轮转速 n_1，由图 9-14 选择 A 型 V 带。

3）确定带轮基准直径

由表 9-7 可知 $\quad\quad\quad\quad\quad\quad d_{d1} = 100\text{mm}$

$$d_{d2} = i d_{d1} = (1440/500) \times 100\text{mm} = 288\text{mm}$$

查表 9-7 取 $d_{d2} = 280\text{mm}$。

4）验算带速

$$v = \frac{\pi d_{d1} n_1}{60 \times 1000} = \frac{3.14 \times 100 \times 1440}{60 \times 1000}\text{m/s} = 7.54\text{m/s}$$

带速 v 在 5~25m/s 之间，合适。

5）确定带的基准长度 L_d 和实际中心距 a

按要求取 $a_0 = 500\text{mm}$，计算 V 带的基准长度 L_0

$$L_0 = 2a_0 + \frac{\pi}{2}(d_{d1} + d_{d2}) + \frac{(d_{d2} - d_{d1})^2}{4a_0}$$

$$= 2 \times 500\text{mm} + \frac{3.14 \times (100 + 280)}{2}\text{mm} + \frac{(280 - 100)^2}{4 \times 500}\text{mm} = 1612.8\text{mm}$$

根据基准长度计算值 L_0，查表 9-2 选定带的基准长度 $L_d = 1640\text{mm}$，计算实际中心距

$$a \approx a_0 + (L_d - L_0)/2 = 500\text{mm} + (1640 - 1612.8)\text{mm}/2 = 513.6\text{mm}$$

取 $a = 520\text{mm}$。

考虑安装、调整和补偿张紧力的需要，中心距应有一定的调节范围，即

$$a_{min} = a - 0.015L_d = 520\text{mm} - 0.015 \times 1640\text{mm} = 495.4\text{mm}$$

$$a_{max} = a + 0.03L_d = 520\text{mm} + 0.03 \times 1640\text{mm} = 569.2\text{mm}$$

6）验算小带轮包角

$$\alpha_1 = 180° - 57.3° \times \frac{d_{d2} - d_{d1}}{a} = 180° - 57.3° \times \frac{280 - 100}{520} = 160°$$

$\alpha_1 > 120°$，合适。

7）确定 V 带根数

查表 9-3 ~ 表 9-5 知，$P_1 = 1.31\text{kW}$（由插值法求得），$\Delta P_1 = 0.17\text{kW}$，$K_\alpha = 0.95$，$K_L = 0.99$，则

$$z \geqslant \frac{P_c}{[P_1]} = \frac{P_c}{(P_1 + \Delta P_1)K_\alpha K_L} = \frac{5.4}{(1.31 + 0.17) \times 0.95 \times 0.99} = 3.88$$

取 $z = 4$。

8）单根 V 带的初拉力 F_0

$$F_0 = 500\frac{P_c}{zv}\left(\frac{2.5}{K_\alpha} - 1\right) + qv^2 = 500 \times \frac{5.4}{4 \times 7.54} \times \left(\frac{2.5}{0.95} - 1\right)\text{N} + 0.10 \times 7.54^2\text{N} = 151.75\text{N}$$

式中，每米带长的质量 q 可查表 9-1。

9）带传动作用在带轮轴上的压力

$$F_Q = 2zF_0\sin\frac{\alpha_1}{2} = 2 \times 4 \times 151.75 \times \sin\frac{160°}{2}\text{N} = 1195.56\text{N}$$

10）带轮结构设计（略）

⚙ **安装、维护带传动**

9.5　带传动的张紧、安装与维护

1. 张紧装置

为了控制带的初拉力，保证带传动正常工作，必须采用适当的张紧装置。

如图9-15所示，可通过调节螺钉来调整电动机位置，加大中心距，以达到张紧目的。此法常用于水平布置的带传动。

如图9-16所示，可通过调节摆动架（电动机轴中心）位置，加大中心距，以达到张紧目的。此法常用于近似垂直布置的带传动，且在调整好位置后，需锁紧螺母。

图 9-15　调节螺钉调整

图 9-16　调节摆动架调整

如图9-17所示，可依靠电动机和机座的自重，自动调整中心距以达到张紧目的。此法常用于小功率带传动，近似垂直布置的情况。

如图9-18所示，可利用张紧轮张紧，张紧轮安装于松边的内侧，以避免带受双向弯曲。为使小带轮包角不减小得过多，张紧轮应尽量靠近大带轮安装，此法常用于中心距不可调节的场合。

图 9-17　自动调整中心距

图 9-18　张紧轮张紧

2. 安装与维护

正确地安装、使用并在使用过程中注意加强维护，是保证带传动正常工作，延长传动带使用寿命的有效途径。一般应注意以下几点：

1）安装V带时，两带轮轴线应相互平行，两轮相对应的轮槽应对齐，其偏角误差不得超过20′，如图9-19所示。

2）安装V带时，如图9-15所示，应先拧松调节螺钉、电动机与机架的固定螺栓，将电动机沿滑道向靠近工作机的方向移动，缩小中心距，将V带套入槽中后，再调整中心距，将电动机沿滑道向远离工作机的方向移动，拧紧电动机与机架的固定螺栓的同时将V带张紧。应注意在安装V带时不应强行将带往带轮上撬，以免损坏带的工作表面，降低带的弹性。

3）V带在轮槽中应有正确的位置（图9-20），带的顶面应与带轮外缘平齐，底面与带轮槽底间应有一定间隙，以保证带两侧工作面与轮槽全部贴合。

图9-19　V带轮的安装要求

图9-20　V带在轮槽中的正确位置

4）V带的张紧程度要适当。过松，不能保证足够的张紧力，传动时易打滑，传动能力不能充分发挥；过紧，带的张紧力过大，传动时磨损加剧，使带的寿命缩短。实践证明，在中等中心距的情况下，V带安装后，用大拇指能够将带按下15mm左右的，则其张紧程度合适，如图9-21所示。

5）为避免带的受力不均匀，一般V带数量不应超过8~10根。采用多根V带传动时，V带的制造偏差应控制在规定的公差范围内，且生产厂家和批号也应相同。

图9-21　V带的张紧程度

6）使用中应对带进行定期检查，发现一根带松弛或损坏就应全部更换新带，不能新、旧带混用。旧带通过测量，可选择实际长度相同的组合在一起重新使用，以免造成浪费。

7）为了便于带的装卸，带轮应布置在轴的外伸端；带传动要加防护罩，以免发生意外事故；保护带传动的工作环境，防止酸、碱、油污损传动带，避免日光暴晒。

8）切忌在有易燃、易爆气体的环境中（如煤矿井下）使用带传动，以免发生危险。

拓展内容

严格遵守工作规范

工业生产实践中要严格遵守各项规章制度，要严格按各种操作规程完成各项工作任务。如不严格执行规章制度，就会发生责任事故，给生产带来不必要的损失，或造成不必要的人身伤害。

1986年1月28日，美国挑战者号航天飞机发射升空73s后发生爆炸解体，几秒钟后，所有飞机残骸连同七名宇航员全都掉进了大西洋，数百万美国人在电视直播中观看了这场令人痛苦的画面。挑战者号的失事也给了美国的航天事业一次狠狠的打击，美国航天局因此两年多的时间没有再将宇航员送入太空。

在发射前13小时，一位工程师在公司上级召开的电话会议上，表示天气情况不佳，气温很低，会导致O形密封环在低温下失效而发生事故，但上级由于急于完成此次任务，明知如此还是违反美国航空航天局的规定，没有听从工程师的建议，最终导致事故的发生。爆炸是一个 O 形密封环失效所致，这个密封环位于右侧固体火箭推进器的两个低层部件之间，失效的密封环使炽热的气体点燃了外部燃料罐中的燃料而引起爆炸。

挑战者号航天飞机失事这一事件告诉我们，一定要养成遵守各项规章制度的良好行为：在校期间要遵守学校的规章制度，认真学习；将来走向工作岗位要遵守各项规章制度，要按操作规程完成各项工作任务；生活中要遵法守纪，做一个具有良好行为习惯和具有正能量的合格公民。

9.6　链传动

9.6.1　概述

链传动由主动链轮、从动链轮、绕在链轮上的链条及机架组成，如图 9-22a 所示。工作时，链传动通过链条与链轮轮齿的啮合来传递运动和动力。图 9-22b 所示为变速车上的链传动。

链条
主动链轮　从动链轮

a)

b)

图 9-22　链传动

根据用途的不同，链传动分为传动链、起重链和牵引链。传动链用来传递一般的运动和动力，起重链用于起重机械中提升重物，牵引链用于链式输送机中移动重物。常用的传动链为短节距精密滚子链（简称滚子链）。滚子链结构简单，磨损较轻，故应用较广。

与其他传动形式相比，链传动主要有以下特点：

1）链传动是有中间挠性件的啮合传动，与带传动相比，无弹性伸长和打滑现象，故能保证准确的平均传动比；传动效率较高，结构紧凑，传递功率大，张紧力比带传动小。

2）与齿轮传动相比，链传动结构简单，加工成本低，安装精度要求低，适用于较大中心距的传动，能在高温、多尘、油污等恶劣的环境中工作。

3）链传动的瞬时传动比不恒定，传动平稳性较差，有冲击和噪声；链条速度忽大忽小地周期性变化，并伴有链条的上下抖动，不宜用于高速和急速反向的场合。

一般链传动的应用范围为：传递功率 $P \leqslant 100\mathrm{kW}$，链速 $v \leqslant 15\mathrm{m/s}$，传动比 $i \leqslant 7$，中心距 $a \leqslant 5\mathrm{m}$，效率 $\eta = 0.92 \sim 0.97$。

链传动适用于两轴线平行且距离较远、瞬时传动比无严格要求以及工作环境恶劣的场合。

链传动在矿山机械、运输机械、石油化工机械、摩托车中已得到广泛的应用。

9.6.2 滚子链和链轮

1. 滚子链

滚子链由内链板、外链板、销轴、套筒及滚子五部分组成，如图 9-23 所示。销轴与外链板、套筒与内链板均为过盈配合，而套筒与销轴、滚子与套筒之间为间隙配合。当链条屈伸时，套筒绕销轴自由转动，可使内、外链板相对转动。当链条与链轮啮合时，滚子沿链轮齿廓滚动，减轻了链条与链轮轮齿的磨损。链板制成"8"字形，目的是使各截面强度大致相等，且能减小质量及运动时的惯性。

图 9-23 滚子链的结构

当传递较大的动力时，可采用双排链或多排链，常用双排链如图 9-24 所示。多排链由几排普通单排链用销轴连成。多排链制造比较困难，装配产生的误差易使受载不均，所以双排链应用较多，四排以上的多排链用得很少。

滚子链已经标准化，由专业工厂生产，滚子链主要参数如图 9-23 所示。链条上相邻两销轴中心的距离 p 称为节距，它是链传动的主要参数。链条长度常用链节数表示。链节数一般取偶数，这样构成环状时，可使内、外链板正好相接。接头处可用开口销（图 9-25a）或弹簧卡（图 9-25b）锁紧。当链节数为奇数时，需用过渡链节（图 9-25c）才能构成环状。过渡链节的弯链板工作时会受到附加弯曲应力，故尽量不用。

由于链节数常取偶数，为使链条与链轮的轮齿磨损均匀，链轮齿数一般应取与链节数互为质数的奇数。

滚子链的标注示例如下：

08 A—1×88 GB/T 1243—2006

- 链号
- A 系列
- 排数
- 链节数
- 标准编号

图 9-24 双排链

比较常用的传动用短节距精密滚子链的基本尺寸可参见表 9-8。

a) b) c)

图 9-25 滚子链连接形式

a）开口销 b）弹簧卡 c）过渡链节

2. 链轮齿形、结构和材料

（1）链轮的齿形 链轮的齿形应保证链轮与链条接触良好、受力均匀，链节能顺利地进入和退出与轮齿的啮合，GB/T 1243—2006 规定了链轮端面齿槽形状。

（2）链轮的结构 常见链轮的结构如图 9-26 所示，小直径链轮可制成实心式，中等直径可制成孔板式，直径较大时可用组合式结构。

表 9-8 传动用短节距精密滚子链的基本尺寸

链号	节距 p /mm	排距 p_t /mm	滚子直径 d_1 /mm	内节内宽 b_1 /mm	销轴直径 d_2 /mm	内节外宽 b_2 /mm	外节内宽 b_3 /mm	销轴长度（单排）b_4 /mm	止锁件附加宽度 b_7 /mm	内链板高度 h_2 /mm	单排抗拉强度 F_u /N	单排每米质量（近似值）$q/$（kg/m）
05B	8.00	5.64	5.00	3.00	2.31	4.77	4.90	8.6	3.1	7.11	4400	0.18
06B	9.525	10.24	6.35	5.72	3.28	8.53	8.66	13.5	3.3	8.26	8900	0.40
08B	12.70	13.92	8.51	7.75	4.45	11.30	11.43	17.0	3.9	11.81	17800	0.70
08A	12.70	14.38	7.92	7.85	3.98	11.17	11.23	17.8	3.9	12.07	13900	0.60
10A	15.875	18.11	10.16	9.40	5.09	13.84	13.89	21.8	4.1	15.09	21800	1.00
12A	19.05	22.78	11.91	12.57	5.96	17.75	17.81	26.9	4.6	18.10	31300	1.50
16A	25.40	29.29	15.88	15.75	7.94	22.60	22.66	33.5	5.4	24.13	55600	2.60
20A	31.75	35.76	19.05	18.90	9.54	27.45	27.51	41.1	6.1	30.17	87000	3.80
24A	38.10	45.44	22.23	25.22	11.11	35.45	35.51	50.8	6.6	36.20	125000	5.60
28A	44.45	48.87	25.40	25.22	12.71	37.18	37.24	54.9	7.4	42.23	170000	7.50
32A	50.80	58.55	28.58	31.55	14.29	45.21	45.26	65.5	7.9	48.26	223000	10.10
40A	63.50	71.55	39.68	37.85	19.85	54.94	54.94	80.3	10.2	60.33	347000	16.10
48A	76.20	87.83	47.63	47.35	23.81	67.81	67.87	95.5	10.5	72.39	500000	22.60

（3）链轮的材料 链轮材料应保证其有足够的强度和良好的耐磨性，多用碳素结构钢或合金钢，可根据链速的高低选择不同材料。

图 9-26 链轮的结构

a）实心式 b）孔板式 c）组合式

3. 链传动的失效形式

由于链条的结构比链轮复杂，强度不如链轮高，所以一般链传动的失效主要是链条的失效。常见的链条失效形式有以下几种：

（1）链条的疲劳破坏 由于链传动中松边和紧边的拉力不同，故其运行时各元件受变应力作用。当应力达到一定数值，并经过一定的循环次数后，链板、滚子、套筒等元件会发生疲劳破坏。在润滑正常的闭式传动中，链条的疲劳强度是决定链传动承载能力的主要因素。

（2）链条铰链的磨损 链条与链轮啮合传动时，相邻链节间要发生相对转动，因而使销轴与套筒、套筒与滚子间发生摩擦，引起磨损。由于磨损使链节距变大，易导致跳齿或脱链，使传动失效。这是开式传动或润滑不良的链传动的主要失效形式。

（3）链条铰链的胶合 当链速过高、载荷较大时，套筒与销轴间由于摩擦产生高温而发生黏附，使元件表面发生胶合。

（4）链条的静力拉断 在低速重载或突然过载时，链条因静强度不足而被拉断。

9.7* 链传动的布置、张紧与润滑

1. 链传动的布置

链传动的布置应注意以下几条原则：

1）两链轮的回转平面应在同一铅垂平面内，以免引起脱链或非正常磨损。

2）两链轮中心连线与水平面的倾斜角应小于45°，以免下链轮啮合不良。

3）链传动应尽量使紧边在上，松边在下，以免松边垂度过大，干扰链条与链轮轮齿的正常啮合。链传动的布置情况列于表9-9中。

2. 链传动的张紧

链条包在链轮上应松紧适度，通常用测量链条垂度 f 的办法来控制链的松紧程度，如图 9-27 所示。

合适的链条垂度为

$$f = (0.01 \sim 0.02)a$$

式中　a——中心距。

表 9-9　链传动的布置

传动参数	正确布置	说　明
$i = 2 \sim 3$ $a = (30 \sim 50)p$		两轮轴线在同一水平面内，紧边在上面较好，但必要时，也允许紧边在下面
$i > 2$ $a < 30p$		两轮轴线不在同一水平面内，松边应在下面，否则松边下垂量增大后，链条易与链轮卡死
$i < 1.5$ $a > 60p$		两轮轴线在同一水平面内，松边应在下面，否则下垂量增大后，松边会与紧边相碰，需经常调整中心距
i、a 为任意值		两轮轴线在同一铅垂面内，下垂量增大，会减少下链轮的有效啮合齿数，降低传动能力。为此应采用以下措施：①中心距可调；②加设张紧装置；③上下两轮错开，使其不在同一铅垂面内；④尽可能将小链轮布置在上方
反向传动 $\|i\| < 8$		为使两轮转向相反，应加装 3 和 4 两个导向轮，且其中至少有一个是可以调整张紧度的。紧边应布置在 1 和 2 两轮之间，角 δ 的大小应使链轮 2 的啮合包角满足传动要求

对于重载、反复起动及接近垂直的链传动，松边垂度应适当减小。

传动中，当铰链磨损使链长度增大而导致松边垂度过大时，可采取如下张紧措施：

1）通过调整中心距，使链张紧。

2）拆除 1～2 个链节，缩短链长，使链张紧。

图 9-27　垂度测量

3）加设张紧轮，使链条张紧。张紧轮一般位于松边的外侧，它可以是链轮，其齿数与小链轮相近，也可以是无齿的辊轮，辊轮直径稍小，并常用夹布胶木制造。

3. 链传动的润滑

链传动有良好的润滑时，可以减轻磨损，延长使用寿命。表 9-10 推荐了几种不同工作条件下的润滑方式，供设计时选用。推荐采用全损耗系统用油的牌号为：L—AN46、L—AN68、L—AN100。

表 9-10　套筒滚子链传动的润滑方式

润滑方式	简　图	说　明	供　油　量
人工定期润滑		定期在链条松边的内、外链板间隙中注油。通常链速 $v<2m/s$ 时用该方法	每班加油一次，保证销轴处不干燥
滴油润滑		有简单外壳，用油杯通过油管向松边的内、外链板间隙处滴油。通常链速 $v=2\sim4m/s$ 时用该方法	给油量为 $5\sim20$ 滴/min（单排链），链速高时给油量应增加
油浴润滑		具有不漏油的外壳，链条从油池中通过	链条浸入油中的深度为 $8\sim12mm$，若过深，则搅油损失大，易使润滑油发热变质
溅油润滑	导油板　具有不漏油的外壳，甩油盘将油甩起，经壳体上的集油装置将油导流到链条上。甩油盘圆周速度大于 $3m/s$。当链宽超过 $125mm$ 时，应在链轮的两侧装甩油盘		链条不浸入油池，甩油盘浸油深度为 $12\sim15mm$

润滑方式	简　图	说　明	每个喷油嘴的供油量/（cm³/s）			
压力润滑		具有不漏油的外壳，液压泵供油。循环油可起冷却作用。喷油嘴设在链条啮入处，喷油嘴数应是 $(m+1)$ 个，m 为链条排数	链速 v/（m/s）	节距 p/mm		
				≤19.05	$25.40\sim31.75$	$38.10\sim44.45$	50.80
			$8\sim13$	16.7	25	33.4	41.7
			$13\sim18$	33.4	41.7	50	58.3
			$18\sim24$	50	58.3	66.8	75

注：开式传动和不易润滑的链传动，可定期用煤油拆洗，干燥后浸入 $70\sim80℃$ 的润滑油中，使铰链间隙充油后安装使用。

实　例　分　析

　　日常生活和工业生产实践中，很多地方都用到带传动与链传动，如图 9-28～图 9-32 所示，均为常见实例，请加以分析。

图 9-28　打夯机上的带传动

图 9-29　发动机上的同步带传动

图 9-30　大客车发动机上的带传动

图 9-31　玉米脱粒机上的带传动与链传动

图 9-32　玉米脱粒机上的双排链传动

知 识 小 结

1. 带传动 $\begin{cases} 摩擦式 \begin{cases} 平带传动 \\ V 带传动 \\ 多楔带传动 \\ 圆带传动 \end{cases} \\ 啮合式——同步带传动 \end{cases}$

2. 普通 V 带及 V 带轮 $\begin{cases} 普通 V 带的结构 \begin{cases} 包布层 \\ 拉伸层 \\ 强力层 \begin{cases} 帘布芯 \\ 绳芯 \end{cases} \\ 压缩层 \end{cases} \\ 普通 V 带型号——Y、Z、A、B、C、D、E \\ V 带轮 \begin{cases} 实心轮 \\ 辐板轮 \\ 孔板轮 \\ 椭圆辐轮 \end{cases} \end{cases}$

3. 带传动工作能力分析 $\begin{cases} 带传动的受力分析 \begin{cases} F = F_1 - F_2 = \Sigma F_f \\ 当传递的有效圆周力超过极限值时，带将在带轮上发生滑动，这种现象称为打滑 \end{cases} \\ 带传动的应力分析 \begin{cases} 拉应力 \\ 离心应力 \\ 弯曲应力 \end{cases} \\ 带传动的弹性滑动与传动比 \begin{cases} 由于带的弹性变形而引起带在轮面上滑动的现象，称为弹性滑动 \\ V 带传动比 \ i = \dfrac{n_1}{n_2} = \dfrac{d_{d2}}{d_{d1}} \end{cases} \end{cases}$

4. 带传动的设计计算 $\begin{cases} 带传动失效形式——带在带轮上打滑，带的磨损和疲劳断裂 \\ 基本额定功率 \\ 设计计算 \end{cases}$

5. 带传动的张紧、安装与维护 $\begin{cases} 张紧方式 \begin{cases} 调节螺钉调整 \\ 调节摆动架位置 \\ 自动调整中心距 \\ 张紧轮张紧 \end{cases} \\ 安装与维护 \end{cases}$

```
                           ┌ 传动链
                    链的类型 ┤ 起重链
                           └ 牵引链
                    滚子链——滚子链由内链板、外链板、销轴、套筒及滚子五部分组成
                                    ┌ 链轮的齿形
                                    │                  ┌ 实心式
                    链轮齿形、结构和材料 ┤ 链轮的结构        ┤ 孔板式
                                    │                  └ 组合式
                                    └ 链轮的材料
      6. 链传动 ┤                         ┌ 链条的疲劳破坏
                                    │ 链条铰链的磨损
                    链传动的失效形式 ┤ 链条铰链的胶合
                                    └ 链条的静力拉断
                    链传动的布置
                                    ┌ 人工定期润滑
                                    │ 滴油润滑
                    链传动的润滑 ┤ 油浴润滑
                                    │ 溅油润滑
                                    └ 压力润滑
```

第 10 章

联接（Connection）

教学要求

★ 能力目标

1）螺纹联接预紧和防松的能力。

2）螺栓组联接的结构设计能力。

★ 知识要素

1）螺纹联接的类型、预紧和防松。

2）螺栓组联接的结构设计。

3）销联接的类型和应用场合。

★ 学习重点与难点

螺纹组联接的结构设计。

技能要求

螺纹联接预紧和防松的技能。

价值情感目标

1）通过螺纹联接的学习，传承螺丝钉精神，争当时代新青年。

2）通过螺栓组拧紧原则的学习，培养在生产中遵守生产流程和安全生产操作规范的工程素养。

3）通过介绍我国古代的榫卯联接结构，了解榫卯工艺的辉煌历史，增强学生的民族自豪感。

认识联接

图 10-1 所示为减速器实物图，减速器是由很多零件用不同的联接方式组装在一起来实现其功能的。从图 10-1 中可以看出，减速器上、下箱体用"上、下箱体联接螺栓"联接；为使联接可靠，轴承旁的联接螺栓和一般上、下箱体的联接螺栓不一样，

图 10-1　减速器实物图

采用"轴承旁联接螺栓"；为使上、下箱体安装方便、准确，上、下箱体在安装时要用"定位销"；轴承端盖和箱体的联接用"轴承端盖联接螺栓"；为联接电动机和工作机，需要在电动机的外伸轴上安装联接键。

由此可见，机械设备的组成离不开各种联接，本章主要介绍常见的螺纹联接、销联接，键联接、花键联接放在第11章中介绍。

10.1 概述

通常，联接可分为可拆联接（detachable joint）和不可拆联接（undetachable connection）两类。可拆联接是不损坏联接中任一零件就可拆开的联接，故多次装拆不影响其使用性能，常见的有螺纹联接、键联接、花键联接、销联接等。不可拆联接是拆开联接时至少要损坏联接中某一部分才能拆开的联接，常见的有焊接、铆接以及粘接等。

此外，过盈配合也是常用的联接手段，它介于可拆联接和不可拆联接之间。很多情况下，过盈配合都是不可拆的，原因是拆开这种联接将会引起表面损坏和配合松动；但在过盈量不大的情况下，如对于滚动轴承内圈与轴的联接，多次装拆轴承对联接的损伤不大，则可视为可拆联接。

设计中选用何种联接，主要取决于使用要求和经济性要求。一般来说，采用可拆联接是由于结构、安装、维修和运输方面的需要；而采用不可拆联接，多数是由于工艺和经济方面的要求。

1. 螺纹联接（screw joint）的组成

根据螺旋线所在表面的位置，螺纹可分为外螺纹（external thread）和内螺纹（internal thread）。螺纹联接中的螺栓具有外螺纹，如图 10-2 所示；螺母具有内螺纹，如图 10-3 所示；螺纹联接就是由螺栓（screw bolt）与螺母（screw nut）的配合组成，如图 10-4 所示。

a)

b)

图 10-2 外螺纹-螺栓

a）普通螺栓 b）铰制孔用螺栓

图 10-3 内螺纹-螺母

2. 常用的螺纹类型

（1）三角螺纹 如图 10-5 所示，三角螺纹（即普通螺纹）的牙型为等边三角形，牙型角 $\alpha = 60°$，牙侧角 $\beta = 30°$。牙根强度高、自锁性好、工艺性能好，主要用于联接。同一公称直径的螺纹按螺距 P 大小分为粗牙螺纹和细牙螺纹。粗牙螺纹用于一般联接；细牙螺纹升角小、螺距小、螺纹深度浅、自锁性最好、螺杆强度较高，适用于受冲击、振动和变载荷的联接，以及细小零件、薄壁管件的联接和微调装置，但细牙螺纹耐磨性较差，牙根强度较低，易滑扣。

（2）矩形螺纹　如图 10-6 所示，矩形螺纹的牙型为正方形，牙厚是螺距的一半。牙型角 $\alpha = 0°$，牙侧角 $\beta = 0°$。矩形螺纹当量摩擦因数小，传动效率高，主要用于传动。但其牙根强度较低，难以精确加工，磨损后间隙难以修复，补偿性差、对中精度低。

图 10-4　螺纹联接

图 10-5　三角螺纹

（3）梯形螺纹　如图 10-7 所示，梯形螺纹的牙型为等腰梯形，牙型角 $\alpha = 30°$，牙侧角 $\beta = 15°$。梯形螺纹比三角螺纹当量摩擦因数更小，传动效率更高；比矩形螺纹牙根强度更高，承载能力更高，且加工容易，对中性能好，可补偿磨损间隙，故综合传动性能好，是常用的传动螺纹。

图 10-6　矩形螺纹

图 10-7　梯形螺纹

（4）锯齿形螺纹　如图 10-8 所示，锯齿形螺纹的牙型为不等腰梯形，牙型角 $\alpha = 33°$，工作面的牙侧角 $\beta = 3°$，非工作面的牙侧角 $\beta' = 30°$。锯齿形螺纹综合了矩形螺纹传动效率高和梯形螺纹牙根强度高的特点，但只能用于单向受力的传动。

（5）管螺纹　如图 10-9 所示，管螺纹的牙型为等腰三角形，牙型角 $\alpha = 55°$，牙侧角 $\beta = 27.5°$，公称直径近似为管子孔径，以 in$^{\ominus}$（英寸）为单位。由于牙顶呈圆弧状，内、外螺纹旋合相互挤压变形后无径向间隙，多用于有紧密性要求的管件联接，以保证配合紧密；也适用于压力不大的水、煤、气、油等管路联接。锥管螺纹与管螺纹相似，但螺纹绕制在 1:16 的圆锥面上，紧密性更好。适用于水、气、润滑、电气，以及高温、高压的管路联接。

　　$\ominus$　in 为非法定计量单位，1in = 0.0254m。

图 10-8 锯齿形螺纹

图 10-9 管螺纹

上述各类型螺纹，除了矩形螺纹外，其余都已标准化。

3. 螺纹的代号

螺纹代号由特征代号、尺寸代号、公差带号及其他有必要进一步说明的个别信息组成。螺纹特征代号用字母"M"表示。单线螺纹的尺寸代号为"公称直径×螺距"，公称直径和螺距数值的单位为 mm。对于粗牙螺纹，可以省略标注其螺距项。对左旋螺纹，应加注"LH"代号，右旋螺纹不标注旋向代号。

M40——表示公称直径为 40mm 的单线粗牙普通螺纹。

M40×1.5——表示公称直径为 40mm，螺距为 1.5mm 的细牙普通螺纹。

M40×1.5-LH——表示公称直径为 40mm，螺距为 1.5mm 的左旋细牙普通螺纹。

关键知识点

联接可分为可拆联接和不可拆联接两类。螺纹联接就是由螺栓与螺母的配合组成。联接螺纹一般采用三角螺纹，螺旋传动则多采用矩形螺纹、梯形螺纹和锯齿形螺纹。螺纹代号由特征代号和尺寸代号组成。粗牙普通螺纹用字母 M 与公称直径表示；细牙普通螺纹用字母 M 与公称直径×螺距表示。当螺纹为左旋时，在代号之后加"LH"字母。

学习螺纹联接

10.2 螺纹联接

10.2.1 螺纹联接的主要类型

1. 螺栓联接（bolt connection）

图 10-10 所示为螺栓联接，适用于被联接件不太厚又需经常拆装的场合。螺栓联接有两种联接形式：一种是被联接件上的通孔和螺栓杆间留有间隙的普通螺栓联接（图 10-10a）；另一种是螺栓杆与孔是基孔制过渡配合的铰制孔螺栓联接（图 10-10b）。

2. 双头螺柱联接（double-headed stud connection）

图 10-11 所示为双头螺柱联接。这种联接适用于被联接件之一太厚而不便于加工通孔，并需经常拆装的场合。其特点是被联接件之一制有与螺柱相配合的螺纹，另一被联接件则制有通孔。

图 10-10　螺栓联接

图 10-11　双头螺柱联接

3. 螺钉联接（screw connection）

图 10-12 所示为螺钉联接。这种联接的适用场合与双头螺柱联接相似，但多用于受力不大，不需经常拆装的场合。其特点是不用螺母，螺钉直接旋入被联接件的螺纹孔中。

4. 紧定螺钉联接（set screw connection）

图 10-13 所示为紧定螺钉联接。这种联接适用于固定两零件的相对位置，并可传递不大的力和转矩。其特点是将螺钉旋入被联接件之一的螺纹孔中，末端顶住另一被联接件的表面或顶入相应的坑中，以固定两个零件的相对位置。

图 10-12　螺钉联接

图 10-13　紧定螺钉联接

小提示

学习了螺纹联接的主要类型后，注意观察生产实际和日常生活中所见到的各类机械和装置用的是哪类联接形式。

关键知识点

双头螺柱联接适用于被联接件之一太厚而不便于加工通孔，并需经常拆装的场合。螺钉联接与双头螺柱联接的适用条件相似，但不适用于需经常拆装的场合。

10.2.2　常用螺纹联接件

机械制造中常用的螺纹联接件有螺栓、双头螺柱、螺钉、紧定螺钉、螺母、垫圈（gasket）等，对应的具体结构如图 10-14~图 10-19 所示，这些零件的结构和尺寸都已标准化，可根据实际需要按标准选用。

　　螺纹联接件的常用材料为 Q215A、Q235A、10、35 和 45 钢，对于重要和特殊用途的螺纹联接件，可采用 15Cr、40Cr 等力学性能较高的合金钢。

内六角圆柱头螺栓

六角螺栓

图 10-14　螺栓

图 10-15　双头螺柱

螺纹联接件

图 10-16　螺钉

图 10-17　紧定螺钉

图 10-18　螺母

图 10-19　垫圈

拓展内容

雷锋——螺丝钉精神

"螺丝钉精神"是指雷锋自觉地把个人融入党和人民的事业中去，个人服从整体，服从组织，忠于职守，兢兢业业，干一行，爱一行，钻一行，全心全意为人民服务的精神。

雷锋（1940年12月18日—1962年8月15日），原名雷正兴，出生于湖南长沙，中国人民解放军战士，共产主义战士。

1963年3月5日，毛泽东"向雷锋同志学习"的题词在《人民日报》和《解放军报》上发表，在全国掀起向雷锋同志学习的热潮，几十年来，激励着一代代年轻人健康成长。

1962年4月7日，雷锋在日记中写道："一个人的作用，对于革命事业来说，就如一架机器上的一颗螺丝钉。机器由于有许许多多螺丝钉的联接和固定，才成了一个坚实的整体，才能够运转自如，发挥它巨大的工作能力。螺丝钉虽小，其作用是不可估量的，我愿永远做一个螺丝钉。螺丝钉要经常保养和清洗才不会生锈。人的思想也是这样，要经常检查才不会出毛病。"

周恩来同志曾精辟地把雷锋精神概括为四句话："憎爱分明的阶级立场，言行一致的革命精神，公而忘私的共产主义风格，奋不顾身的无产阶级斗志"。

我们要向雷锋同志学习，尤其要学习雷锋同志的"螺丝钉精神"，在校期间要认真学好各自专业开设的全部课程，走向工作岗位后要爱岗敬业，要发扬雷锋同志的"螺丝钉精神"，干一行，爱一行，钻一行，为我国由制造大国成为制造强国做出应有的贡献。

10.2.3 螺纹联接的预紧和防松

1. 预紧（preload）

在生产实践中，大多数螺纹联接在安装时都需要预紧。联接件在工作前因预紧所受到的力，称为预紧力。预紧可以增强联接的刚性、紧密性和可靠性，防止受载后被联接件间出现缝隙或发生相对移动。

对于普通场合使用的螺纹联接，为了保证联接所需的预紧力，同时又不使螺纹联接件过载，通常由工人用普通扳手凭经验决定。对重要场合，如气缸盖、管路凸缘等紧密性要求较高的螺纹联接，预紧时应控制预紧力。

控制预紧力的方法很多，通常借助测力矩扳手和预置式扭力扳手。图10-20所示为测力矩扳手，通过控制拧紧力矩来控制预紧力的大小。测力矩扳手的工作原理是：扳手长柄在拧紧时产生弹性弯曲变形，但

图 10-20 测力矩扳手

a）示意图 b）实物图 c）刻度盘

和扳手头部固联的指针不发生变形，当扳手长柄弯曲时，和长柄固联的刻度盘配合指针显示出拧紧力矩的大小。

图 10-21a 所示为预置式扭力扳手的实物图。图 10-21b 所示为扳手的头部，头部带齿的小圆盘是调整手轮，转动手轮，可改变扳手的拧紧方向；因头部内有棘轮机构，此扳手在拧紧时只需连续往复摆动，即可拧紧螺母。手柄的尾部（图 10-21c）有预设扭矩数值的套筒，可转动套筒，调节标尺上的数值至所需扭矩值。预置式扭力扳手具有声响装置，当紧固件的拧紧扭矩达到预设数值时，扳手会自动发出讯号"咔嗒"的声响，提示完成工作。

a)

b)

c)

图 10-21　预置式扭力扳手
a）实物图　b）头部　c）尾部

小常识

螺纹联接的预紧很重要，对于重要的联接一定要严格控制预紧力的大小。

由于摩擦因数不稳定，且施加在扳手上的力有时难于准确控制，可能使螺栓拧得过紧，甚至将其拧断。因此，对于重要联接不宜采用直径小于 M12 的螺栓，并应在装配图上注明预紧的要求。

2. 防松（lock）

联接用的螺纹联接件，一般采用三角形粗牙普通螺纹。正常使用时，螺纹联接本身具有自锁性，螺母和螺栓头部等支承面处的摩擦也有防松作用，因此，在静载荷作用下，联接一般不会自动松脱。但在冲击、振动或变载荷作用下，以及当温度变化很大时，螺纹中的摩擦阻力可能瞬间减小或消失，这种现象多次重复出现就会使联接逐渐松脱，甚至会引起严重事故。因此，在生产实践中使用螺纹联接时必须考虑防松措施，常用的防松方法有以下几种：

（1）对顶螺母　如图 10-22 所示，两螺母对顶拧紧后使旋合螺纹间始终受到附加的压力和摩擦力，从而起到防松作用。该方式结构简单，适用于平稳、低速和重载的固定装置上的联接，但轴向尺寸较大。

（2）弹簧垫圈　如图10-23所示，螺母拧紧后，靠垫圈被压平而产生的弹性反力使旋合螺纹间压紧，同时垫圈的斜口尖端抵住螺母与被联接件的支承面，也有防松作用。该方式结构简单，使用方便。但在存在冲击、振动的工作条件下，其防松效果较差，一般用于不重要的联接。

图 10-22　对顶螺母

图 10-23　弹簧垫圈

（3）开口销与六角开槽螺母　如图10-24所示，螺母拧紧后，将开口销穿入螺母槽和螺栓尾部小孔内，并将开口销尾部分开与螺母侧面贴紧，依靠开口销阻止螺栓与螺母相对转动以防松。该方式适用于存在较大冲击、振动的高速机械。

图 10-24　开口销与六角开槽螺母

a）开口销　b）六角开槽螺母　c）汽车用联接　d）三轮车用联接

（4）圆螺母与止动垫圈　如图10-25所示，垫圈的内圆有一内舌，垫圈的外圆有若干外舌，螺杆（轴）与圆螺母上开有槽。使用时，先将止动垫圈的内舌插入螺杆的槽内，当螺母拧紧后，再将止动垫圈的外舌之一折嵌入圆螺母的沟槽中，使螺母和螺杆之间没有相对运动。该方式防松效果较好，多用于轴上滚动轴承的轴向固定。

图 10-25　圆螺母与止动垫圈

a）示意图　b）实物图

（5）止动垫圈 如图 10-26 所示，螺母拧紧后，将单耳或双耳止动垫圈上的耳分别向螺母和被联接件的侧面折弯贴紧，即可将螺母锁住。该方式结构简单，使用方便，防松可靠。

（6）串联钢丝 如图 10-27 所示，将低碳钢丝穿入各螺钉头部的孔内，使各螺钉串联起来而相互制约，使用时必须注意钢丝的穿入方向。该方式适用于螺钉组联接，其防松可靠，但装拆不方便。

图 10-26 止动垫圈
a）示意图 b）实物图

图 10-27 串联钢丝

（7）冲点 如图 10-28 所示，在螺纹联接件旋合好后，用冲头在旋合缝处或在端面上进行冲点防松。该方式防松效果很好，但此时螺纹联接成了不可拆联接。

（8）黏结剂 如图 10-29 所示，将黏结剂涂于螺纹旋合表面，拧紧螺母后黏结剂能自行固化。该方式防松效果良好，但不便拆卸。

图 10-28 冲点

涂黏结剂

图 10-29 黏结剂

小提醒

螺纹联接的防松很重要，需掌握各类型防松装置的工作原理，及其对应的应用场合，根据需要选择合理的防松类型。

10.2.4 螺栓组联接的结构设计

一般情况下，大多数螺栓联接都是成组使用的，设计螺栓组联接时需考虑受力、装拆、加工、强度等多方面因素，应注意以下几个问题：

1）在布置螺栓位置时，各螺栓之间及螺栓中心线与机体壁之间应留有足够的扳手空间，以便于装拆，具体尺寸参见图 10-30 中的尺寸 A、B、C、D、E。

2）如果螺栓联接在受轴向载荷的同时还受到较大的横向载荷，则可采用键、套筒、销等零件来分担横向载荷（图 10-31），以减小螺栓的预紧力和结构尺寸。

3）力求避免螺栓受弯曲应力，为此，螺栓与螺母的支承面通常应加工平整。为减少加

图 10-30　扳手空间

工面，其结构常可做成凸台、沉孔（图 10-32a、b）。加工及安装时，还应保证支承面与螺栓轴线相垂直，以免产生偏心载荷使螺栓受到弯曲应力，从而削弱强度。

图 10-31　减载装置

图 10-32　支承面结构
a）凸台　b）沉孔

4）工程实践中，螺栓的直径可根据联接零件的相关尺寸进行选择，必要时或重要联接中要对螺栓进行强度校核计算，有关螺栓的强度计算可参看机械设计手册。

学习销联接

10.3　销联接

销联接主要用于固定零件之间的相对位置，如图 10-33a 所示；也可用于轴与毂的联接或其他零件的联接，以传递不大的载荷，如图 10-33b 所示，在安全装置中，销还常用作过载剪断元件，称为安全销，如图 10-33c 所示。

销套　　安全销

a）　　　　　　　　　b）　　　　　　　　　c）

图 10-33　销联接

销按其外形可分为圆柱销（图 10-34）、圆锥销（图 10-35）及异形销（图 10-36）等类型，这些销都有对应的国家标准。与圆柱销、圆锥销相配的被联接件孔均需铰光和开通。对于圆柱销联接，因有微量过盈，故多次装拆后定位精度会降低。圆锥销联接的销和孔均制有 1∶50 的锥度，装拆方便，多次装拆对定位精度影响较小，故可用于需经常装拆的场合。特殊结构形式的销统称为异形销。用于安全场合的销称为安全销，如图 10-37 所示。

图 10-34 圆柱销

图 10-35 圆锥销

图 10-36 异形销

图 10-37 安全销

小知识

其他联接简介

自行车前轮上使用的快拆联接　　　车座快拆联接

拓展内容

榫卯结构，彰显古代联接智慧

联接的方式很多很多，现在我们一般说的联接是指常见的可拆联接，有螺纹联接、键联接与花键联接等，不可拆联接有焊接、铆接和粘接等。而在古代，没有这些现代联接方式，我们勤劳智慧的祖先使用最多的是"榫卯"联接。榫卯是在被联接构件上采用的一种凹凸结合的联接方式，凸出部分叫榫，凹进部分叫卯，凸出的榫头和凹进去的卯眼咬合起到联接作用。

榫卯是极为精巧的发明，这种构件联接方式，使得中国传统的木结构成为超越了当代建筑排架、框架或者钢架的特殊柔性结构体，不但可以承受较大的荷载，而且允许产生一定的变形，在地震荷载下通过变形抵消一定的地震能量，减小对结构的不良影响。

　　榫卯是我国古代建筑、家具及其他器械的主要结构方式，是一种充满中国智慧的传统木匠工艺，距今已有七千年的历史。中国古代的建筑大多采用榫卯结构，比如故宫、天坛祈年殿、大观园、山西悬空寺、山西应县木塔等。

　　山西应县木塔，又称为释迦塔，塔高 67.31 米，底层直径 30.27 米，呈平面八角形。全塔耗材红松木料 3000 立方米，总重量 7400 多吨，纯木结构，没有一颗钉子。木塔于辽清宁二年（1056 年）建成，由辽兴宗的萧皇后倡建，田和尚奉敕募建，至金明昌四年，增修益完。是世界上现存最古老最高大之木塔，全国重点文物保护单位，国家 AAAA 级景区，与意大利比萨斜塔、巴黎埃菲尔铁塔并称"世界三大奇塔"。

　　通过这些榫卯结构，可以看出我们中华民族的勤劳智慧与创造精神，古代中国是世界中心，诸多技艺均领先世界水平，即使到现代也依然让人叹为观止，由此更坚定树立我们的民族自豪感。

　　应县木塔详细榫卯结构请扫描二维码学习。

榫卯结构，彰显
古代联接智慧

实 例 分 析

1. 螺纹联接中扳手的正确使用

　　扳手是用来旋紧六边形、正方形螺钉和各种螺母的工具，常由工具钢、合金钢制成。扳手的开口处要求光整、耐磨。扳手可分为活口扳手、专用扳手和特殊扳手三类。活口扳手是最常用的工具，正确的使用方法如图 10-38 所示。

2. 双头螺柱的装配

　　由于双头螺柱没有头部，无法将双头螺柱旋入被联接的螺纹孔内并紧固，因此，常采用螺母对顶或通过长螺母使止动螺钉与双头螺柱对顶的方法来装配双头螺柱。

　　图 10-39 所示为用双螺母对顶的方法装配双头螺柱的示意图，该方法是先将两个螺母相互锁紧在双头螺柱上，然后用扳手扳动上面一个螺母，把双头螺柱拧入螺孔并紧固。

a)　　　　　　b)

图 10-38　活口扳手使用方法

a) 正确　b) 不正确

图 10-39　双头螺柱的拧入法 1

　　图 10-40 所示为通过长螺母使止动螺钉对顶装配双头螺柱的示意图，该方法的原理是用止动螺钉来阻止长螺母和双头螺柱之间的相对运动。装配时，先将长螺母拧到双头螺柱的上

部螺纹处，然后拧入止动螺钉使之与螺柱对顶，再扳动长螺母，双头螺柱即可旋入螺孔中。松开螺母时，应先使止动螺钉回松，再拧下长螺母。

3. 对顶螺母的拧紧

采用对顶螺母防松时，如图 10-41 所示，两螺母对顶拧紧后，下螺母的上牙侧与螺栓的下牙侧摩擦，上螺母的下牙侧与螺栓的上牙侧摩擦，从而使旋合螺纹间两螺母始终受到附加的两个反向力和摩擦力作用，达到防松效果。

图 10-40　双头螺柱的拧入法 2

图 10-41　对顶螺母的拧紧

对顶螺母拧紧的正确操作步骤如下：

1）当下螺母拧紧后，将上螺母拧入并刚接触到下螺母即可。

2）将两个扳手分别卡入上、下螺母上，一般左手持扳手卡住下螺母不动，右手持扳手卡住上螺母往拧紧方向转，直到转不动为止，即可达到对顶螺母的防松作用。

如将两个螺母都向拧紧方向使劲拧紧，其结果如同拧紧一个加厚螺母一样，不起防松作用。

4. 螺栓组的布置应遵循的原则

1）螺栓组的布置应力求对称、均匀。如图 10-42 所示，通常将结合面设计成轴对称的简单几何形状，以便于加工，同时应使螺栓组的对称中心与接合面的形心重合，以保证接合面受力比较均匀。

2）螺栓数目应取 2、3、4、6 等易于分度的数目，以便加工，如图 10-42 所示。

3）同一组螺栓应采用同一种材料和相同的公称尺寸。

4）对需承受弯矩或转矩的螺栓组联接，应尽量将螺栓布置在靠近接合面边缘的位置，以便充分和均衡地利用各个螺栓的承载能力，如图 10-42 所示。

图 10-42　螺栓组的布置

5）螺栓组拧紧时，为使紧固件的配合面受力均匀，应按一定的顺序拧紧，如图 10-42b 中所标数字顺序；而且每个螺栓或螺母不能一次拧紧，应按顺序分 2~3 次实现全部拧紧。拆卸时和拧紧时螺栓的操作顺序相反。

知 识 小 结

1. 概述
   - 螺纹联接的组成
   - 常用的螺纹类型
     - 三角螺纹（普通螺纹）
     - 矩形螺纹
     - 梯形螺纹
     - 锯齿形螺纹
     - 管螺纹
   - 螺纹的代号

2. 螺纹联接
   - 螺纹联接的主要类型
     - 螺栓联接
     - 双头螺柱联接
     - 螺钉联接
     - 紧定螺钉联接
   - 常用螺纹联接件
     - 螺栓、双头螺柱、螺钉
     - 紧定螺钉、螺母、垫圈
   - 螺纹联接的预紧和防松
     - 预紧
       - 测力矩扳手
       - 预置式扭力扳手
     - 防松
       - 对顶螺母、弹簧垫圈、开口销与六角
       - 开槽螺母、圆螺母与止动垫圈
       - 止动垫圈、串联钢丝、冲点、黏结剂
   - 螺栓组联接的结构设计

3. 销联接
   - 圆柱销
   - 圆锥销
   - 异形销
   - 安全销

第 11 章

轴系部件的选择与设计
（Selection and Design of Shafting Parts）

教学要求

★ 能力目标

1) 选择轴材料的能力。
2) 选择滚动轴承类型的能力。
3) 选择键的类型及尺寸的能力。
4) 轴系部件的组合设计能力。
5) 正确安装与拆卸轴承的能力。
6) 轴强度校核的能力。

★ 知识要素

1) 轴的功用、分类与应用。
2) 常用滚动轴承的结构、特点，主要类型及其代号。
3) 滚动轴承的工作情况分析、失效形式。
4) 键联接、花键联接的类型和应用场合。
5) 平键联接的设计。
6) 轴系部件的组合设计、滚动轴承的配合与装拆。
7) 轴的强度、刚度计算。
8) 滑动轴承的特点、类型及应用场合。
9) 轴系部件的润滑与密封。

★ 学习重点与难点

1) 平键联接的设计计算。
2) 轴系部件的组合设计。
3) 轴的强度校核。

技能要求

1) 键联接的安装与拆卸的技能。
2) 正确安装与拆卸轴承的技能。

价值情感目标

1) 通过学习轴结构设计，培养严谨细致的工作作风。
2) 通过学习"国产密封环打破国外企业垄断"拓展内容，增强学生科技强国的责任感和使命感。

认识轴系部件

我们日常生活用品和工业生产实践的设备中用到很多轴，可以说有转动的地方就有轴，有轴的部位就会用到轴系部件。

图 11-1 所示为一斜齿圆柱齿轮减速器。

a)　　　　　　　　　　　　　　　b)

图 11-1　单级斜齿圆柱齿轮减速器

a）减速器外形图　b）减速器内部结构

从图 11-1b 可看出减速器是由齿轮、轴、轴承、轴承端盖和箱体等零件组成的，轴和齿轮用键联接在一起，靠轴承支承在箱体上。减速器是将高速轴的转动通过齿轮传动转换为低速轴的转动，一般高速轴和电动机相连，低速轴则和工作机器联接，通过减速器就能把电动机的固定的高速转动转换为工作机需要的转速。

轴是用来支承旋转零件并传递运动和转矩的。

轴承是机械装置中重要的支承零件，只要有轴旋转的部位就有轴承。

键和花键是实现轴毂联接的重要零件，通过键或花键能比较方便的将轴与轴上安装的零件联接到一起，来完成运动和转矩的传递。

图 11-2 所示为减速器低速轴（阶梯轴）的轴系部件结构示意图，图中③轴段、⑦轴段

图 11-2　减速器低速轴

安装有轴承用来支持轴的旋转，图中④轴段、①轴段安装工作零件齿轮与联轴器。日常生活中的自行车就有前轮轴、后轮轴、中轴和脚蹬子轴等。

本章主要介绍轴系部件的类型、结构、材料，滚动轴承的类型及选择，轴毂联接，轴系部件的结构设计，轴系支承的组合设计，轴的强度与刚度计算，滑动轴承的特点、类型及应用，轴系部件的润滑与密封等内容。

学习轴的基本知识

11.1 轴（axle）的分类及应用

轴是直接支承回转零件（如齿轮、带轮、链轮等）以传递运动和转矩的重要零件。

1. 按所受载荷分类

按所受载荷，轴可分为心轴、传动轴和转轴三类。

（1）心轴（mandrel） 只能承受弯矩而不能承受转矩的轴称为心轴。若心轴工作时是转动的，则称之为转动心轴，例如机车轮轴，如图 11-3 所示。若心轴工作时不转动，则称之为固定心轴，例如自行车前轮轴，如图 11-4 所示。

图 11-3 转动心轴

火车轮

图 11-4 固定心轴

（2）传动轴（transmission shaft） 只能承受转矩而不能承受弯矩的轴称为传动轴。图 11-5 所示为汽车变速箱与后桥之间的传动轴。

（3）转轴（rotor） 图 11-6 所示为单级圆柱齿轮减速器中的转轴，该轴上两个轴承之间的轴段承受弯矩，联轴器与齿轮之间的轴段承受转矩。这种既承受弯矩又承受转矩的轴称为转轴。

2. 按轴线的几何形状分类

按轴线的几何形状，轴可分为直轴（图 11-4、图 11-6）、曲轴和挠性轴三类。

图 11-5 传动轴

图 11-6 转轴

减速器
轴系结构

曲轴（bent axle）（图 11-7）常用于往复式机械（如曲柄压力机、内燃机）中，以实现运动的转换和动力的传递。

挠性轴（flexible axle）（也称钢丝软轴）是由多层紧贴在一起的钢丝层构成的（图 11-8a），它能把旋转运动和不大的转矩灵活地传到任何位置，但它不能承受弯矩，多用于转矩不大、以传递运动为主的简单传动装置中。摩托车的前轮与速度表之间的传动轴就是挠性轴（图 11-8b）。

a)　　　　　　　　b)

图 11-7　曲轴

图 11-8　挠性轴

直轴按形状又可分为光轴、阶梯轴和空心轴三类。

（1）光轴（optical axis）　如图 11-9 所示，光轴的各截面直径相同。光轴加工方便，但零件不易定位。

（2）阶梯轴（stepped shaft）　如图 11-10 所示，阶梯轴轴上零件容易定位，便于装拆，在一般机械中应用广泛。

图 11-9　光轴

图 11-10　阶梯轴

（3）空心轴（hollow shaft）　图 11-11 所示为空心轴。制成空心轴可以减轻质量、增加刚度，还可以利用轴的空心来输送润滑油、切削液或放置待加工的棒料。车床主轴就是典型的空心轴。

图 11-11　空心轴

 小提示

学习了轴的分类及应用后，注意观察生产实际和日常生活中各类机械和装置具体采用的轴的类型。

11.2　轴的材料及其选择

轴的材料是决定承载能力的重要因素。轴的材料除应具有足够的强度外，还应具备足够的塑性、冲击韧度、耐磨性和耐蚀性；对应力集中的敏感性应较小；具有良好的工艺性和经济性；能通过不同的热处理方式提高轴的疲劳强度。

轴的材料主要采用碳素钢和合金钢。碳素钢（carbon steel）比合金钢（alloy steel）价廉，对应力集中的敏感性小，并可通过热处理提高轴的疲劳强度和耐磨性，故应用较广泛。常用的碳素钢为优质碳素钢，为保证轴的力学性能，一般应对其进行调质或正火处理。不重要的轴或受载荷较小的轴，也可用 Q235 等普通碳素钢。

小提醒

选择材料时要根据实际使用场合合理选择，要进行综合比较。

合金钢比碳素钢的机械强度高，热处理性能好，但对应力集中的敏感性强，价格也较贵，主要用于对强度、耐磨性要求较高以及在高温或腐蚀等条件下工作的轴。

高强度铸铁（high tension castiron）和球墨铸铁（nodular castiron）有良好的工艺性，并具有价廉、吸振性强、耐磨性好以及对应力集中敏感性小等优点，适用于制造结构形状复杂的轴（如曲轴、凸轮轴等）。

轴的毛坯选择：当轴的直径较小而又不太重要时，可采用轧制圆钢；重要的轴应当采用锻造坯件；对于大型的低速轴，也可采用铸件。

轴的常用材料及其主要力学性能见表 11-1。

小说明

原金属材料的力学性能中屈服强度用 σ_s 表示，新国标中定义屈服强度区分上屈服强度 R_{eH} 和下屈服强度 R_{eL}。

表 11-1　轴的常用材料及其主要力学性能

材料牌号	热处理方法	毛坯直径/mm	硬度HBW	抗拉强度 σ_b/MPa	屈服强度 σ_s/MPa	弯曲疲劳极限 σ_{-1}/MPa	扭转疲劳极限 τ_{-1}/MPa	许用弯曲应力/MPa		
				不　小　于				$[\sigma_{+1}]_{bb}$	$[\sigma_0]_{bb}$	$[\sigma_{-1}]_{bb}$
Q235A	热轧或锻后空冷	≤100		400~420	225	170	105	125	70	40
		>100~250		375~390	215					
35	正火	≤100	149~187	520	270	210	120	165	75	45
45	正火	≤100	170~217	600	300	240	140	195	95	55
	调质	≤200	217~255	650	360	270	155	215	100	60
40Cr	调质	≤100	241~286	750	550	350	200	245	120	70
		>100~300	229~269	700	500	320	185			
35SiMn	调质	≤100	229~286	800	520	355	205	245	120	70
42SiMn		>100~300	217~269	750	450	320	185			
40MnB	调质	≤200	241~286	750	500	335	195	245	120	70

　关键知识点

　　按所受载荷轴可分为心轴、传动轴和转轴三类。按轴线的几何形状，轴可分为直轴、曲轴和挠性轴三类。直轴按形状又可分为光轴、阶梯轴和空心轴三类。轴的材料主要采用碳素钢和合金钢。当轴的直径较小而又不太重要时，可采用轧制圆钢；重要的轴应当采用锻造坯件；对于大型的低速轴，也可采用铸件。

学习滚动轴承

11.3　滚动轴承

11.3.1　轴承的功用、类型和特点

　　按摩擦性质的不同，轴承可分为滚动轴承（olling bearing）（图 11-12）与滑动轴承（sliding bearing）（图 11-13）。按所受载荷方向的不同，又可分为承受径向载荷的向心轴承和承受轴向载荷的推力轴承。

深沟球轴承

图 11-12　滚动轴承

图 11-13　滑动轴承

滚动轴承具有摩擦力矩小，易起动，载荷、转速及工作温度的适用范围较广，轴向尺寸小，润滑、维修方便等优点。滚动轴承已标准化，由专业工厂大量生产，在机械中应用非常广泛。

滑动轴承具有结构简单、便于安装、抗冲击能力强等独特优点，同时也存在着摩擦损耗较大，轴向结构不紧凑，以及润滑的建立和维护困难等明显不足。

11.3.2　滚动轴承的构造及类型

如图 11-14 所示，滚动轴承一般由内圈（inside track）、外圈（outer ring）、滚动体（rolling element）及保持架（holder）四部分组成。通常内圈与轴颈过盈配合装配在一起，外圈则以较小的间隙配合装在轴承座孔内，内、外圈相对的一侧均有滚道，工作时，内、外圈做相对转动，滚动体可在滚道内滚动。为防止滚动体相互接触而增加摩擦，常用保持架将滚动体均匀地分开。滚动轴承构造中，有的无外圈或无内圈，有的无保持架，但不能没有滚动体。

滚动体的形状有球形（sphere）、圆柱形（cylinder）、圆锥形（cone）、鼓形（cydariform）、滚针形（rolling needle）等多种，如图 11-15 所示。

滚动轴承的内圈、外圈和滚动体均采用强度高、耐磨性好的铬锰高碳钢制造，常用材料有 GCr15、GCr15SiMn 等，淬火后硬度可达 60HRC 以上。保持架多用低碳钢或铜合金制造，也可采用塑料或其他材料。

滚动轴承的类型如下所述：

1）按滚动体形状的不同，滚动轴承可分为球轴承和滚子轴承两大类。

2）按滚动轴承所承受载荷方向的不同，滚动轴承可分为以承受径向载荷为主的向心轴承（radial bearing）和以承受轴向载荷为主的推力轴承（thrust bearing）两类。

图 11-14　滚动轴承基本结构

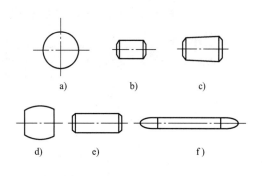

图 11-15　滚动体的形状

a）球形滚动体　b）圆柱滚子　c）圆锥滚子　d）鼓形滚子

e）长圆柱滚子　f）滚针

3）接触角（contract angle）是滚动轴承的一个重要参数。如图 11-16 所示，轴承的径向平面（垂直于轴承轴心线的平面）与经轴承套圈传递给滚动体的合力作用线（一般为滚动体与外圈滚道接触点的法线）的夹角为接触角，用 α 表示。接触角越大，轴承承受轴向载荷的能力也越大。按接触角的不同对滚动轴承进行分类，公称接触角 $\alpha = 0°$ 的轴承称为径向接触向心轴承（如深沟球轴承、圆柱滚子轴承）；公称接触角 $0° < \alpha \le 45°$ 的轴承称为角接

触向心轴承（如角接触球轴承、圆锥滚子轴承）；公称接触角 $45° < \alpha < 90°$ 的轴承称为角接触推力轴承；公称接触角 $\alpha = 90°$ 的轴承称为轴向推力轴承。

4）轴的安装误差或轴的变形等因素都会引起内、外圈轴心线发生相对倾斜，其倾斜角用 θ 表示（图 11-17）。当内、外圈倾斜角过大时，可采用外滚道为球面的调心轴承，这类轴承能自动适应内外两套圈轴心线的偏斜。

图 11-16　滚动轴承的接触角　　　　　图 11-17　滚动轴承的轴心线倾斜

滚动轴承已完全标准化，由专业工厂生产，故本章只介绍滚动轴承的类型、代号、选择方法及寿命计算等问题。

11.3.3　滚动轴承的代号

国家标准 GB/T 272—2017 规定了滚动轴承代号的表示方法。滚动轴承代号由前置代号、基本代号及后置代号构成，其排列顺序如图 11-18 所示。

1. 基本代号

基本代号用来表示轴承的基本类型、结构和尺寸，其组成如图 11-19 所示。

小提示

熟记轴承代号各部分的含义，会正确识别各类轴承。

图 11-18　滚动轴承代号组成　　　　图 11-19　基本代号的组成

（1）轴承类型及类型代号　类型代号为基本代号左起第一位数字（字母），滚动轴承的主要类型及其代号如下：

1）调心球轴承（self-aligning ball bearing）（类型代号 1）。如图 11-20 所示，调心球轴

承是一种带球面外滚道的双列球轴承，它具有自动调心性，可以自动补偿轴的挠曲和壳体变形引起的同轴度误差。主要承受径向载荷，也可以承受不大的轴向载荷，允许角偏差小于 3°，适用于多支点传动轴、刚性较小的轴以及难以对中的轴。

图 11-20　调心球轴承（1205）实物图

2）调心滚子轴承（self-aligning roller bearing）（类型代号 2）。如图 11-21 所示，调心滚子轴承有两列对称布置的球面滚子，滚子在外圈内球面滚道里可以自由调位，以此补偿轴变形和轴承座的同轴度误差。允许角偏差小于 2.5°，承载能力比调心球轴承大，常用于其他类型轴承不能胜任的重载场合，如轧钢机、大功率减速器、起重机车轮等。

图 11-21　调心滚子轴承（22211）实物图

3）推力调心滚子轴承（thrust self aligning roller bearing）（类型代号 2）。如图 11-22 所示，推力调心滚子轴承由下支承滚道、上支承滚道与保持架和滚动体为一体的几部分组成。主要承受轴向载荷；承载能力比推力球轴承大得多，并能承受一定的径向载荷。下支承滚道为球形滚道，能自动调心，允许角偏差小于 3°，极限转速较推力球轴承高；适用于重型机床、大型立式电动机轴的支承等。

4）圆锥滚子轴承［TRB（taperad roller bearing）］（类型代号 3）。如图 11-23 所示，圆锥滚子轴承的外圈是倾斜的，内圈与保持架、滚动体为一个整体，内、外圈可以分离，轴向和径向间隙容易调整。可同时承受径向载荷和较大的单向轴向载荷，承载能力高，常用于斜齿轮轴、锥齿轮轴和蜗杆减速器轴、汽车的前后轴以及机床主轴的支承等。允许角偏差为 2′，一般成对使用。

a)　　　　　　　　　　　　b)

图 11-22　推力调心滚子轴承

a）轴承结构简图　b）轴承（29418）实物图

图 11-23　圆锥滚子轴承（30204）实物图

5）推力球轴承（thrust ball bearing）（类型代号 5）。如图 11-24 所示，推力球轴承包含：51000 型，用于承受单向轴向载荷；52000 型，用于承受双向轴向载荷。51000 型推力球轴承由上、下两个支承滚道和中间带保持架的滚动体三部分组成。52000 型推力球轴承由上、中、下三个支承滚道和两个带保持架的滚动体五部分组成。推力球轴承只能承受轴向载荷，不能承受径向载荷，不宜在高速条件下工作，常用于起重机吊钩、蜗杆轴和立式车床主轴的支承等。

51系列　　　a)　　　　　　　　　　　　　　　　b)　　52系列

图 11-24　推力球轴承

a）轴承（51314）实物图 1　b）轴承（52314）实物图 2

6）深沟球轴承（deep groove ball bearing）（类型代号 6）。如图 11-25 所示，深沟球轴承主要承受径向载荷，也能承受一定的轴向载荷。其极限转速较高，当量摩擦因数最小，高转速时可承受不大的纯轴向载荷，允许角偏差小于 $10'$，承受冲击能力差，适用于刚性较大的轴，常用于机床主轴箱、小功率电动机与普通民用设备等。

7）角接触球轴承（angular contact ball bearing）（类型代号 7）。如图 11-26 所示，角接触球轴承的基本结构和深沟球轴承几乎一样，只是轴承外圈的一侧是倾斜的，有一个接触角，可承受单向轴向载荷和径向载荷，接触角 α 越大，承受轴向载荷的能力也越大，通常成对

a)　　　　　　　　　　b)

图 11-25　深沟球轴承

a）轴承结构简图　b）轴承（6224）实物图

使用。高速时可用它代替推力球轴承，适用于刚性较大、跨距较小的轴，如斜齿轮减速器和蜗杆减速器中轴的支承等。允许角偏差小于 $10'$。

图 11-26　角接触球轴承

a）轴承结构简图　b）轴承（7224）实物图

8）圆柱滚子轴承（cylindrical roller bearing）（类型代号 N）。圆柱滚子轴承外圈的内滚道是平的，内圈与保持架、滚动体为一个整体，内、外圈可以分离，装拆方便。可承受较大的径向载荷，不能承受轴向载荷。内、外圈允许少量轴向移动，允许角偏差很小（小于 $4'$）。其承载能力比深沟球轴承大，能承受较大的冲击载荷。适用于刚性较大、对中良好的轴，常用于大功率电动机、人字齿轮减速器等。圆柱滚子轴承滚子有单列和双列之分，图 11-27 所示为单列圆柱滚子轴承。

图 11-27　单列圆柱滚子轴承

a）轴承结构简图　b）轴承（N213）实物图

9）滚针轴承（needle bearing）（类型代号 NA）。如图 11-28 所示，滚针轴承的结构和圆柱滚子轴承类似，不同的是把圆柱滚子换成了滚针，有的轴承还没有保持架。滚针轴承的结构类型较多，有的只有保持架和滚针，而没有内、外圈。在相同的内径条件下，与其他类型的轴承相比，滚针轴承外径最小，内、外圈可以分离。其径向承受载荷能力较大，不能承受轴向载荷，一般用于对轴承外径有严格要求的场合。

小提示

滚动轴承的类型很多，这里只对一般工业生产中最常用到的轴承进行了分类介绍，详细内容可查阅相关轴承手册。

（2）尺寸系列代号　尺寸系列代号由轴承的宽（高）度系列代号和直径系列代号组合而成。

1）宽（高）度系列代号。如图11-29所示，对于相同内、外径的轴承，根据不同的工作条件可做成不同的宽（高）度，对应标准尺寸形成的尺寸序列称为宽（高）度系列（对于向心轴承表示"宽"度系列，对于推力轴承则表示"高"度系列），用基本代号右起第四位数字表示，其代号见表11-2。当宽度系列代号为"0"时，在轴承代号中通常省略标注，但在调心滚子轴承和圆锥滚子轴承代号中不可省略。

小提示

通过比较，正确理解尺寸系列中宽（高）度系列与直径系列的区别和各自的含义。

a)　　　　　　b)

图 11-28　滚针轴承

a）轴承结构简图　b）轴承（NA4904）实物图

60205　　62205

图 11-29　宽（高）度系列对比

表 11-2　轴承的宽（高）度系列代号

向心	宽度系列	特窄	窄	正常	宽	特宽	推力	高度系列	特低	低	正常
轴承	代号	8	0	1	2	3,4,5,6	轴承	代号	7	9	1,2

2）直径系列代号。对于相同内径的轴承，由于工作所需承受的负荷大小不同，寿命长短不同，必须采用大小不同的滚动体，因而使轴承的外径和宽度随之改变，这种内径相同而外径不同的变化序列称为直径系列，用基本代号右起第三位数字表示，其代号见表11-3。图11-30所示为不同直径系列深沟球轴承的外径对比。

表 11-3　滚动轴承的直径系列代号

项　目	向 心 轴 承						推 力 轴 承				
直径系列	超轻	超特轻	特轻	轻	中	重	超轻	特轻	轻	中	重
代号	8,9	7	0,1	2	3	4	0	1	2	3	4

6205　　　6305　　　6405

图 11-30　直径系列对比

组合排列时，宽（高）度系列代号在前，直径系列代号在后，滚动轴承代号中的尺寸系列代号见表11-4。

表 11-4 尺寸系列代号

直径系列		向 心 轴 承								推 力 轴 承			
		宽度系列代号								高度系列代号			
		8	0	1	2	3	4	5	6	7	9	1	2
		宽度尺寸依次递增→								高度尺寸依次递增→			
		尺寸系列代号											
外径尺寸依次递增↓	7	—	—	17	—	37	—	—	—	—	—	—	—
	8	—	08	18	28	38	48	58	68	—	—	—	—
	9	—	09	19	29	39	49	59	69	—	—	—	—
	0	—	00	10	20	30	40	50	60	70	90	10	—
	1	—	01	11	21	31	41	51	61	71	91	11	—
	2	82	02	12	22	32	42	52	62	72	92	12	22
	3	83	03	13	23	33	—	—	—	73	93	13	23
	4	—	04	—	24	—	—	—	—	74	94	14	24
	5	—	—	—	—	—	—	—	—	—	95	—	—

注：表中"—"表示不存在此种组合。

（3）内径代号　内径代号表示轴承内径尺寸的大小，用基本代号右起第一、第二位数字表示，滚动轴承常用内径代号见表11-5。

表 11-5 滚动轴承常用内径代号

轴承公称内径/mm		内 径 代 号	示　　例
10 ~ 17	10	00	深沟球轴承 6200 $d = 10\text{mm}$
	12	01	
	15	02	
	17	03	
20 ~ 480（22, 28, 32 除外）		公称内径除以5的商数，商数为个位数时，需在商数左边加"0"，如08	调心滚子轴承 23208 $d = 40\text{mm}$
大于和等于 500 以及 22, 28, 32		用公称内径毫米数直接表示，但与尺寸系列之间用"/"分开	调心滚子轴承 230/500 $d = 500\text{mm}$ 深沟球轴承 62/22 $d = 22\text{mm}$

注：此表代号不用于表示滚针轴承的代号。

滚动轴承基本代号一般由四部分数字或字母组成，当宽度系列为"0"时，可省略（调心滚子轴承和圆锥滚子轴承除外）。例如：

轴承内径：$d = 08 \times 5\text{mm} = 40\text{mm}$

尺寸系列代号：(0)2，宽度系列0（代号中省略），直径系列(2)（轻）

轴承类型代号：深沟球轴承

2. 前置代号和后置代号

（1）前置代号　前置代号经常用于表示成套轴承分部件（轴承组件），用字母表示，例如：L 表示可分离轴承的可分离内圈或外圈，K 表示滚子和保持架组件等。

（2）后置代号　后置代号是轴承在结构形状、尺寸公差、技术要求等方面有改变时，在基本代号右侧添加的补充代号，一般用字母（或加数字）表示，与基本代号相距半个汉字距。后置代号共分 8 组，例如，第一组是内部结构，表示内部结构变化情况。现以角接触球轴承的接触角变化为例，说明其标注含义：

1）角接触球轴承，公称接触角 $\alpha = 40°$，代号标注示例：7210 B。

2）角接触球轴承，公称接触角 $\alpha = 25°$，代号标注示例：7210 AC。

3）角接触球轴承，公称接触角 $\alpha = 15°$，代号标注示例：7005 C。

又如，后置代号中第五组为公差等级，滚动轴承常用的公差等级分为普通、6、6X、5、4、2 六级，其中 2 级精度最高，普通级精度最低，依次用/PN，/P6，/6X，/P5，/P4，/P2 表示，如 6208/P6。普通级精度应用最广，其代号通常可不标。

前、后置代号及其他有关内容，详见机械设计手册及相关标准文件。

关键知识点

　　按摩擦性质的不同，轴承可分为滚动轴承与滑动轴承两种。按所受载荷方向的不同，又可分为承受径向载荷的向心轴承和承受轴向载荷的推力轴承。滚动轴承基本代号由类型代号、尺寸系列代号和内径代号三部分组成，尺寸系列代号又可分为宽（高）度系列代号和直径系列代号。基本代号一般由四部分数字或字母组成，当宽度系列为"0"时，可省略（调心滚子轴承和圆锥滚子轴承除外）。

11.3.4　滚动轴承类型的选择

1. 选择滚动轴承类型应考虑的因素

1）轴承工作载荷的大小、方向和性质。

2）轴承转速的高低。

3）轴颈和安装空间允许的尺寸范围。

4）对轴承提出的其他特殊要求。

2. 选择滚动轴承的一般原则

1）球轴承与同尺寸和同精度的滚子轴承相比，它的极限转速和旋转精度较高，因此更适用于高速或旋转精度要求较高的场合。

2）滚子轴承比同尺寸的球轴承的承载能力大，承受冲击载荷的能力也较高，因此适用于重载及有一定冲击载荷的场合。

3）非调心的滚子轴承对于轴的挠曲敏感，因此这类轴承适用于刚性较大的轴和能保证严格对中的场合。

4）各类轴承内、外圈轴线相对偏转角不能超过许用值，否则会使轴承寿命降低，因此在刚度较差或多支点轴上，应选用调心轴承。

5）推力轴承的极限转速较低，因此在轴向载荷较大和转速较高的装置中，应采用角接触球轴承。

6）当轴承同时承受较大的径向和轴向载荷且需要对轴向位置进行调整时，宜采用圆锥滚子轴承。

7）当轴承的轴向载荷比径向载荷大很多时，可采用向心和推力两种不同类型轴承的组合来分别承担径向和轴向载荷，其效果和经济性都比较好。

8）考虑经济性，球轴承比滚子轴承价格便宜；公差等级越高，轴承价格越贵。

小应用

滚动轴承的失效形式与寿命计算

学习轴毂联接

11.4　轴毂联接（hub connection）

机械传动装置中的旋转零件，例如带轮、齿轮、联轴器和离合器等零件都要安装在轴上才能正常工作，这些旋转零件和轴的联接称为轴毂联接，常用的有键联接和花键联接。

键联接在机器中应用极为广泛，常用于轴与轮毂之间的周向固定，以传递运动和转矩。其中有些还能实现轴向移动，用作动联接。根据键联接装配时的松紧程度，键联接分为松键联接和紧键联接两大类。

11.4.1　松键联接的类型、标准及应用

松键联接可分为平键联接、半圆键联接两种。

1. 平键联接

平键联接具有结构简单、装拆方便、对中性好等优点，故应用最广。平键又分为普通平

键、导向平键和滑键。

（1）普通平键 图 11-31 所示为普通平键联接的结构形式。普通平键用于静联接，根据其端部形状的不同分为 A 型（圆头）、B 型（平头）及 C 型（单圆头）三种，如图 11-32 所示。

图 11-31　普通平键联接

| a) | b) | c) |

图 11-32　普通平键的类型

a）A 型　b）B 型　c）C 型

平键联接已标准化，其结构尺寸都有相应的标准规定。常用普通平键及键槽的尺寸与公差见表 11-6。

表 11-6　常用普通平键及键槽的尺寸与公差　　　　（单位：mm）

轴	键	键槽											
			宽度 b					深度				半径 r	
公称直径 d	键尺寸 b×h	基本尺寸 b	极限偏差					轴 t_1		毂 t_2			
			松联接		正常联接		紧密联接	基本尺寸	极限偏差	基本尺寸	极限偏差	最小	最大
			轴 H9	毂 D10	轴 N9	毂 JS9	轴和毂 P9						
>10~12	4×4	4	+0.030　0	+0.078　+0.030	0　−0.030	±0.015	−0.012　−0.042	2.5	+0.1　0	1.8	+0.1　0	0.08	0.16
>12~17	5×5	5						3.0		2.3		0.16	0.25
>17~22	6×6	6						3.5		2.8			
>22~30	8×7	8	+0.036　0	+0.098　+0.040	0　−0.036	±0.018	−0.015　−0.051	4.0		3.3			
>30~38	10×8	10						5.0		3.3			
>38~44	12×8	12	+0.043　0	+0.120　+0.050	0　−0.043	±0.0215	−0.018　−0.061	5.0	+0.20　0	3.3	+0.20　0	0.25	0.40
>44~50	14×9	14						5.5		3.8			
>50~58	16×10	16						6.0		4.3			
>58~65	18×11	18						7.0		4.4			
>65~75	20×12	20	+0.052　0	+0.149　+0.065	0　−0.052	±0.026	−0.022　−0.074	7.5		4.9		0.40	0.60
>75~85	22×14	22						9.0		5.4			
>85~95	25×14	25						9.0		5.4			
>95~110	28×16	28						10.0		6.4			
键长度 L 系列	8,10,12,14,16,18,20,22,25,28,32,36,40,45,50,56,63,70,80,90,100,110,125,140,160,180,200,220,250,280,320												

注：标准文件 GB/T 1095—2003 实则已取消表中"轴公称直径 d"一列，此处列出的数值仅供参考。

使用 A 型键和 C 型键时，轴上的键槽是用立铣刀加工的（图 11-33a），键在键槽中的轴向固定较好，但键槽两端会存在较大的应力集中；使用 B 型键时，键槽是用盘铣刀加工的（图 11-33b），键槽的应力集中较小，但键在键槽中的轴向固定不好。A 型键应用最广，C 型键则多用于轴端。

a)　　　　　　　　　　　　　　　　　b)

端铣加工　　　　立铣加工　　　　　　盘铣加工

图 11-33　键槽的加工

a）立铣刀加工　b）盘铣刀加工

（2）导向型平键和滑键（sliding key）　导向型平键和滑键用于动联接。当轮毂在轴上需沿轴向移动时，可采用导向型平键或滑键，导向型平键（图 11-34）用螺钉固定在轴上的键槽中，轮毂可沿着键做轴向滑动，汽车齿轮变速器中齿轮轴上的键即为导向平键。

图 11-34　导向型平键

当被联接零件滑移的距离较大时，宜采用滑键（图 11-35）。滑键固定在轮毂上，与轮

滑键1　　　　　　　　　　　　　　　　　滑键2

图 11-35　滑键

毂同时在轴上的键槽中做轴向滑移。

2. 半圆键联接

图 11-36 所示为半圆键联接。键槽呈半圆形，键能在键槽内自由摆动以适应轴线偏转引起的位置变化。其缺点是键槽较深，对轴的强度削弱大，故一般多用于轻载或锥形结构的联接中。

图 11-36　半圆键联接

11.4.2　紧键联接的类型、标准及应用

紧键联接有楔键（taper key）联接和切向键（tangent key）联接两种。紧键联接的特点是：键的上、下两表面都是工作面；装配时，将键楔紧在轴、毂之间；工作时，依靠键与轴、毂之间的摩擦力来传递转矩。

1. 楔键联接

图 11-37 所示为楔键联接的结构形式。楔键联接的对中性差，仅适用于对中性要求不高、载荷平稳、速度较低的场合（如某些农业机械及建筑机械中）。楔键分为普通楔键（图 11-37a）及钩头楔键（图 11-37b）两种。为便于安装与拆卸，楔键最好用于轴端。使用钩头型楔键时，拆卸较为方便，但应加装安全罩。

2. 切向键联接

如图 11-38 所示，切向键由两个斜度为 1∶100 的楔键组成。装配时，把一对楔键分别从轮毂的两端打入，使其斜面相互贴合，共同楔紧在轴、毂之间。使用一组切向键时，只能传递单向转矩；

图 11-37　楔键联接
a）普通楔键　b）钩头楔键

如需传递双向转矩，则要使用两组切向键并按 120°~135°分布。切向键对轴的强度削弱较大，故只适用于速度较低、对中性要求不高、轴径大于 100mm 的重型机械中。

图 11-38　切向键联接

小提示

要掌握各类型键联接的工作原理和应用场合，根据要求合理选择。

关键知识点

平键联接的特点是键的两个侧面是工作面。平键又分为普通平键、导向型平键和滑键。紧键联接的特点是键的上、下两表面都是工作面。紧键联接有楔键联接和切向键联接两种。

11.4.3　平键联接的设计

平键联接的设计步骤如下：

1. 选择平键的类型

键的类型应根据具体的工作要求和使用条件而定，包括对中性要求、传递转矩大小、轮毂是否沿轴向滑移及滑移的距离大小、键在轴上的位置等因素。

2. 选择平键的尺寸

1）根据轴的直径选择符合国家标准（表11-6）的平键截面尺寸（$b×h$）。

2）根据轮毂长度 L_1 选择键长 L，通常静联接取 $L=L_1-(5～10)\,\text{mm}$，动联接键长 L 需根据移动距离确定。键长 L 应符合标准长度系列。

3. 校核平键联接的强度

键联接的主要失效形式有压溃、磨损和剪断。由于键为标准件，其剪切强度足够，因此，用于静联接的普通平键主要失效形式是工作面的压溃；而用于动联接的键的主要失效形式是工作面的磨损。因此，通常只按工作面的最大挤压应力或压强进行强度校核。

静联接

$$\sigma_{\mathrm{p}} = \frac{4T}{dhl} \leqslant \left[\sigma_{\mathrm{p}}\right] \tag{11-1}$$

动联接

$$p = \frac{4T}{dhl} \leqslant \left[p\right] \tag{11-2}$$

式中　　T——传递的转矩（N·mm）；

d——轴的直径（mm）；

h——键的高度（mm）；

l——键的工作长度（mm）；

$\left[\sigma_{\mathrm{p}}\right]$ 和 $\left[p\right]$——键联接的许用挤压应力和许用压强（MPa），计算时应取联接中强度较弱材料的相应值，常见键联接材料的许用应力（压强）见表 11-7。

表 11-7　键联接材料的许用应力（压强）　　　　（单位：MPa）

许用应力	联接性质	键或轴、毂的材料	载荷性质		
			静载荷	轻微冲击	冲击
$\left[\sigma_{\mathrm{p}}\right]$	静联接	钢	125~150	100~120	60~90
		铸铁	70~80	50~60	30~45
$\left[p\right]$	动联接	钢	50	40	30

如果键联接的强度不够，可以采用下列措施加以解决：

1）适当增加轮毂及键的长度。

2）采用相距 180°布置的双键，考虑载荷分布的不均匀性，双键联接强度计算时，应按 1.5 个键计算。

4. 选择轴、毂尺寸及公差

根据前述各步骤的设计结果，结合相关标准选择轴、毂尺寸及公差。

例 11-1　如图 11-39 所示，某钢制输出轴与铸铁齿轮采用键联接，已知轴与齿轮配合处的直径 $d = 45\mathrm{mm}$，齿轮轮毂长 $L_1 = 80\mathrm{mm}$，该轴传递的转矩 $T = 200\mathrm{kN \cdot mm}$，工作载荷有轻微冲击。试设计该键联接。

解　1）选择键联接的类型

为保证齿轮传动啮合良好，要求轴、毂对中性好，故选用 A 型普通平键联接。

2）选择键的主要尺寸

参考轴径 $d = 45\mathrm{mm}$，由表 11-6 选取键宽 $b = 14\mathrm{mm}$，键高 $h = 9\mathrm{mm}$。键长 $L = \left[80 - (5 \sim 10)\right]\mathrm{mm} = 75 \sim 70\mathrm{mm}$，取 $L = 70\mathrm{mm}$。标记为：GB/T 1096　键　14×9×70。

3）校核键联接强度

根据工作条件，由表 11-7 查得铸铁 $\left[\sigma_{\mathrm{p}}\right] = 50 \sim 60\mathrm{MPa}$，计算挤压强度

$$\sigma_{\mathrm{p}} = \frac{4T}{dhl} = \frac{4 \times 200000}{45 \times 9 \times (70 - 14)}\mathrm{MPa} = 35.27\mathrm{MPa} \leqslant \left[\sigma_{\mathrm{p}}\right]$$

所选键联接强度足够。

4）标注键联接公差

轴、毂尺寸及公差的标注如图 11-40 所示。

图 11-39 键联接

图 11-40 轴、毂尺寸及公差的标注

学习花键联接

11.4.4 花键（spline）联接

花键联接由周向均布多个键齿的花键轴与带有相应键槽的花键毂组成，如图 11-41 所示。与平键联接相比，由于键齿与轴为一体，故花键联接的承载能力高，定心性和导向性好，对轴的强度削弱较小，因此适用于承载较大和对定心精度要求较高的静联接和动联接，特别是在飞机、汽车、拖拉机、机床及农业机械中应用较广。其缺点是齿根仍有应力集中，加工需专用设备和量刃具，制造成本高。

图 11-41 花键联接

根据齿形的不同，常用的花键联接可分为矩形花键联接和渐开线花键联接两种。

1. 矩形花键联接

如图 11-42 所示，矩形花键的齿侧边为直线，廓形简单。一般采用小径定心，这种定心方式的定心精度高、稳定性好，但花键轴和花键毂上的齿均需在热处理后进行磨削，以消除热处理变形。

2. 渐开线花键联接

如图 11-43 所示，渐开线花键的两侧齿廓为渐开线，标准规定，渐开线花键的标准压力角有 30°和 45°两种。受载时，齿上有径向分力，能起自动定心作用，有利于各齿受力均匀，

图 11-42 矩形花键联接

图 11-43 渐开线花键联接

因此多采用齿形定心。渐开线花键可用加工齿轮的方法进行制造,工艺性好,易获得较高的精度和互换性;且齿根强度高,应力集中小,寿命长。因此,渐开线花键常用于载荷较大、定心精度要求较高以及尺寸较大的联接。

轴、毂之间的周向固定,除键联接、花键联接外,还有销联接(见第 10 章),销联接可同时进行周向固定和轴向固定。

 学习轴系结构设计

11.5 轴系部件的结构设计

11.5.1 轴的结构设计

1. 轴系结构的设计一般应满足的要求:

1)为节省材料、减轻质量,应尽量采用等强度外形和高刚度的剖面形状。

2)要便于轴上零件的定位、固定、装配、拆卸和位置调整。

3)轴上安装有标准零件(如轴承、联轴器、密封圈等)时,轴的直径要符合相应的标准或规范。

4)轴上结构要有利于减小应力集中以提高疲劳强度。

5)应具有良好的加工工艺性。

轴的结构多数情况采用阶梯轴,因为它既接近于等强度外形,加工也不复杂,且有利于轴上零件的装拆、定位和固定。

图 11-44 为阶梯轴的典型结构。轴上安装轮毂部分的轴段称为轴头(shaft head)(图 11-44 的①、④段),安装轴承的轴段称为轴颈(shaft neck)(图 11-44 的③、⑦段),连接轴头和轴颈部分的轴段称为轴身(axle body)(图 11-44 的②、⑤、⑥段)。

图 11-44 阶梯轴的典型结构减速器低速轴

结构分析主要是看轴上零件的定位和固定方式，①、④轴段上联轴器和齿轮是靠②与⑤形成的轴肩来定位的；左端的轴承是靠⑥轴段的轴肩来定位的；右端的轴承是靠套筒来定位的；齿轮和联轴器靠键和轴联接实现圆周方向的固定。

轴系部件的总体设计主要是考虑轴上零件的定位和固定，轴上零件的固定有可分为周向固定和轴向固定。

2. 轴上零件的定位

轴上零件利用轴肩或轴环来定位是最方便而有效的办法，如图 11-44 所示的齿轮、联轴器左侧的定位。为了保证轴上零件紧靠定位面，轴肩或轴环处的圆角半径 r 必须小于零件毂孔的圆角 R 或倒角 C_1（图 11-45）。定位轴肩的高度一般取 $h = (2 \sim 3)C_1$ 或 $h = (0.07 \sim 0.1)d$（d 为配合处的轴径）。轴环宽度 $b \approx 1.4h$（表 11-8 图）。

图 11-45　定位轴肩的结构尺寸

3. 轴的加工和装配工艺性

轴的结构应力求简单，阶梯级数尽可能少，键槽、圆角半径、倒角、中心孔等尺寸尽可能统一，以便于加工和检验；轴上需磨削的轴段应设计砂轮越程槽（图 11-44 中⑥、⑦轴段的交界处）；车制螺纹的轴段应有退刀槽；当轴上有多处键槽时，应使各键槽位于同一圆轴母线上（图 11-44）。为便于装配，轴端均应有倒角；阶梯轴常设计成两端小、中间大的形状，以便于零件可从两端进行装拆；各零件装配应尽量不接触其他零件的配合表面；轴肩高度不应妨碍零件的拆卸。

11.5.2　轴系部件的轴向固定

1. 轴上零件的轴向固定

轴上零件的轴向位置必须固定，以承受轴向力或不产生轴向移动。轴向定位和固定主要有两类方法：一是利用轴本身的结构实现定位和固定，如利用轴肩、轴环、锥面等；二是采用附件实现定位和固定，如采用套筒、圆螺母、弹性挡圈、轴端挡圈、紧定螺钉、楔键和销等，详见表 11-8。

表 11-8　轴上零件的轴向定位和固定

固 定 方 式	结 构 图 形	应 用 说 明
轴肩或轴环	轴肩　　　　　　　轴环	定位和固定可靠，可承受的轴向力大
套筒		定位和固定可靠，可承受的轴向力大，多用于轴上相邻两零件相距不远的场合。为了定位可靠，应使齿轮轮毂宽 b 大于相配轴段的长度 l，一般取 $b - l = 2 \sim 3\text{mm}$

（续）

固定方式	结构图形	应用说明
锥面		对中性好，常用于调整轴端零件位置或需经常拆卸的场合
圆螺母与止动垫圈	止动垫圈 圆螺母	常用于零件与轴承之间距离较大、轴上允许车制螺纹的场合
双圆螺母		可以承受较大的轴向力，螺纹对轴的强度削弱较大，应力集中严重
弹性挡圈	轴用弹性挡圈	常用于承受轴向力小或不承受轴向力的场合，常用作滚动轴承的轴向固定
轴端挡圈		用于轴端零件要求固定的场合

（续）

固 定 方 式	结 构 图 形	应 用 说 明
紧定螺钉		常用于承受轴向力小或不受轴向力的场合

2. 滚动轴承的外圈固定

滚动轴承外圈轴向定位固定方式见表 11-9。

表 11-9　滚动轴承外圈轴向定位固定方式

定位固定方式	简图	特点和应用
轴承端盖固定		固定可靠、调整简便，应用广泛，适用于各类轴承的外圈单向固定
弹性挡圈固定		结构简单、紧凑，适用于转速不高、轴向力不大的场合
止动卡环固定		轴承外圈带有止动槽，结构简单、可靠，适用于箱体外壳不便设凸肩的深沟球轴承固定
螺纹环固定		轴承座孔须加工螺纹，适用于转速高、轴向载荷大的场合

11.6 轴系支承的组合设计

11.6.1 轴系轴向位置的固定

为了保证轴工作时的正确位置，防止轴的窜动，轴系的轴向位置必须固定。其典型结构形式有三种。

1. 两端单向固定

此种结构适用于工作温度变化不大的短轴，如图 11-46 所示。考虑到轴工作时会受热膨胀，安装时轴承端盖与轴承外圈之间应留有间隙，如图 11-46a 所示，常取间隙 $\Delta = 0.25 \sim 0.4\text{mm}$。一般还要在轴承端盖和机座间加调整垫片，以便调整轴承的游隙。

a)

b)

图 11-46　两端单向固定

> **小提示**
>
> 掌握轴系部件的设计很重要，课程设计中箱体俯视图的设计实际上就是轴系部件的设计。

2. 一端固定、一端游动

当轴的工作温度较高或轴较长时，为弥补轴受热膨胀时的伸长量，常采用一端轴承双向固定、一端轴承游动的结构形式（图 11-47）。一般游动端可选用圆柱滚子轴承（图 11-47a）或深沟球轴承（图 11-47b）。

a)

b)

图 11-47 一端固定、一端游动

3. 两端游动

图 11-48 所示为典型的两端游动支承形式，两端都采用外圈无挡边的圆柱滚子轴承，轴承的内、外圈都要求固定，以保证轴和轴承内圈及滚动体能沿轴承外圈的内表面做轴向游动。这种支承适用于要求两端都游动的场合（如人字齿轮的主动轴），以弥补因螺旋角偏差造成两侧轮齿不完全对称而引起的啮合误差。为了保证整个啮合系统的正常工作，参与传动的另一根轴要做成固定形式。

11.6.2 滚动轴承组合的调整

1. 轴承间隙的调整

为保证轴承正常运转，在装配轴承时，一般都要留有适当的间隙，常用的间隙调整方法有三种：

（1）调整垫片（图 11-49a） 增减轴承端盖与箱体结合面之间的垫片厚度以调整轴承间隙。

（2）调节压盖（图 11-49b） 利用端

图 11-48 两端游动

盖上的螺钉调节可调压盖的轴向位置以调整轴承间隙。

（3）调整环（图11-49c）　增减轴承端面与轴承端盖之间的调整环厚度以调整轴承间隙。

2. 轴承组合位置的调整

轴承组合位置调整的目的是使轴上零件具有准确的工作位置，如锥齿轮传动，要求两个节锥顶点重合，这可以通过调整移动轴承的轴向位置来实现。图11-50所示为锥齿轮轴系支承结构，套杯与箱体之间的垫片1用来调整锥齿轮的轴向位置，而垫片2则用来调整轴承间隙。

图 11-49　轴承间隙的调整

a）调整垫片　b）调节压盖　c）调整环

图 11-50　轴承组合位置调整

3. 滚动轴承的预紧

预紧是指安装时给轴承一定的轴向压力（预紧力），以消除其间隙，并使滚动体和内外圈接触处产生弹性预变形。预紧的作用是增加轴承刚度，减小轴承工作时的振动，提高轴承的旋转精度。

预紧的方法有：

（1）定位预紧　在成对使用的轴承的内圈（或外圈）之间加上金属垫片（图11-51a）或磨窄某一侧套圈的宽度（图11-51b），在轴承受一定轴向力后产生预变形实现预紧。

（2）定压预紧　利用弹簧的弹性压力使轴承承受一定的轴向载荷并产生预变形，实现定压预紧，如图11-52所示。

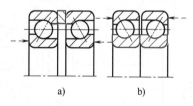

图 11-51　轴承的定位预紧

a）增加金属垫片　b）磨窄某一侧套圈宽度

图 11-52　轴承的定压预紧

11.6.3 滚动轴承的配合与装拆

1. 滚动轴承的配合（coordinate）

轴承的配合是指轴承内圈与轴颈、轴承外圈与座孔的配合。滚动轴承是标准件，其内圈与轴颈的配合采用基孔制，外圈与轴承座孔的配合采用基轴制。载荷较大时，应选较紧的配合；当载荷方向不变时，转动圈配合宜紧一点，而不动圈配合松一点。游动支承和需要经常拆卸的轴承的配合则要松一点。

滚动轴承的配合种类和公差应根据轴承类型、转速、工作条件以及载荷大小、方向和性质来确定。对于转速较高、载荷及振动较大、旋转精度较高的转动套圈（通常为内圈），应采用较紧的配合；固定套圈（通常为外圈）、游动套圈或经常拆卸的轴承应采用较松的配合。有关滚动轴承配合的详细资料可参考《机械设计手册》。

2. 轴承的安装（install）**与拆卸**（demolition）

进行滚动轴承组合设计时，还应考虑轴承的安装与拆卸。例如，定位轴肩的高度应符合滚动轴承规定的安装尺寸，以保证拆卸空间（图 11-53c）。

安装轴承时，可用压力机在内圈上施加压力，将轴承压套到轴颈上（图 11-53a），也可

图 11-53 轴承的装拆

在内圈上加套后用锤子均匀敲击使之装入轴颈，但不允许直接用锤子敲打轴承外圈，以防损坏轴承；对精度要求较高的轴承，还可采用热配法，将轴承放在不到100℃的油中加热后，再装入。

轴承的拆卸如图 11-53b、c 所示。图 11-53d 所示为轴承专用的轴承拆卸器。

11.7 轴的强度与刚度计算

11.7.1 确定各轴段的直径和长度

1. 各轴段的直径

在轴的设计初期，由于轴承及轴上零件位置均不确定，不能求出支反力和弯矩分布情况，因而无法按弯曲强度计算轴的危险截面直径，只能用估算法来初步确定轴的直径。初步估算轴的直径可以采用以下两种方法：

（1）按类比法初步估算轴的直径　这种估算方法是根据轴的工作条件，选择与其相似的轴进行类比，从而进行轴的结构设计，并画出轴的零件图。用类比法估算轴的直径时一般不进行强度计算。由于完全依靠现有资料及设计者的经验估算轴的直径，结果比较可靠，同时又缩短了设计周期，因而较为常用。但这种方法也存在一定的盲目性。

（2）按抗扭强度初步估算轴的直径　在进行轴的结构设计前，先按抗扭强度条件初步估算轴的最小直径。待轴的结构设计基本完成之后，再对轴进行全面的受力分析及强度、刚度核算。

由材料力学知识可知，圆轴扭转时的强度条件为

$$\tau = \frac{T}{W_T} = \frac{9.55 \times 10^6 P}{0.2 d^3 n} \leqslant [\tau] \tag{11-3}$$

式中　τ、$[\tau]$——轴的扭转切应力和许用扭转切应力（MPa）；

T——轴所传递的转矩（N·mm）；

W_T——轴的抗扭截面系数（mm^3）；

P——轴所传递的功率（kW）；

n——轴的转速（r/min）；

d——轴的估算直径（mm）。

将许用应力代入上式，按许用扭转切应力$[\tau]$计算轴径 d

$$d \geqslant \sqrt[3]{\frac{9.55 \times 10^6 P}{0.2[\tau] n}} = A \sqrt[3]{\frac{P}{n}} \tag{11-4}$$

式中　$A = \sqrt[3]{\dfrac{9.55 \times 10^6}{0.2[\tau]}}$ 是由轴的材料和承载情况确定的常数，其值见表 11-10。

表 11-10　轴用材料的 $[\tau]$ 和 A 值

轴的材料	Q235,20	35	45	40Cr,35SiMn,42SiMn,40MnB
$[\tau]$/MPa	12~20	20~30	30~40	40~52
A	160~135	135~118	118~107	107~97

注：1. 当作用在轴上的弯矩较转矩小或只受转矩时，$[\tau]$ 取较大值，A 取较小值；反之 $[\tau]$ 取较小值，A 取较大值。

　　2. 当用 Q235 及 35SiMn 时，$[\tau]$ 取较小值，A 取较大值。

应用式（11-4）求出的 d 值，一般选作轴的最小直径。轴段上有键槽时，应把算得的直径增大，单键则轴径增大 3%~5%，双键则轴径增大 8%~10%，然后圆整到标准直径。

2. 各轴段的长度

各轴段的长度主要是根据安装零件与轴配合部分的轴向尺寸（或者考虑安装零件的位移以及留有适当的调整间隙等）来确定。确定轴的各段长度时应保证轴上零件轴向定位的可靠，与齿轮、联轴器等零件相配合部分的轴长，一般应比毂的长度短 2~3mm。

11.7.2　轴的强度校核

当轴的结构设计完成以后，轴上零件的位置均已确定，轴所受载荷的大小、方向、作用点及支承跨距均为已知，此时可校核轴的强度。

轴的强度计算应根据轴上载荷情况的不同而采用相应的计算方法。对于传动轴，可按抗扭强度计算公式（11-3）和式（11-4）进行计算；对于心轴，可按弯矩强度计算；对于转轴，应按弯扭组合强度计算，必要时还应按疲劳强度条件精确校核安全系数。

1. 弯扭组合强度计算

对于同时承受弯矩 M 和转矩 T 的钢制转轴，通常按第三强度理论进行强度计算，强度计算公式为

$$\sigma_e = \frac{M_e}{W} = \frac{\sqrt{M^2 + (\alpha T)^2}}{0.1 d^3} \leqslant [\sigma_{-1}]_{bb} \tag{11-5}$$

式中　σ_e——危险截面的当量应力（MPa）；

　　　M_e——当量弯矩（N·mm）；

　　　M——合成弯矩（N·mm）；

　　　T——轴所传递的转矩（N·mm）；

　　　d——危险截面的直径（mm）；

　　　W——危险截面的抗弯截面系数（mm³）；

　　　α——将转矩转化为当量弯矩的折合因数。对于不变转矩，$\alpha = \dfrac{[\sigma_{-1}]_{bb}}{[\sigma_{+1}]_{bb}} \approx 0.3$；对于

　　　　脉动循环转矩，$\alpha = 0.6$；对于频繁正反转的轴，可按对称循环转矩处理，取

　　　　$\alpha = 1$。若转轴变化规律不清楚，一般按脉动变化转矩处理；

　　$[\sigma_{-1}]_{bb}$——对称循环状态下的许用弯曲应力，参见表 11-1；

　　$[\sigma_{+1}]_{bb}$——静应力状态下的许用弯曲应力，参见表 11-1。

由式（11-5）可推得相应轴段实心轴直径 d 的计算公式

$$d \geqslant \sqrt[3]{\frac{M_e}{0.1 [\sigma_{-1}]_{bb}}} \tag{11-6}$$

由式（11-6）求得的直径如小于或等于前期由结构确定的轴径，说明原轴径强度足够；否则应加大各轴段的直径。

2. 按弯扭组合强度校核轴的强度

1）画出轴的空间受力图，计算出水平面内支反力和铅垂面内支反力。

2）根据水平面受力图画出水平面弯矩图。

3）根据垂直面受力图画出垂直面弯矩图。

4）进行矢量合成，画出合成弯矩图。

5）画出轴的扭矩图。

6）计算危险截面的当量弯矩。

7）进行危险截面的强度计算。对有键槽的截面，应将计算的直径适当增大。当轴的校核强度不够时，应重新进行设计。

例 11-2　图 11-54 所示为单级直齿圆柱齿轮减速器的传动简图。已知从动轴传递的功率为 $P = 12\text{kW}$，转速 $n_2 = 240\text{r/min}$，大齿轮的齿宽 $b = 70\text{mm}$，齿数 $z = 40$，$m = 5\text{mm}$，轴端装联轴器，试设计此从动轴。

解　1）选择轴的材料

该轴对材料无特殊要求，选 45 钢，正火处理。

2）初估轴外伸端直径 d

根据公式 $d \geqslant A\sqrt[3]{\dfrac{P}{n}}$，查表 11-10，45 钢的 $A = 118 \sim 107$，于是得

图 11-54　单级直齿圆柱齿轮减速器

$$d \geqslant A\sqrt[3]{\frac{P}{n}} = (118 \sim 107)\sqrt[3]{\frac{12}{240}}\text{mm} = 43.47 \sim 39.42\text{mm},$$

考虑该轴段上有一个键槽，故应将直径增大 4%，即 $d = (43.47 \sim 39.42) \times 1.04\text{mm} = 45.21 \sim 41.00\text{mm}$；轴端安装联轴器，应取对应的标准直径系列值，取 $d = 42\text{mm}$。

3）轴的结构设计及草图绘制

① 轴的结构分析：要确定轴的结构形状，必须先确定轴上零件的装拆顺序和固定方式，因为不同的装拆顺序和固定方式对应着不同的轴的形状。本题考虑从轴的右端装入齿轮，齿轮的左端用轴肩（或轴环）定位和固定，右端用套筒固定。因单级传动，一般将齿轮安装在箱体中间，轴承安装在箱体的轴承孔内，相对于齿轮左右对称，并取相同的内径。最后确定轴的形状如图 11-55 所示。

② 确定各轴段的直径：根据各轴段直径的确定原则，该从动轴各轴段直径选取如下：轴段①的直径为最小直径，通过前面的计算确定为 $d_1 = 42\text{mm}$；轴段②要考虑联轴器的定位和安装密封圈的需要，取 $d_2 = 50\text{mm}$，取定位轴肩高 $h = (0.07 \sim 0.1)d_1$；轴段③安装轴承，为便于装拆，应取 $d_3 > d_2$，且与轴承的内径标准系列相符，故取 $d_3 = 55\text{mm}$（轴承型号为 6311）；轴段④安装齿轮，轴径尽可能采用推荐的标准系列值，但轴的尺寸不宜过大，故取 $d_4 = 56\text{mm}$；轴段⑤为轴环，考虑左面轴承的拆卸以及右面齿轮的定位和固定，取轴径 $d_5 = 65\text{mm}$；轴段⑥取与轴段③相等的直径，即 $d_6 = 55\text{mm}$。

③ 确定各轴段的长度：为保证齿轮固定可靠，轴段④的长度应略短于齿轮轮毂的长度（设齿轮轮毂长与齿宽 b 相等，为 70mm），取 $L_4 = 68\text{mm}$；为保证齿轮端面与箱体内壁不相

图 11-55　轴系部件结构图

碰，应留一定间隙，取两者间距为 15mm，为保证轴承安装在箱体轴承孔内，并考虑轴承的润滑，取轴承右端面与箱体内壁间距为 5mm（考虑采用油润滑，如为脂润滑应取更大些），故轴段⑤长度为 $L_5 = (15+5)\,mm = 20mm$；根据轴承内圈宽度 $B = 29mm$，故取轴段⑥长度为 $L_6 = 31mm$；因两轴承相对齿轮对称布置，故取轴段③长度为 $L_3 = (2+20+29)\,mm = 51mm$；为保证联轴器不与轴承端盖联接螺钉相碰，并使轴承盖拆卸方便，联轴器左端面与端盖间应留适当的间隙，再考虑箱体和轴承端盖的尺寸取定轴段②的长度，经查《机械零件设计手册》，取 $L_2 = 48mm$；根据联轴器轴孔长度 $L'_1 = 84mm$，（见《机械零件设计手册》，本题选用弹性套柱销联轴器，型号为 LT7，J 型轴孔），取 $L_1 = 82mm$。

小提醒

　　确定轴的长度很重要，课程设计时箱体的宽度就取决于轴的长度，或者说箱体的设计就是从确定轴的长度开始的。

　　因此，全轴长 $L = (82+48+51+68+20+31)\,mm = 300mm$。

　　④ 两轴承之间的跨距 l：因深沟球轴承的支反力作用点在轴承宽度的中点，故两轴承之间的跨距 $l = (70+20\times2+14.5\times2)\,mm = 139mm$。

　　4）按弯扭组合进行强度校核

　　① 绘制轴的计算简图：如图 11-56a 所示，对轴系部件结构图进行简化。再对载荷进行简化，两端轴承，一端视为活动铰链，一端视为固定铰链，从动轴受力简图如图 11-56b 所示。

　　② 计算轴上的作用力：

从动轴上的转矩

$$T = 9.55 \times 10^6 P/n = (9.55 \times 10^6 \times 12/240)\,N \cdot mm = 477500\,N \cdot mm$$

齿轮分度圆直径

$$d = zm = 40 \times 5\,mm = 200mm$$

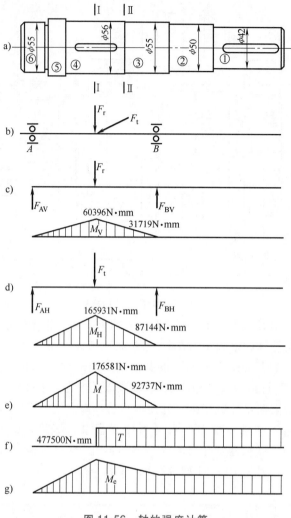

图 11-56 轴的强度计算

齿轮的圆周力

$$F_t = \frac{2T}{d} = \frac{2 \times 477500}{200}N = 4775N$$

齿轮的径向力 $\qquad F_r = F_t\tan\alpha = (4775\tan20°)N \approx 1738N$

③ 计算支反力及弯矩：

a. 求垂直平面内的支反力及弯矩

求支反力：对称布置，故

$$F_{AV} = F_{BV} = \frac{F_r}{2} = \frac{1738}{2}N = 869N$$

求垂直平面内的弯矩

I - I 截面 $\qquad M_{IV} = (869 \times 69.5)N \cdot mm = 60396N \cdot mm$

II - II 截面 $\qquad M_{IIV} = (869 \times 36.5)N \cdot mm = 31719N \cdot mm$

b. 求水平平面内的支反力及弯矩

求支反力：对称布置，故

$$F_{AH} = F_{BH} = \frac{F_t}{2} = \frac{4775}{2}N = 2387.5N$$

求水平平面内的弯矩

Ⅰ-Ⅰ截面 $\qquad M_{IH} = (2387.5 \times 69.5)N \cdot mm = 165931N \cdot mm$

Ⅱ-Ⅱ截面 $\qquad M_{ⅡH} = (2387.5 \times 36.5)N \cdot mm = 87144N \cdot mm$

c. 求各剖面的合成弯矩

Ⅰ-Ⅰ截面

$$M_I = \sqrt{M_{IV}^2 + M_{IH}^2} = \sqrt{60396^2 + 165931^2}N \cdot mm = 176581N \cdot mm$$

Ⅱ-Ⅱ截面

$$M_Ⅱ = \sqrt{M_{ⅡV}^2 + M_{ⅡH}^2} = \sqrt{31719^2 + 87144^2}N \cdot mm = 92737N \cdot mm$$

d. 计算转矩

$$T = 477500N \cdot mm$$

e. 确定危险截面并校核其强度　由图11-56容易看出，截面Ⅰ、Ⅱ所受转矩相同，但弯矩 $M_I > M_Ⅱ$，截面Ⅰ可能为危险截面；但由于轴径 $d_I > d_Ⅱ$，故也应对截面Ⅱ进行校核。按弯扭组合计算时，转矩按脉动循环变化考虑，取 $\alpha = 0.6$。

Ⅰ-Ⅰ截面的应力

$$\sigma_{Ie} = \frac{\sqrt{M_I^2 + (\alpha T)^2}}{0.1d_I^3} = \frac{\sqrt{176581^2 + (0.6 \times 477500)^2}}{0.1 \times 56^3}MPa = 19.2MPa$$

Ⅱ-Ⅱ截面的应力

$$\sigma_{Ⅱe} = \frac{\sqrt{M_Ⅱ^2 + (\alpha T)^2}}{0.1d_Ⅱ^3} = \frac{\sqrt{92737^2 + (0.6 \times 477500)^2}}{0.1 \times 55^3}MPa = 18.1MPa$$

查表11-1得 $[\sigma_{-1}]_{bb} = 55MPa$，较 σ_{Ie}、$\sigma_{Ⅱe}$ 都大，故轴强度满足要求，并有相当裕量。

f. 也可用式（11-4）计算轴径，来确认危险截面Ⅰ的直径是否合适。取最大弯矩 M_I 来计算 M_e

$$M_e = \sqrt{M_I^2 + (\alpha T)^2} = \sqrt{176581^2 + (0.6 \times 477500)^2}N \cdot mm = 336546N \cdot mm$$

代入式（11-4）得

$$d \geqslant \sqrt[3]{\frac{M_e}{0.1[\sigma_{-1}]_{bb}}} = \sqrt[3]{\frac{336546}{0.1 \times 55}}mm = 39.4mm$$

实际危险截面直径 $d_1 = 56mm$，大于计算值，说明轴强度满足要求。

一般设计计算时在 e、f 两种验算方法中任选一种即可。

5）轴的工作图绘制如图11-57所示。

图 11-57 轴的工作图

轴的刚度校核

11.7.3 轴的刚度计算

轴的刚度不足，在载荷作用下将产生很大的变形，从而影响机器的正常工作。例如：切削机床主轴的刚度不够，会影响机床的加工精度；带动齿轮工作的轴刚度不足，将影响齿轮的啮合传动；轴的弯曲变形过大还会加大轴承的磨损等等。所以，对于有刚度要求的轴，必须进行刚度校核。

轴在弯矩作用下会产生弯曲变形，其变形量用挠度 y 和偏转角 θ（图 11-58）来度量；轴在转矩作用下会产生扭转变形，其变形量用扭转角 ψ（图 11-59）来度量。设计时应根据轴的工作条件限制以上变形量。

小提醒

要合理选择轴用材料，不增大直径而单纯把碳素钢换成合金钢不能提高轴的刚度。

$$
\left.
\begin{aligned}
\text{挠度} \quad & y \leqslant [y] \\
\text{偏转角} \quad & \theta \leqslant [\theta] \\
\text{扭转角} \quad & \psi \leqslant [\psi]
\end{aligned}
\right\}
\tag{11-7}
$$

$[y]$、$[\theta]$、$[\psi]$ 分别为许用挠度、许用偏转角和许用扭转角，其值见表 11-11。

图 11-58　轴的挠度和偏转角

图 11-59　轴的扭转角

表 11-11　轴的变形许用值

变　形		应　用　场　合	许　用　值
弯曲变形	许用挠度 $[y]$	一般用途的轴 刚度要求较高的轴 安装齿轮的轴 安装蜗轮的轴 感应电动机轴	$(0.0003 \sim 0.0005)L$ $0.0002L$ $(0.01 \sim 0.03)m_n$ $(0.02 \sim 0.05)m_t$ $\leqslant 0.1\delta$
		L——支承间跨距 m_n——齿轮法向模数 m_t——蜗轮端面模数 δ——电动机定子与转子间的间隙	
		滑动轴承处 深沟球轴承处 调心球轴承处 圆柱滚子轴承处 圆锥滚子轴承处 安装齿轮处轴的截面	0.001rad 0.005rad 0.05rad 0.0025rad 0.0016rad $(0.001 \sim 0.002)\text{rad}$
扭转变形	许用扭转角 $[\psi]$	一般传动 较精密的传动 重要传动	$0.5° \sim 1°/\text{m}$ $0.25° \sim 0.5°/\text{m}$ $< 0.25°/\text{m}$

学习滑动轴承

11.8　滑动轴承

在高速、重载、高精度，轴承结构要求剖分、尺寸要求直径很大或很小的场合，以及在低速、有较大冲击的机械中（如水泥搅拌机、破碎机等），不便使用滚动轴承，应使用滑动轴承。

小提示

滑动轴承应用也很广泛，尤其适用于高速、重载的场合。

11.8.1　滑动轴承的结构和类型

滑动轴承一般由轴承座、轴瓦（或轴套）、润滑装置和密封装置等部分组成。

滑动轴承根据承受载荷方向的不同可分为向心滑动轴承和止推滑动轴承两类。其中，向心滑动轴承只能承受径向载荷，它有整体式和对开式两种形式。

1. 整体式滑动轴承

图 11-60 所示为典型的整体式滑动轴承，它由轴承座和轴瓦组成。实际上，有些轴可直接穿入机架上加工出的轴承孔，即构成了最简单的整体式滑动轴承。

整体式滑动轴承结构简单，制造容易，成本低，常用于低速、轻载、间歇工作而不需要经常装拆的场合。它的缺点是轴只能从轴承的端部装入，装拆不便；轴瓦磨损后，轴与轴套之间的间隙无法调整。

2. 对开式滑动轴承

图 11-61 所示为典型的对开式滑动轴承，它由轴承座，轴承盖，剖分的上轴瓦和下轴瓦以及双头螺柱等部分组成。为了保证轴承的润滑，可在轴承盖的注油孔处加润滑油。为便于装配时对中并防止轴瓦横向移动，轴承盖和轴承座的分合面可做成阶梯形定位止口。

图 11-60　整体式滑动轴承

图 11-61　对开式滑动轴承

对开式滑动轴承的轴瓦采用剖分式，在分合面上配置有调整垫片，当轴瓦磨损后，可适当调整垫片或对轴瓦分合面进行刮削、研磨等切削加工来调整轴颈与轴瓦间的间隙。对开式滑动轴承装拆方便，故应用较广。

3. 止推滑动轴承的结构形式

如图 11-62 所示，以立式轴端止推滑动轴承为例，它由轴承座、衬套、轴瓦和止推瓦等部分组成。止推瓦底部制成球面，可以自动调整位置，避免偏载。销钉用来防止止推瓦随轴转动。轴瓦用于固定轴的径向位置，同时也可承受一定的径向负荷。润滑油靠压力从底部注入，并从上部出油管流出。

止推轴承的轴颈可承受轴向载荷，其结构形式如图 11-63 所示。按支承面的不同，止推轴承轴颈可分为实心式、空心式和多环式等形式。对于实心式止推轴颈，由于距支承面中心越远位置的滑动速度越大，所以边缘部分磨损较快，进而使边缘部分压强减小，靠近中心处压强很高，轴颈与轴瓦之间的压力分布很不均匀。如采用空心或环形轴颈，则可使压力分布趋于均匀。根据承受轴向力的大小，环形轴颈可做成单环或多环，多环式轴颈承载能力较大，且能承受双向轴向载荷。

图 11-62　止推滑动轴承

图 11-63　止推滑动轴承轴颈
a）实心式　b）空心式　c）多环式

11.8.2　轴瓦（轴套）的结构和轴承材料

轴瓦（轴套）是滑动轴承中直接与轴颈相接触的重要零件，它的结构形式和性能将直接影响轴承的寿命、效率和承载能力。

1. 轴瓦（轴套）的结构

整体式滑动轴承通常采用圆筒形轴套（图 11-64a），对开式滑动轴承则采用对开式轴瓦（图 11-64b）。它们的工作表面既是承载面，又是摩擦面，因而是滑动轴承中的核心零件。

许多轴瓦（轴套）内壁上开有油沟，其目的是为了把润滑油引入轴颈和轴瓦（轴套）的摩擦面，在轴颈和轴瓦（轴套）的摩擦面上建立起必要的润滑油膜。油沟一般开在非承载区，并不得与端部接通，以免漏油，通常轴向油沟长度为轴瓦宽度的80%。油沟的型式如图 11-65 所示，油沟的上方开有油孔。

为了节约贵重金属，常在轴瓦内表面浇注一层轴承合金作减摩材料，以改善轴瓦接触表面的摩擦状况，提高轴承的承载能力，这层材料通常称为轴承衬。

为保证轴承衬与轴瓦贴附牢固，一般在轴瓦内表面预制一些沟槽，沟槽形式如图 11-66、

图 11-67 所示。

a)　　　　　　　　b)

c)

图 11-64　轴瓦（轴套）结构　　　　　　　图 11-65　油沟的型式

a）圆筒形轴套　b）对开式轴瓦　c）实物图

图 11-66　铸铁或钢制轴瓦的沟槽形式　　　　　图 11-67　青铜轴瓦的沟槽形式

2. 轴承材料

轴瓦（轴套）和轴承衬的材料统称为轴承材料。非液体摩擦滑动轴承工作时，因轴瓦与轴颈直接接触并有相对运动，将产生摩擦并发热，故常见的失效形式是磨损、胶合和疲劳破坏。因此，轴承材料应具有足够的强度和良好的塑性、减摩性（对润滑油的吸附性强，摩擦因数小）、耐磨性、磨合性（指经短期轻载运转后能消除表面不平度，使轴颈与轴瓦表面相互吻合），以及易于加工等性能。

轴承材料有金属材料、粉末冶金材料、非金属材料三类。

1）金属材料包括轴承合金（如巴氏合金）、青铜（brone）、铸铁等。常用的金属轴承材料及其性能见表 11-12。轴承合金常用的有锡基合金和铅基合金两种，这些材料的减摩性、抗胶合性、塑性好，但强度低、价格贵。

表 11-12　常用金属轴承材料及其性能

材料	牌号	[p]/MPa	[v]/(m/s)	[pv]/(MPa·m/s)	备　注
锡基轴承合金	ZSnSb11Cu6	平稳 25	80	20	用于高速、重载的重要轴承。变载荷下易疲劳，价高
	ZSnSb8Cu4	冲击 20	60	15	

（续）

材料	牌号	$[p]$ /MPa	$[v]$ /(m/s)	$[pv]$ /(MPa·m/s)	备 注
铅基 轴承合金	ZPbSb16Sn16Cu2	15	12	10	用于中速、中载轴承,不宜受显著冲击,可作为 锡基轴承合金的代用品
	ZPbSb15Sn5Cu3Cd2	5	6	5	
铜基轴承 合金	ZCuSn10Pb1	15	10	15	用于中速、重载及受变载荷的轴承
	ZCuSn5Pb5Zn5	8	3	15	用于中速、中载轴承
	ZCuPb30	平稳 25 冲击 15	12 8	30 60	用于高速、重载轴承,能承受变载荷和冲击载荷
	ZCuAl9Mn2	15	4	12	最适宜于润滑充分的低速、重载轴承
	ZCuZn38Mn2Pb2	10	1	10	用于低速、中载轴承
铸铁	HT150~HT250	2~4	0.5~1	1~4	用于低速、轻载的不重要轴承,价廉

　　青铜强度高，承载能力大，导热性好，且可以在较高温度下工作，但与轴承合金相比，其抗胶合能力较差，不易磨合，与之相配的轴颈必须经淬硬处理。

　　2）粉末冶金材料是以粉末状的铁或铜为基本材料与石墨粉混合，经压制和烧结制成的多孔性材料。用这种材料制成的成形轴瓦，可在其材料孔隙中存储润滑油，具有自润滑作用，即运转时因热膨胀和轴颈的抽吸作用，润滑油从孔隙中自动进入工作表面起润滑作用，停止运转时轴瓦降温，润滑油又回到孔隙中。由于不需要经常加油，故此类轴承又称为含油轴承。含油轴承的材料有铁-石墨和青铜-石墨两种。粉末冶金材料的价格低廉、耐磨性好，但韧性差，常用于低、中速，轻载或中载，润滑不便或要求清洁的场合，如食品机械、纺织机械或洗衣机等机械中。

　　3）非金属材料主要有塑料（plastic）、硬木（hardwood）、橡胶（rubber）等，使用最多的是塑料。塑料轴承的优点是有良好的耐磨性和抗腐蚀能力，有良好的吸振性和自润滑性；其缺点是承载能力一般都较低，导热性和尺寸稳定性差，热变形大，故常用于工作温度不高、载荷不大的场合。

 润滑与密封

11.9　轴系部件的润滑（lubrication）与密封（seal）

　　机械在运转过程中，各相对运动的零部件的接触表面会产生摩擦及磨损。摩擦是机械运转过程中不可避免的物理现象，在机械零部件众多的失效形式中，摩擦及磨损是最常见的失效形式。在日常生活和工程实践中，很多器具和设备的最终报废不是因为强度或刚度不足，而是因磨损严重导致不能正常使用而被废弃。要维护机械的正常运转，减少磨损，保持运转精度，就必须了解摩擦产生的原因，采用合理的润滑。

11.9.1　摩擦与磨损

摩擦可分为不同的形式，根据摩擦产生部位的不同可分为内摩擦与外摩擦：内摩擦是指发生在物质内部，阻碍分子间相对运动的摩擦现象；外摩擦是指当两个相互接触的物体发生相对滑动或有相对滑动的趋势时，在接触面上产生的阻碍相对滑动的摩擦现象。

根据工作零件运动形式的不同可分为静摩擦与动摩擦：静摩擦是指工作零件仅有相对滑动趋势时的摩擦现象；动摩擦是指工作零件相对运动过程中产生的摩擦现象。

根据位移情况的不同可分为滑动摩擦与滚动摩擦。本节只研究工作零件相对运动时金属表面间的滑动摩擦。

根据摩擦表面间存在润滑剂的情况，滑动摩擦又可分为干摩擦、流体摩擦（流体润滑）、边界摩擦（边界润滑）及混合摩擦（混合润滑），如图 11-68 所示。

图 11-68　摩擦状态

a) 干摩擦　b) 流体摩擦　c) 边界摩擦　d) 混合摩擦

1) 干摩擦是指接触表面间无任何润滑剂或保护膜的纯金属接触时的摩擦，如图 11-68a 所示，这种摩擦会使接触面间产生较大的摩擦及磨损，故在实际应用中应严禁出现这种情况。

2) 流体摩擦是指两摩擦面不直接接触，而在中间有一层完整油膜（油膜厚度一般为 $1.5 \sim 2 \mu m$）的摩擦现象，如图 11-68b 所示。这种摩擦的润滑状态最好，但有时需要外界设备供应润滑油，造价高，用于润滑要求较高的场合。

3) 边界摩擦是指接触表面吸附着一层很薄的边界膜（油膜厚度小于 $1 \mu m$）的摩擦现象，如图 11-68c 所示，是介于干摩擦与流体摩擦两种状态之间的一种摩擦形式。

4) 实际运转中，可能会出现干摩擦、流体摩擦与边界摩擦同时存在的混合摩擦状态，称之为混合摩擦，如图 11-68d 所示。

运转部位接触表面间的摩擦将导致零件表面材料的逐渐损失，形成磨损。磨损会影响机器的使用寿命，降低工作的可靠性与效率，甚至会使机器提前报废。因此，在设计时应预先考虑如何避免或减轻磨损，以保证机器达到设计寿命。

11.9.2　润滑剂及其选择

为减轻机械运转部位接触表面间的磨损，常在摩擦副间加入润滑剂将两表面分隔开来，这种措施称为润滑。润滑的主要作用有：降低摩擦，减少磨损，防止腐蚀，提高效率，改善机器运转状况，延长机器的使用寿命。

工业生产实际中最常用的润滑剂有润滑油、润滑脂，此外，还有固体润滑剂（如二硫化钼、石墨等）、气体润滑剂（如空气等）。

> **小提示**
>
> 机械运转中润滑非常重要，机械的运转精度、使用寿命等都和润滑有关。一定要采用合理的润滑方法。

1. 润滑油

润滑油是使用最广泛的润滑剂，可以分为三类：一是有机油，通常是指动、植物油；二是矿物油，主要是指石油产品；三是化学合成油。因矿物油来源充足，成本低廉，稳定性好，实用范围广，故多采用矿物油作为润滑油。

衡量润滑油性能的一个重要指标是黏度。黏度不仅直接影响摩擦副的运动阻力，而且对润滑油膜的形成及其承载能力有决定性作用，它是选择润滑油的主要依据。黏度可用动力黏度、运动黏度、条件黏度三项指标来表示，润滑油的牌号就以运动黏度来划分。对于工业用润滑油，国家标准（GB/T 3141—1994）规定40℃温度条件下的润滑油按运动黏度分为5、7、10、15、22、32等20个牌号。牌号的数值越大，油的黏度越高，即越稠。

选用润滑油主要是确定润滑油的种类与牌号。一般是根据机械设备的工作条件、载荷和运转速度，先确定合适的黏度范围，再选择适当的润滑油品种。选择的原则是：载荷较大或变载、冲击的场合，加工粗糙或未经磨合的表面，应选黏度较高的润滑油；转速较高，载荷较小，采用压力循环润滑、滴油润滑的场合，宜选用黏度低的润滑油。

工业常用润滑油的性能与用途见表 11-13。

表 11-13　工业常用润滑油的性能与用途

类别	品种代号	牌号	运动黏度/(mm²/s)	闪点/℃ 不低于	倾点/℃ 不高于	主要性能和用途	说明
工业闭式齿轮油	L-CKB 抗氧防锈工业齿轮油	100	90~110	180	-8	有良好的抗氧化性、抗腐蚀性、抗浮化性等性能，适用于齿面应力在500MPa以下的一般工业闭式齿轮传动的润滑	L-润滑剂类
		150	135~165				
		220	198~242	200			
		320	288~352				
	L-CKC 中载荷工业齿轮油	68	61.2~74.8	180	-12	具有良好的极压抗磨性和热氧化安定性，适用于冶金、矿山、机械、水泥等工业的中载荷（500~1000MPa）闭式齿轮传动的润滑	
		100	90~110				
		150	135~165	200			
		220	198~242		-9		
		320	288~352				
		460	414~506				
		680	612~748		-5		
	L-CKD 重载荷工业齿轮油	100	90~110		-12	具有良好的极压抗磨性、抗氧化性，适用于冶金、矿山、机械、化工等工业的重载荷闭式齿轮传动装置	
		150	135~165				
		220	198~242	200	-9		
		320	288~352				
		460	414~506				
		680	612~748		-5		

（续）

类别	品种代号	牌号	运动黏度 /(mm²/s)	闪点/℃ 不低于	倾点/℃ 不高于	主要性能和用途	说明
主轴轴承油	轴承油（SH 0017—1990）	L-FC2	2.0～2.4	70	−18	主要适用于精密机床主轴轴承的润滑及其他以油压力、油雾润滑为润滑方式的滑动轴承和滚动轴承的润滑。L-FC10可作为普通轴承用油和缝纫机用油	SH为石化部标准代号
		L-FC3	2.9～3.5	80			
		L-FC5	4.1～5.1	90			
		L-FC7	6.1～7.5				
		L-FC10	9.0～11.0				
		L-FC15	13.5～16.5		−12		
		L-FC22	19.8～24.2				
全损耗系统用油	L-AN 全损耗系统用油（GB 443—1989）	5	4.14～5.06	80	−5	不加或加少量添加剂，质量不高，适用于一次性润滑和某些要求较低、换油周期较短的油浴式润滑	全损耗系统用油包括 L-AN 全损耗系统油（原机械油）和车辆油（铁路机车车辆油）
		7	6.12～7.48	110			
		10	9.00～11.00	130			
		15	13.5～16.5				
		22	19.8～24.2	150			
		32	28.8～35.2				
		46	41.4～50.6	160			
		68	61.2～74.8				
		100	90.0～110	180			
		150	135～165				

2. 润滑脂

润滑脂是在润滑油中加入稠化剂（如钙、钠、锂等金属皂基）而形成的脂状润滑剂，俗称黄油或干油。加入稠化剂的主要作用是减少油的流动性，提高润滑油与摩擦面的附着力。有时还加入一些添加剂，以增加抗氧化性和油膜厚度。

润滑脂的主要质量指标：

（1）锥入度　锥入度（脂的稠度）是指在规定的测定条件下，将重150g的标准锥体放入25℃的润滑脂试样中，经5s后所沉入的深度称为该润滑脂的锥入度（以0.1mm为单位）。它标志着润滑脂内阻力的大小和流动性的强弱，锥入度越小，表明润滑脂越不易从摩擦表面中被挤出，附着性、密封性好，故承载能力越高。

（2）滴点　滴点是指在规定的条件下，润滑脂受热后从标准测量杯的孔口滴下第一滴油时的温度。滴点标志着润滑脂耐高温的能力。

与润滑油相比，润滑脂黏性大，黏性受温度变化的影响较小，适用温度范围较润滑油更宽广；黏附能力强，密封性好，油膜强度高，不易流失；但流动性和散热能力差，摩擦阻力大，故不宜用于高速高温的场合。

常用润滑脂的性能与用途见表11-14。

3. 固体润滑剂

用具有润滑作用的固体粉末取代润滑油或润滑脂来实现摩擦表面的润滑，称为固体润滑。最常用的固体润滑剂有石墨、二硫化钼、二硫化钨、高分子材料（如聚四氟乙烯、尼龙）等。

表 11-14 常用润滑脂的性能与用途

润滑脂		锥入度/ 0.1mm	滴点/℃ 不低于	性能	主要用途
名称	牌号				
钙基 钙基润滑脂 GB/T 491—2008	1	310~340	80	抗水性好，适用于潮湿环境，但耐热性差	目前尚广泛应用于工、农业，交通运输等机械设备的中速、中低载荷轴承的润滑，将逐渐被锂基润滑脂所取代
	2	265~295	85		
	3	220~250	90		
	4	175~205	95		
钠基 钠基润滑脂 GB 492—1989	2	265~295	160	耐热性很好，黏附性强，但不耐水	适用于不与水接触的工、农业机械的轴承润滑，使用温度不超过110℃
	3	220~250	160		
锂基 通用锂基润滑脂 GB/T 7324—2010	1	310~340	170	具有良好的润滑性能、机械安定性、耐热性和防锈性，抗水性好	为多用途、长寿命通用脂，适用于温度范围为-20~120℃各种机械的轴承及其他摩擦部位的润滑
	2	265~295	175		
	3	220~250	180		
极压锂基润滑脂 GB/T 7323—2019	00	400~430	165	具有良好的机械安定性、抗水性、极压抗磨性、防锈性和泵送性	为多效、长寿命通用脂，适用于温度范围为-20~120℃的重型机械设备齿轮轴承的润滑
	0	355~385	170		
	1	310~340	180		
	2	265~295	180		
铝基 复合铝基润滑脂 SH/T 0378—1992	0	355~385	235	具有良好的耐热性、抗水性、流动性、泵送性、机械安定性等性能	被称为"万能润滑脂"，适用于高温设备的润滑，0、1号脂泵送性好，适用于集中润滑，2号脂适用于轻、中载荷设备轴承的润滑
	1	310~340			
	2	265~295			
合成润滑脂 7412 号齿轮脂	00	400~430	200	具有良好的涂覆性，黏附性和极压润滑性，适用温度-40~150℃	为半流体脂，适用于各种减速器齿轮的润滑，解决了齿轮箱漏油问题
	00	445~474	200		

固体润滑剂具有很好的化学稳定性，耐高温、高压，润滑简单，维护方便，适用于速度、温度和载荷非正常的条件下，或不允许有油、脂污染及无法加润滑油的场合。

11.9.3 润滑方式及选择

为了获得良好的润滑效果，除正确选择润滑剂外，还应选用合适的润滑方式和润滑装置。

1. 油润滑方式及装置

（1）滑动轴承的润滑方式及装置 润滑方式根据供油方式可分为间歇式和连续式。

间歇润滑只适用于低速、轻载和不重要的轴承，比较重要的轴承均应采用连续润滑方式。

常见的间歇润滑方式和装置如图 11-69 所示，一种是压注油杯（图 11-69a），一般用油壶或油枪进行定期加油；另一种是装满油脂的旋盖式油杯（图 11-69b）。

图 11-70 所示为连续润滑的供油装置，其中，图 11-70a 所示为芯捻润滑装置，它利用芯捻的毛细管虹吸作用将油从油杯中吸入轴承，但不能调整供油量；图 11-70b 所示为针阀式注油杯，当手柄平放时，针阀被弹簧压下，堵住底部油孔，当手柄垂直时，针阀提起，底部油孔打开，油杯中的油流入轴承，调节螺母可调节针阀提升的高度以控制油孔的进油量。

图 11-69　间歇润滑方式

a）压注油杯　b）旋盖式油杯

图 11-70　连续润滑方式

a）芯捻润滑装置　b）针阀式注油杯

如图 11-71 所示的润滑装置是在轴颈上套一个油环，利用轴的旋转将油甩到轴颈上，这种润滑方式适用于转速较高的轴颈。

（2）滚动轴承的润滑方式　滚动轴承通常根据轴承内径 d 和转速 n 的乘积值 dn 来选择润滑剂和润滑方式，选择标准参见表 11-15。

1）**滴油润滑**。滴油润滑用油杯储油（图 11-70b），可用针阀调节油量。为了使滴油畅通，一般选用黏度较低的 L-AN15 全损耗系统用油。

图 11-71　甩油润滑方式

2）**喷油润滑**。喷油润滑用油泵将油增压，然后通过油管和喷嘴将油喷到轴承内，其润滑效果好，一般适用于高速、重载和重要的轴承中。

3）**油雾润滑**。油雾润滑用经过过滤和脱水的压缩空气，将雾化后的润滑油通入轴承。该润滑方式适用于 dn 值大于 6×10^5 mm·r/min 的轴承。这种润滑方法的冷却效果好，并可节约润滑油，但油雾散逸在空气中，会污染环境。

表 11-15　滚动轴承润滑方式选择的 dn 值

轴承类型	dn/(10^4 mm·r/min)（脂润滑）	dn/(10^4 mm·r/min)（油润滑）			
		浸油	滴油	喷油（循环油）	油雾
深沟球轴承	16	25	40	60	>60
调心球轴承	16	25	40		
角接触球轴承	16	25	40	60	>60
圆柱滚子轴承	12	25	40	60	>60
圆锥滚子轴承	10	16	23	30	
调心滚子轴承	8	12		25	
推力球轴承	4	6	12	15	

4）**浸油润滑**。在齿轮减速器中，如图 11-72 所示，将大齿轮的一部分浸入油中，利用

大齿轮的转动，把油带到摩擦部位使零件自动进行润滑的方式称为**浸油润滑**。同时，油被旋转齿轮带起飞溅到其他部位，使其他零件也得到润滑的方式称为飞溅润滑。这两种润滑方式润滑可靠，连续均匀，但转速较高时功耗大，因此多用于中速转动的齿轮箱体中齿轮与轴承等零件的润滑。

图 11-72　浸油润滑

2. 脂润滑方式及装置

润滑脂比润滑油稠，不易流失，但冷却作用差，适用于低、中速且载荷不太大的场合。润滑脂的常用润滑方式有手工加脂、脂杯加脂、脂枪加脂和集中润滑系统供脂等形式。对于开式齿轮传动、轴承、链传动等传动装置，多通过手工将润滑脂压入或填入润滑部位。对于旋转部位固定的设备，多在旋转部位的上方采用带阀的压配式注油杯和不带阀的弹簧盖油杯加脂，如图 11-69a、b 所示。对于大型设备，润滑点多，多采用集中润滑系统供脂，即用供脂设备把润滑脂定时定量送至各润滑点。

> **小提示**
>
> 转动部分的密封很重要，要根据实际使用情况选择合理的密封方式。

11.9.4　密封装置

机械设备中的润滑系统都必须设置密封装置，密封的作用是防止灰尘、水分及有害介质侵入机器，阻止润滑剂或工作介质的泄漏，有效地利用润滑剂。通过密封还可节约润滑剂，延长机器使用寿命，改善工厂环境卫生和工作条件。

密封装置的类型很多，根据被密封构件的运动形式可分为静密封和动密封。两个相对静止的构件结合面之间的密封称为静密封，如减速器的上、下箱之间的密封，轴承端盖与箱体轴承座之间的密封等。实现静密封的方法很多，最简单的方法是靠结合面加工平整，在一定的压力下贴紧密封；一般情况下，可在结合面之间加垫片或密封圈，还可在结合面之间涂各类密封胶。两个具有相对运动的构件结合面之间的密封称为动密封，根据其相对运动形式的不同，动密封又可分为旋转密封和移动密封，如减速器中外伸轴与轴承端盖之间的密封就是旋转密封。旋转密封又分为接触式密封和非接触式密封两类。本节只研究旋转轴外伸端的密封方法。

1. 接触式密封

接触式密封是靠密封元件与结合面的压紧产生接触摩擦而起密封作用的，故此种密封方式不宜用于高速。

（1）**毡圈密封**　如图 11-73 所示，将断面为矩形的毡圈压入轴承端盖的梯形槽中，使之产生对轴的压紧作用而实现密封。毡圈内径略小于轴的直径，尺寸已标准化。毡圈材料为毛毡，安装前，毡圈应先在黏度较高的热矿物油中浸渍饱和。毡圈密封结构简单，安装方便，成本较低，但易磨损、寿命短。一般适用于脂润滑和密封处圆周速度 $v<4\mathrm{m/s}$ 的场合，工作温度不超过 90℃。

图 11-73　毡圈密封

（2）**唇形密封圈密封** 如图 11-74a 所示，密封圈一般由耐油橡胶、金属骨架和弹簧三部分组成，也有的没有骨架。密封圈是标准件，靠材料本身的弹力及弹簧的作用，以一定的收缩力紧套在轴上起密封作用。使用唇形密封圈时应注意唇口的方向，图 11-74b 所示为密封圈唇口朝内，目的是防止漏油；图 11-74c 所示为密封圈唇口朝外，目的是防止灰尘、杂质侵入。这种密封方式既可用于油润滑，也可用于脂润滑，轴的圆周速度要求小于 7m/s，工作温度范围为 $-40 \sim 100℃$。

耐油橡胶
金属骨架
弹簧

a)   b)   c)

图 11-74 唇形密封圈密封

2. 非接触式密封

非接触式密封的密封部位转动零件与固定零件之间不接触，留有间隙，因此对轴的转速没有太大的限制。

（1）**间隙密封** 如图 11-75 所示，间隙式（亦称防尘节流环式）密封，在转动件与静止件之间留有很小间隙（$0.1 \sim 0.3$mm），利用节流环间隙的节流效应起到防尘和密封作用。可在轴承端盖内加工出螺旋槽，若在螺旋槽内填充密封润滑脂，密封效果会更好。间隙的宽度越大，密封的效果越好。适用于环境比较干净的脂润滑。

（2）**挡油环密封** 如图 11-76 所示，在轴承座孔内的轴承内侧与工作零件之间安装一挡油环，挡油环随轴一起转动，利用其离心作用，将箱体内飞溅的油及杂质甩走，阻止其进入轴承部位，多用于轴承部位使用脂润滑的场合。

节流槽

0.1~0.3

图 11-75 间隙密封

$\Delta = 2 \sim 3$

图 11-76 挡油环密封

（3）**迷宫式密封** 如图 11-77 所示，将轴上的旋转密封零件与固定在箱体上的密封零件之间做成迷宫间隙，对被密封介质产生节流效应而起密封作用迷宫式密封可分为轴向迷宫、径向迷宫、组合迷宫等形式，若在间隙中填充密封润滑脂，密封效果更好。迷宫式密封结构简单，使用寿命长，但加工精度要求高，装配较难，适用于脂、油润滑的场合，多用于一般密封方式不能胜任、要求较高的场合。

图 11-77　迷宫式密封

a）轴向迷宫　b）径向迷宫　c）组合迷宫

拓展内容

励行根研制的 C 形密封环，打破了国外企业的垄断

励行根，出生于 1962 年，浙江省慈溪人。1982 年高中毕业后，他来到江苏张家港密封材料厂当技术员，后来担任技术副厂长，1993 年担任宁波天生石化机械配件有限公司董事长、总经理，1998 年创办宁波天生密封件有限公司。

核电设备上的 C 形密封环，直径 4 米多，精度必须控制在三根头发丝以内，一个密封环的售价高达 300 多万元，一直被美国某公司垄断。为了能够拥有中国自己的密封件，励行根带领宁波天生密封件有限公司员工以工匠精神 10 年磨一剑，终于以国产的"C 形密封环"替代进口。这一创新成果打破了国外垄断，使国外同类产品价格下降 50%～70%。美国某公司的总裁 6 次来到宁波，抛出高于公司资产数倍的天价意欲收购股权，但都被婉言谢绝。励行根始终坚守着"自主研发的核心技术品牌国外给多少钱也不能卖"的信念。

有关励行根研制"C 形密封环"的事迹请扫描二维码学习。

国产密封环打破
国外企业垄断

实例分析

图 11-78 所示是一个轴系部件的结构图，在轴的结构和零件固定等方面存在一些不合理的地方，请在图 11-78 中标出不合理的地方并说明理由，最后画出正确的轴系部件结构图。

分析过程如下：

序号 1 处有三处不合理的地方：①联轴器应打通；②安装联轴器的轴段应有定位轴肩；③安装联轴器的轴段上应有键槽。

序号 2 处有三处不合理的地方：①轴承端盖和轴配合处应留有间隙；②轴承端盖和轴配合处应装有密封圈；③原图轴承端盖的形状虽然可用，但加工面与非加工面分开则更佳。

序号 3 处有两处不合理的地方：①安装轴承端盖的部位应高于整个箱体表面，以便加工；②箱体本身的剖面不应该画剖面线。

序号 4 处有一处不合理的地方：安装轴承的轴段应高于其右侧的轴段，形成一个轴肩，以便轴承的装拆。

序号 5 处有两处不合理的地方：①安装齿轮的轴段长度应比齿轮的宽度短一点，以便齿轮更好地定位；②套筒直径太大，套筒的最大直径应小于轴承内圈的最大直径，以方便轴承的拆卸。

序号 6 处有两处不合理的地方：①定位轴肩太高，应留有拆卸轴承的空间；②安装轴承的轴段应留有越程槽。

序号 7 处有两处不合理的地方：①安装轴承端盖的部位应高于整个箱体表面，以便加工。②箱体本身的剖面不应该有剖面线。

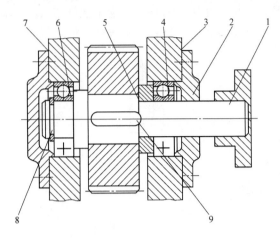

图 11-78 轴系部件结构图（错误）

序号 8 处的结构虽然可用，但有更好的结构可选用，例如单向固定的结构。

序号 9 处有一处不合理的地方：键太长，键的长度应小于该轴段的长度。

轴系部件的结构修正图如图 11-79 所示。

图 11-79 轴系部件结构图（正确）

知 识 小 结

1. 轴的分类及应用
- 按轴所受载荷分
  - 心轴
  - 传动轴
  - 转轴
- 按轴线的几何形状分
  - 直轴
    - 光轴
    - 阶梯轴
    - 空心轴
  - 曲轴
  - 挠性轴

2. 轴的材料及其选择 {
　碳素钢
　合金钢
　高强度铸铁
　球墨铸铁

3. 滚动轴承 {
　滚动轴承的组成 {
　　内圈
　　外圈
　　滚动体 { 球形、圆柱形、圆锥形、鼓形、滚针形
　　保持架
　按滚动体形状分 { 球轴承
　　　滚子轴承
　按滚动轴承所承受载荷方向分 { 以承受径向载荷为主的向心轴承
　　以承受轴向载荷为主的推力轴承

4. 滚动轴承的选用 {
　滚动轴承的代号 {
　　前置代号
　　基本代号 {
　　　类型代号 { 调心球轴承、调心滚子轴承、推力调心滚子轴承、圆锥滚子轴承、推力球轴承、深沟球轴承、角接触球轴承、圆柱滚子轴承、滚针轴承
　　　尺寸系列代号 { 宽（高）度系列代号
　　　　直径系列代号
　　　内径代号
　　后置代号
　滚动轴承的选择

5. 轴毂联接 {
　键联接 {
　　松键联接的类型、标准及应用 {
　　　平键联接 {
　　　　普通平键 { A 型（圆头）
　　　　　B 型（平头）
　　　　　C 型（单圆头）
　　　　导向型平键
　　　　滑键
　　　半圆键联接
　　紧键联接的类型、标准及应用 {
　　　楔键联接 { 普通型楔键
　　　　钩头型楔键
　　　切向键联接
　　平键联接的设计
　花键联接 { 矩形花键联接
　　渐开线花键联接

$$
\begin{array}{l}
\text{6. 轴系部件结构设计}
\begin{cases}
\text{阶梯轴的结构}
\begin{cases}
\text{轴头} \\
\text{轴颈} \\
\text{轴身}
\end{cases} \\
\text{轴上零件的定位} \\
\text{轴的加工和装配工艺性}
\end{cases}
\end{array}
$$

$$
\text{7. 轴系部件轴向固定}
\begin{cases}
\text{轴上零件的轴向固定}
\begin{cases}
\text{轴肩、轴环、锥面、套筒、} \\
\text{圆螺母、双圆螺母、弹性} \\
\text{垫圈、轴端挡圈、紧定螺钉}
\end{cases} \\
\text{滚动轴承的外圈固定}
\end{cases}
$$

$$
\text{8. 滚动轴承组合设计}
\begin{cases}
\text{轴向固定}
\begin{cases}
\text{内圈固定} \\
\text{外圈固定}
\end{cases} \\
\text{支承结构}
\begin{cases}
\text{两端单向固定} \\
\text{一端固定、一端游动} \\
\text{两端游动}
\end{cases} \\
\text{组合调整}
\begin{cases}
\text{间隙的调整} \\
\text{位置的调整}
\end{cases} \\
\text{配合与装拆}
\begin{cases}
\text{滚动轴承的配合} \\
\text{轴承的安装与拆卸}
\end{cases}
\end{cases}
$$

$$
\text{9. 轴的强度与刚度的计算}
\begin{cases}
\text{轴的强度计算}
\begin{cases}
\text{确定各轴段的直径和长度} \\
\text{轴的强度校核}
\end{cases} \\
\text{轴的刚度计算}
\begin{cases}
\text{挠度 } y \leqslant [y] \\
\text{偏转角 } \theta \leqslant [\theta] \\
\text{扭转角 } \psi \leqslant [\Psi]
\end{cases}
\end{cases}
$$

$$
\text{10. 滑动轴承}
\begin{cases}
\text{向心滑动轴承}
\begin{cases}
\text{整体式滑动轴承} \\
\text{对开式滑动轴承}
\end{cases} \\
\text{止推滑动轴承}
\begin{cases}
\text{实心式} \\
\text{空心式} \\
\text{多环式}
\end{cases} \\
\text{轴瓦（轴套）的结构}
\begin{cases}
\text{圆筒形轴套} \\
\text{对开式轴瓦} \\
\text{轴承衬}
\end{cases} \\
\text{轴承材料}
\begin{cases}
\text{金属材料}
\begin{cases}
\text{轴承合金} \\
\text{铸铁}
\end{cases} \\
\text{粉末冶金材料} \\
\text{非金属材料}
\end{cases}
\end{cases}
$$

11. 轴系部件的润滑与密封
- 摩擦与磨损
  - 干摩擦
  - 液体摩擦
  - 边界摩擦
  - 混合摩擦
- 润滑剂
  - 润滑油
  - 润滑脂
  - 固体润滑剂
- 润滑方式及选择
  - 滑动轴承的润滑
    - 间歇式
    - 连续式
  - 滚动轴承的润滑
    - 滴油润滑
    - 喷油润滑
    - 油雾润滑
    - 浸油润滑
- 密封装置
  - 接触式密封
    - 毡圈密封
    - 唇形密封圈密封
  - 非接触式密封
    - 间隙密封
    - 挡油环密封
    - 迷宫式密封

第 12 章

联轴器、离合器及制动器
（Coupling、Clutch and Brake）

认识联轴器离合器

常用工作机械多由原动装置、传动装置和执行装置等部分组成，每种装置之间需要互相联接工作，联轴器就是用来联接这些装置的重要部件。图 12-1 所示为卷扬机，其电动机与减速器、减速器与卷筒之间就是用联轴器联接来传递运动和转矩的。

图 12-1　卷扬机

　　人们驾驶汽车手动换档变速时，要先踩下离合器，使离合器处于分离状态才能操纵变速器，这时离合器的作用是断开发动机和传动装置的联接；当离合器接合时，发动机就和传动装置联接传递运动和转矩。离合器是联接与断开运动的重要零件。

　　联轴器和离合器都是用来联接两轴，进行运动和转矩传递的装置。联轴器与离合器的区别是：联轴器只有在机器停止运转后才能将其拆卸或断开，使两轴分离；离合器则可以在机器的运转过程中进行分离或接合。制动器是迫使机器迅速停止运转或降低机器运转速度的机械装置。

　　本章主要介绍联轴器、离合器与制动器的类型、应用场合及选择。

 学习联轴器

12.1　联轴器

12.1.1　联轴器的分类

　　联轴器所联接的两轴，由于制造、安装误差及受载变形等一系列原因，两轴的轴线会产生相对位移，其形式包括轴向位移、径向位移、偏角位移和综合位移，如图 12-2 所示。相对位移将使机器工作情况恶化，因此，要求联轴器具有一定的补偿位移的能力。此外，在有冲击、振动的工作场合，还要求联轴器具有缓冲和吸振的能力。

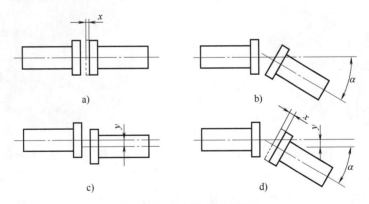

图 12-2　轴线的相对位移

a）轴向位移 x　b）偏角位移 α　c）径向位移 y　d）综合位移 x、y、α

　　常用联轴器的分类如下：

$$
联轴器
\begin{cases}
刚性联轴器
\begin{cases}
固定式——套筒联轴器、凸缘联轴器、链条联轴器 \\
可移式——滑块联轴器、万向联轴器
\end{cases} \\
弹性联轴器——非金属弹性元件——梅花形弹性联轴器、弹性套柱销联轴器、弹性柱销联轴器
\end{cases}
$$

12.1.2　联轴器的结构和特点

1. 固定式刚性联轴器

（1）套筒联轴器　将套筒与被联接两轴的轴端分别用键（或销钉）固联，即为套筒联

轴器。它结构简单，径向尺寸小，但要求被联接两轴有很好的对中性，且装拆时需做较大的轴向移动，故常用于径向尺寸较小的场合。

单键联接套筒联轴器如图12-3所示，可用于传递较大转矩的场合。

销联接套筒联轴器，如图12-4所示，则常用于传递较小转矩的场合，也可用作剪销式安全联轴器。

图 12-3　单键联接套筒联轴器　　　　图 12-4　销联接套筒联轴器

（2）**凸缘联轴器**　如图12-5所示，凸缘联轴器由两个半联轴器通过螺栓联接组成。凸缘联轴器结构简单，成本低，但不能补偿两轴线可能出现的径向位移和偏角位移，故多用于转速较低、载荷平稳、两轴线对中性较好的场合。

（3）**链条联轴器**　如图12-6所示，链条联轴器由公共链条同时与两个齿数相同的并列链轮啮合组成。常见的链条联轴器有双排滚子链联轴器、齿形链联轴器等。

图 12-5　凸缘联轴器　　　　　图 12-6　链条联轴器

链条联轴器结构简单、尺寸紧凑、重量轻；装拆方便，拆卸时不用移动被联接的两轴；具有一定补偿能力、对安装精度要求不高；同时具有工作可靠、寿命较长、成本较低等优点。可用于纺织、农机、起重运输、矿山、轻工、化工等工程机械的轴系传动，适用于高温、潮湿和多尘工况环境，不适用于高速、有剧烈冲击载荷和传递轴向力的场合。链条联轴器应在良好的润滑并有防护罩的条件下工作。

2. 可移式刚性联轴器

（1）**滑块联轴器**　如图12-7所示，滑块联轴器由两个带有凹槽的半联轴器和两端面都有榫的中间圆盘组成。圆盘两面的榫位于互相垂直的直径方向上，可以分别嵌入两个半联轴器相应的凹槽中。

滑块联轴器允许两轴有一定的径向位移。当被联接的两轴有径向位移时，中间圆盘将沿半联轴器的凹槽移动，由此引起的离心力将使工作表面压力增大而加快磨损。为此，应限制两轴间的径向位移$\leqslant 0.04d$（d为轴径），偏角位移$\alpha \leqslant 30'$，轴的转速不超过250r/min。

图 12-7　十字滑块联轴器

a）分体图　b）组合图　c）实物图

　　滑块联轴器主要用于没有剧烈冲击而又允许两轴线有径向位移的低速轴联接。联轴器的材料常选用 45 钢或 ZG310-570，中间圆盘也可用铸铁。摩擦表面应进行淬火处理，硬度范围为 46~50HRC。为了减少滑动面的摩擦和磨损，还应注意润滑。

　　（2）**万向联轴器**　如图 12-8 所示，万向联轴器由两个轴叉分别与中间的十字销以铰链相连，万向联轴器两轴间的夹角可达 45°。单个万向联轴器工作时，两轴的瞬时角速度不相等，从而会引起冲击和扭转振动。为避免这种情况，保证从动轴和主动轴均以同一角速度等速回转，应采用双万向联轴器，如图 12-8b 所示，并要求中间轴与主、从动轴夹角相等，且中间轴两端轴叉应位于同一平面内。

图 12-8　万向联轴器

a）结构图　b）双万向联轴器　c）双万向联轴器实物图

3. 非金属弹性元件联轴器

　　（1）**梅花形弹性联轴器**　如图 12-9 所示，梅花形弹性联轴器由两个带凸齿的半联轴器和弹性元件组成，依靠半联轴器和弹性元件的密切啮合，承受径向挤压应力来传递转矩。当两轴线有相对偏移时，弹性元件发生相应的弹性变形，起到自动补偿作用。梅花形弹性联轴器主要适用于起动频繁、经常正反转、中高速、中等转矩和要求高可靠性的工作场合，例如：冶金、矿山、石油、化工、起重、运输、轻工、纺织、水泵、风机等领域。

图 12-9　梅花形弹性联轴器

a）分体图　b）实物图

与其他联轴器相比，梅花形弹性联轴器具有以下特点：工作稳定可靠，具有良好的减振、缓冲和电绝缘性能。结构简单，径向尺寸小，重量轻，转动惯量小，适用于中高速场合；具有较大的轴向、径向和角向偏差补偿能力；高强度聚氨酯弹性元件耐磨耐油，承载能力大，使用寿命长；联轴器无需润滑，维护工作量少，可连续长期运行。

（2）**弹性套柱销联轴器**　如图 12-10 所示，弹性套柱销联轴器的结构与凸缘联轴器相似，只是用套有弹性圈的柱销代替了联接螺栓，故能吸振。安装时应留有一定的间隙 c，以补偿较大的轴向位移。其允许轴向位移量 $x \leqslant 6mm$，允许径向位移量 $y \leqslant 0.6mm$，允许角偏移量 $\alpha \leqslant 1°$。弹性套柱销联轴器结构简单，价格便宜，安装方便，适用于转速较高、有振动、经常正反转以及起动频繁的场合，如电动机与机器轴之间的联接就常选用这种联轴器。

（3）**弹性柱销联轴器**　弹性柱销联轴器的结构如图 12-11 所示，采用尼龙柱销将两个半联轴器联接起来，为防止柱销滑出，两侧装有挡板。其特点及应用情况与弹性套柱销联轴器相似，而且结构更为简单，维修安装方便，传递转矩的能力很大，但外形尺寸和转动惯量也较大。

图 12-10　弹性套柱销联轴器

a）结构图　b）实物图

图 12-11　弹性柱销联轴器

a）结构图　b）实物图

12.2　联轴器的选择

　　联轴器的选择包括联轴器的类型选择和尺寸型号的选择。

　　联轴器的种类很多，常用的大多已标准化或系列化。设计时，可根据工作条件、轴的直径、计算转矩、工作转速、位移量以及工作温度等条件，从标准中选择符合要求的联轴器的类型和尺寸型号，必要时可对其中某些零件进行强度验算。

　　在选择和校核联轴器时，考虑到机械运转速度变动（如起动、制动）的惯性力和工作过程中过载等因素的影响，应将联轴器传递的名义转矩适当增大，即按计算转矩进行联轴器的选择和校核。

12.3　离合器

　　根据工作原理不同，离合器可分为牙嵌式和摩擦式两类，分别通过牙（齿）的啮合和工作表面的摩擦来传递转矩。离合器还可按控制离合方法的不同，分为操纵式和自动式两类。下面介绍几种典型的离合器。

1. 牙嵌离合器

　　如图 12-12 所示，牙嵌离合器主要由端面带牙的两个半离合器组成，通过啮合的齿来传递转矩。其中，半离合器 1 固装在主动轴上，而半离合器 2 则利用导向平键安装在从动轴上，可沿轴线移动。

　　工作时，利用操纵杆（图 12-12 中未画出）带动滑环，使半离合器 2 做轴向移动，从而实现离合器的接合或分离。

图 12-12　牙嵌离合器

　　牙嵌离合器结构简单，尺寸小，工作时无滑动，并能传递较大的转矩，故应用较多；其缺点是运转中接合时有冲击和噪声，必须在两轴转速差很小或停机时进行接合或分离。

2. 摩擦式离合器

　　摩擦式离合器可分为单盘式、多盘式和圆锥式三种类型，这里只简单介绍前两种。

　　（1）**单盘式摩擦离合器**　如图 12-13 所示，单盘式摩擦离合器由两个半离合器（摩擦盘）组成。工作时两个半离合器相互压紧，靠接触面间产生的摩擦力来传递转矩。其接触面是平面，一个摩擦盘（定盘）固装在主动轴上，另一个摩擦盘（动盘）利用导向平键（或花键）安装在从动轴上，工作时，通过操纵滑

图 12-13　单盘式摩擦离合器

环使动盘在轴上移动，从而实现离合器的接合和分离，图 12-13 所示为压紧状态。

单盘式摩擦离合器结构简单，但传递的转矩较小。实际生产中常用多盘式摩擦离合器。

（2）**多盘式摩擦离合器** 如图 12-14 所示，多盘式摩擦离合器由外摩擦片、内摩擦片和主动轴套筒、从动轴套筒组成。主动轴套筒用平键（或花键）安装在主动轴上，从动轴套筒与从动轴之间为动联接。当操纵杆拨动滑环向左移动时，通过安装在从动轴套筒上的杠杆的作用，内、外摩擦片压紧并产生摩擦力，使主、从动轴一起转动（图 12-14 所示为压紧状态）；当滑环向右移动时，则使两组摩擦片放松，从而分离主、从动轴。压紧力的大小可通过从动轴套筒上的调节螺母来控制。

图 12-14 多盘式摩擦离合器

多盘式离合器的优点是径向尺寸小而承载能力大，联接平稳，因此适用的载荷范围大，应用较广；其缺点是盘数多，结构复杂，离合动作缓慢，发热、磨损较严重。

与牙嵌式离合器相比，摩擦式离合器的优点是：

1）可以在被联接两轴转速相差较大时进行接合。

2）接合和分离的过程较平稳，可以用改变摩擦面压紧力大小的方法调节从动轴的加速过程。

3）过载时会打滑，可避免其他零件损坏。

由于上述优点，摩擦式离合器应用较广。

摩擦式离合器的缺点是：

1）结构较复杂，成本较高。

2）当产生滑动时，不能保证被联接两轴精确地同步转动。

除常用的操纵式离合器外，还有自动式离合器。自动式离合器有控制转矩的安全离合器、控制旋转方向的定向离合器以及根据转速变化实现自动离合的离心式离合器。

学习制动器

12.4* 制动器

1. 制动器的功用和类型

制动器一般是利用摩擦力来降低物体的速度或停止其运动的。按制动零件的结构特征，制动器可分为外抱块式制动器、内胀蹄式制动器、带式制动器等类型。

各种制动器的构造和性能必须满足以下要求：

1）能产生足够的制动力矩。

2）松闸与合闸迅速，制动平稳。

3）构造简单，外形紧凑。

4）制动器的零件有足够的强度和刚度，而制动器摩擦带要有较高的耐磨性和耐热性。

5）调整和维修方便。

2．几种典型的制动器

（1）**外抱块式制动器**　外抱块式制动器，一般又称为块式制动器。图 12-15 所示为外抱块式制动器示意图。主弹簧通过制动臂将闸瓦块压紧在制动轮上，使制动器处于闭合（制动）状态。当松闸器通入电流时，利用电磁作用把顶柱顶起，通过推杆推动制动臂，使闸瓦块与制动轮松脱。闸瓦块的材料可用铸铁，也可在铸铁上覆以皮革或石棉带，闸瓦块磨损时可调节推杆的长度。上述通电松闸，断电制动的过程，称为常闭式制动器。常闭式制动器比较安全，因此在起重运输机械等设备中应用较广。松闸器亦可设计成通电制动，断电松闸，则成为常开式制动器。常开式制动器适用于车辆的制动。

电磁外抱块式制动器制动和开启迅速，尺寸小，重量轻，易于调整瓦块间隙，更换瓦块和电磁铁也很方便。但制动时冲击大，电能消耗也大，不宜用于制动力矩大和需要频繁制动的场合。电磁外抱块式制动器已有标准，可按标准规定的方法选用。

（2）**内胀蹄式制动器**　图 12-16 所示为内胀蹄式制动器工作简图。两个制动蹄分别通过两个销轴与机架铰接，制动蹄表面装有摩擦片，制动轮与需制动的轴固联。当压力油进入双向作用的泵后，推动左右两个活塞，克服弹簧的作用使制动蹄压紧制动轮，从而实现制动。油路卸压后，弹簧的拉力使两制动蹄与制动轮分离而松闸。这种制动器结构紧凑，广泛应用于各种车辆以及结构尺寸受限制的机械中。

图 12-15　外抱块式制动器

图 12-16　内胀蹄式制动器

实例分析

实例　有一螺旋输送机（图 12-17），由电动机通过齿轮减速器、开式锥齿轮传动来驱动螺旋输送机工作。已知电动机功率 $P_1 = 5.5\text{kW}$，转速 $n_1 = 960\text{r/min}$，轴端直径 $d_1 = 38\text{mm}$，轴端长度 $L_1 = 80\text{mm}$。减速器输入轴的轴端直径 $d_2 = 32\text{mm}$，轴端长度 $L_2 = 58\text{mm}$。试选择减速器与电动机之间的联轴器。

解题分析：为了减小冲击与振动，安装方便，选用弹性套柱销联轴器。

联轴器的计算转矩可按下式计算

$$T_c = KT_1 \qquad (12\text{-}1)$$

式中　T_1——名义转矩（N·m）；

　　　T_c——计算转矩（N·m）；

　　　K——工作情况系数，见表 12-1。

在选择联轴器型号时，应使计算转矩 $T_c \leq T_n$，T_n 为额定转矩（N·m）；工作转速 $n \leq [n]$，$[n]$ 为联轴器的许用转速（r/min）。

图 12-17　螺旋输送机示意图

1）计算转矩。高速轴传递的名义转矩 $T_1 = 9550 P_1 / n_1 = (9550 \times 5.5 / 960)\text{N·m} = 54.71\text{N·m}$

查表 12-1，取工作情况系数 $K = 1.8$，计算转矩为

$$T_c = KT_1 = 1.8 \times 54.71\text{N·m} = 98.48\text{N·m}$$

表 12-1　联轴器工作情况系数

机 床 名 称	K
发电机	1.0～2.0
带式输送机、鼓风机、连续运动的金属切削机床	1.25～1.5
离心泵、螺旋输送机、链板运输机、混砂机等	1.5～2.0
往复运动的金属切削机床	1.5～2.0
往复式泵、活塞式压缩机	2.0～3.0
球磨机、破碎机、冲剪机	2.0～3.0
升降机、起重机、轧钢机	3.0～4.0

2）选择联轴器。根据被联接两轴的转速、计算转矩和轴径要求，查 GB/T 4323—2017 可选取弹性套柱销联轴器 LT6 型，其公称转矩 $T_n = 355\text{N·m}$，许用转速 $[n] = 3800\text{r/min}$，轴孔直径尺寸有 $\phi32\text{mm}$ 和 $\phi38\text{mm}$，符合要求。

根据电动机轴的形状和长度，主动端采用 Y 型轴孔，A 型键槽，$d_1 = 38\text{mm}$，$L = 60\text{mm}$，根据减速器高速轴的形状和长度，从动端采用：J 型轴孔，A 型键槽，$d_2 = 32\text{mm}$，$L = 60\text{mm}$，其标记为：LT6 联轴器 $\dfrac{\text{Y38×60}}{\text{J32×60}}$ GB/T 4323—2017。

知 识 小 结

1. 联轴器
- 固定式刚性联轴器
  - 套筒联轴器
    - 键联接套筒联轴器
    - 销联接套筒联轴器
  - 凸缘联轴器
  - 链条联轴器
- 可移式刚性联轴器
  - 滑块联轴器
  - 万向联轴器
- 非金属弹性元件联轴器
  - 梅花形弹性联轴器
  - 弹性套柱销联轴器
  - 弹性柱销联轴器

$$2.\ 离合器\begin{cases} 按工作原理不同\begin{cases} 牙嵌式离合器 \\ 摩擦式离合器\begin{cases} 单盘式摩擦离合器 \\ 多盘式摩擦离合器 \end{cases} \end{cases} \\ 按控制离合的方法不同\begin{cases} 操纵式离合器 \\ 自动式离合器 \end{cases} \end{cases}$$

$$3.\ 制动器\begin{cases} 外抱块式制动器 \\ 内胀蹄式制动器 \end{cases}$$

参 考 文 献

［1］ 柴鹏飞. 机械设计基础 ［M］. 北京：机械工业出版社，2007.
［2］ 柴鹏飞. 机械设计基础 ［M］. 2 版. 北京：机械工业出版社，2011.
［3］ 柴鹏飞. 机械设计课程设计指导书 ［M］. 2 版. 北京：机械工业出版社，2009.
［4］ 柴鹏飞. 机械基础 ［M］. 北京：机械工业出版社，2009.
［5］ 胡家秀. 机械设计基础 ［M］. 3 版. 北京：机械工业出版社，2016.
［6］ 黄森彬. 机械设计基础 ［M］. 北京：机械工业出版社，2001.